FOREWORD 前言

U0711413

　　本书紧紧围绕高职高专院校学生的特点，根据土建专业高职高专人才培养方案和目标，依托高职示范院校和教育部、财政部"高职院校提升专业服务产业发展能力项目"建设成果，并依据《中华人民共和国招标投标法》《中华人民共和国招标投标法实施条例》等最新法律法规，结合编者多年的施工经验和教学经验进行编写。

　　本书打破了传统的以学科体系编写教材的模式，按照建设工程承揽和合同管理的工作过程构建课程体系，构建出建设工程招标、建设工程投标、建设工程开标、评标与定标、建设工程施工合同、建设工程施工合同履行及管理、建设工程施工合同索赔及管理、建设工程施工合同争议处理等工作项目，每个工作项目分若干工作任务，系统介绍了工程项目招投标和合同管理的相关知识，可满足"工学结合"的人才培养模式和"项目导向""任务驱动"等教学模式的需要。通过本课程的学习，可使学生掌握工程项目承揽与合同管理的一般规律，为毕业后从事施工组织、技术管理工作奠定基础。

　　本书内容精练，文字通俗易懂；侧重建设工程施工招标文件的编制，投标文件的编制、开标、评标与定标工作流程及其工作报告的编制等内容；注重建设工程招投标的理论和实际的结合，旨在提高建筑施工管理人员的实际操作能力；注重教材的科学性和政策性，与相关职业标准结合，与现行法律、法规结合。

　　本书由济南工程职业技术学院刘宇、赵继伟，山东水利职业学院高磊担任主编；济南工程职业技术学院张丽丽、淄博福田建筑安装有限公司侯旭魁、山东建筑大学侯旭华担任副主编。具体编写分工如下：赵继伟编写项目 2 和项目 4，刘宇编写项目 5、项目 6 和项目 7，张丽丽编写项目 8，高磊、侯旭魁编写项目 1，侯旭华编写项目 3。全书由刘宇、赵继伟统稿并定稿。

前言 FOREWORD

在本书的编写过程中，我们参阅和引用了相关专家和学者公开出版的著作、法律和规范及其他资料，在此对相关文献的作者致以衷心的感谢！

由于编者水平有限，书中难免存在缺点、错误和不妥之处，诚挚希望读者提出宝贵意见，给予批评指正。

编 者

CONTENTS 目 录

CONTENTS

CONTENTS

CONTENTS

项目 1 绪 论

知识目标

　　熟悉建筑市场的概念、分类及特点；熟悉建筑市场的主体和客体及建筑市场的资质管理；了解建设工程交易中心；了解建筑产品交易的相关法律法规；熟悉建设工程招标的概念、分类、原则、作用和意义；明确和掌握建设工程承发包的内容和主要方式；熟悉建设工程招投标的范围、规模和标准；了解合同法律关系的概念、构成及合同的种类；掌握合同订立的形式及过程；熟悉合同的效力、履行、变更、转让、终止、解除和违约责任等。

能力目标

　　具备了解有形建筑市场的运作程序和熟知建筑市场的资质管理规定基础知识的能力；具备熟悉建设工程招投标活动的参与者主体的概念及建设工程招标活动应具有的条件、权利、义务、范围的能力；具备签订合同的能力。

项目导入

　　本项目主要讲述建筑市场、建设工程招投标和合同法律等基础知识。通过本项目的学习，对建设工程项目承揽与合同管理应有一个初步的了解。

任务 1.1　建筑市场

任务目标

　　通过本任务的学习，了解建筑市场的基本情况，熟悉建筑市场的主体、客体及资质管理规定，了解建设工程交易中心的功能及运行流程。

1.1.1 建筑市场概述

1. 建筑市场的概念

建筑市场是指以进行建筑商品及相关要素交换活动为主要内容的市场，一般称为建筑市场或建筑工程市场。建筑市场有广义的建筑市场和狭义的建筑市场之分。

建筑市场的概念

广义的建筑市场包括有形建筑市场和无形建筑市场，既包括与建筑有关的技术、租赁、劳务等各种要素的市场，也包括依靠广告、通信、中介机构或经纪人等为建筑提供专业服务的有关组织体系，还包括建筑商品生产过程中的经济联系和经济关系等。因此，广义的建筑市场是建筑生产和交易关系的总和，或称"建筑产品和有关服务的交换关系的总和"。

狭义的建筑市场是指以建筑产品为交换内容的市场，主要表现为建设项目的建设单位（业主）和建筑产品的供给者通过招投标的方式形成承发包的建筑产品的交换关系。

2. 建筑市场的分类

(1) 按交易对象，建筑市场可分为建筑产品市场、资金市场、劳动力市场、建筑材料市场、设备租赁市场、技术市场和服务市场等。

(2) 按其交换范围或地理场所，建筑市场可分为国际建筑市场（也称海外承包市场）和国内建筑市场。国内建筑市场又可分为城市、农村、部门、地区等建筑市场，或分为宏观建筑市场与微观建筑市场。

(3) 按有无固定交易场所，建筑市场可分为有形市场和无形市场。

(4) 按固定资产投资主体，建筑市场可分为国家投资形成的建筑工程市场、企事业单位自有资金投资形成的建设工程市场、私人住房投资形成的建筑工程市场和外商投资形成的建筑工程市场等。

(5) 按建筑产品的性质，建筑市场可分为工业建筑工程市场、民用建筑工程市场、公用建筑工程市场、市政工程市场、道路桥梁市场、装饰装修市场、设备安装市场等。

3. 建筑市场的特点

建筑市场与一般市场相比，有其自身的特点，主要表现在以下几个方面：

(1) 建筑市场的范围广、变化大。凡是有生产或有人生活的地方，都需要建筑产品。建筑产品遍及国民经济各个部门和社会生活的各个领域，为建筑企业提供了广阔的市场。而建筑产品的需求既取决于国民经济的发展状况，又取决于消费者的消费倾向。因此，建筑市场的需求状况是不断变化的。

(2) 建筑市场的交换关系复杂。建筑产品的形成涉及用户（业主）、勘察、设计、施工和中介机构等多方的经济利益关系。这些关系不仅依靠用户和各个环节的生产单位，还必须按照基本建设程序和国家的有关法律法规、政策，围绕建筑产品的形成来确保其实现。

(3) 建筑产品订货交易的直接性。在一般商品市场中，用于交易的商品具有同质性和可替代性，即同种产品的不同生产者向市场提供的商品对消费者来说，基本上是相同的。而建筑产品则表现出多样性的特点。市场上的建筑产品不是由生产者决定的，而是由消费者特定的需求决定的。这就决定了建筑产品的单件性，决定了建筑产品只能由生产者直接与

需求者就建筑产品的质量标准、功能、规模、价格、交工时间、付款方式和时间等内容商定交易条件，按照需求者的具体要求，在指定的地点为需求者建造建筑产品。

（4）建筑产品交易的长期性和阶段性。建筑产品的生产一般需要较长的时间，这就决定了建筑产品的价值只能分批分期实现。建筑产品交易关系的完全实现存在于建筑产品的形成过程中，需要经历较长的时间。而在建筑产品生产周期内，各阶段交易的内容、交易的时间不完全相同，建筑产品的交易必须按照工程合同，结合各阶段的特点，办理各阶段的交易活动，最终达到整个交易关系的实现。

（5）建筑市场定价方式的独特性。市场竞争在商品功能、质量相同的前提下，主要表现在价格的竞争，建筑市场的竞争也不例外。但是，建筑市场定价程序不同于其他的商品，它是由建筑产品需求者与建筑产品生产者以招标投标的方式达成预期价格。而这种预期价格也并不是一成不变的，往往按照双方事先议定的条件，根据建筑产品生产过程中发生的某些变化对预期价格作相应的调整。因此，只有在建筑产品竣工验收后，才能最终确定其价格。

（6）建筑市场的风险性。建筑市场有竞争，加上建筑产品的投资巨大，因此必然存在着风险。与一般市场不同的是，建筑市场中的风险较大，且这种风险对建筑产品的生产者和需求者来说都具备。

4. 建筑市场管理体制

建筑市场管理体制因社会制度、国情的不同而不同，其管理内容也各具特色。

（1）西方国家管理体制。很多发达国家建设主管部门对企业的行政管理并不占重要的地位。政府的作用是建立有效、公平的建筑市场，提高行业服务质量和促进建筑生产活动的安全、健康，推进整个行业的良性发展，而不是过多地干预企业的经营和生产。对建筑业的管理主要通过政府引导、法律规范、市场调节、行业自律、专业组织辅助管理来实现。在市场机制下，经济手段和法律手段成为约束企业行为的首选方式。法制是政府管理的基础。

在管理职能方面，立法机构负责法律、法规的制定和颁布；行政机关负责监督检查、发展规划和对有关事项作出批准；司法部门负责执法和处理。另外，作为整个管理体制的补充，其行业协会和一些专业组织也承担了相当一部分工作，如制定有关技术标准、对合同的仲裁等。以国家颁布的法律为基础，地方政府往往也制定相对独立的法规。

（2）我国的管理体制。我国的管理体制是建立在社会主义公有制基础之上的。计划经济时期，无论是建设单位，还是施工企业、材料供应部门均隶属于不同的政府管理部门，各个政府部门主要是通过行政手段管理企业。在一些基础设施部门则形成所谓行业垄断。新中国成立初期，虽然政府机构进行多次调整，但分行业进行管理的格局基本没有改变。国家各个部委均有本行业关于建设管理的规章，有各自的勘察、设计、施工、招标投标、质量监督等一套管理制度，形成对建筑市场的分割。随着社会主义市场经济体制的逐步建立，政府在机构设置上也进行了很大的调整，除保留少量的行业管理部门外，撤销了众多的专业政府部门，并将政府部门与所属企业脱钩，为管理体制的改革提供了良好的条件，使原先的部门管理逐步向行业管理转变。

1.1.2　建筑市场的主体和客体

1. 建筑市场的主体

建筑市场主体是指在建筑市场中从事建筑产品交易活动的各方，主要有业主、承包商和工程咨询服务机构等。

（1）业主。业主是指既有某项工程建设需求，又具有该项工程的建设资金和各种准建手续，在建筑市场中发包工程项目建设的勘察、设计、施工任务，并最终得到建筑产品，达到其经营使用目的的政府部门、企事业单位和个人。

在我国，业主也称之为建设单位，只有在发包工程或组织工程建设时才成为市场主体，故又称为发包人或招标人。因此，业主方作为市场主体具有不确定性。我国的工程项目大多数是政府投资建设的，业主大多属于政府部门。为了规范业主行为，建立了投资责任约束机制，即项目法人责任制，又称业主责任制，由项目业主对项目建设全过程负责。

建筑市场主体和客体

项目业主的产生，主要有以下三种方式：

1）业主是原企业或单位。政府部门、企事业单位投资的新建、扩建、改建工程，该政府部门、企事业单位就是项目业主。

2）业主是联合投资董事会。由不同投资方参股或共同投资的项目，则业主是共同投资方组成的董事会或管理委员会。

3）业主是各类开发公司。开发公司自行融资或由投资方协商组建或委托开发的工程管理公司也可以称为业主。

业主在项目建设过程中的主要职能是：建设项目立项决策；建设项目的资金筹措与管理；办理建设项目的有关手续（如征地、建筑许可等）；建设项目的招标与合同管理；建设项目的施工与质量管理；建设项目的竣工验收和试运行；建设项目的统计及文档管理。

（2）承包商。承包商是指拥有一定数量的建筑装备、流动资金、工程技术和经济管理人员以及一定数量的工人，取得建设行业相应资质证书和营业执照的，能够按照业主的要求提供不同形态的建筑产品并最终得到相应工程价款的建筑施工企业。

相对于业主，承包商作为建筑市场主体，是长期和持续存在的。因此，无论是国内还是国际惯例，对承包商一般都要实行从业资格管理。承包商从事建设生产，一般需具备以下四个方面的条件：

1）拥有符合国家规定的注册资本；

2）拥有与其资质等级相适应且具有注册执业资格的专业技术和管理人员；

3）有从事相应建筑活动所应有的技术装备；

4）经资格审查合格，已取得资质证书和营业执照。

承包商在市场经济条件下，承包商需要通过市场竞争（投标）取得施工项目，需要依靠自身的实力去赢得市场，承包商的实力主要包括以下四个方面：

1）技术方面的实力。有精通本行业的工程师、造价工程师、经济师、会计师、建造师（项目经理）、合同管理专业人员等；有施工专业装备；有承揽不同类型项目施工的经验。

2）经济方面的实力。具有相当的周转资金用于工程准备；具有一定的融资和垫付资金的能力；具有相当的固定资产和为完成项目需购入大型设备所需的资金；具有支付各种担保和保险的能力；有承担相应风险的能力；承担国际工程还需具备筹集外汇的能力。

3）管理方面的实力。建筑承包市场属于买方市场，承包商为打开局面，往往需要低利润报价取得项目，必须在成本控制上下功夫，向管理要效益，并采用先进的施工方法提高工作效率和技术水平，因此，必须具有一批高水平的项目经理和管理专家。

4)信誉方面的实力。承包商一定要有良好的信誉，它将直接影响企业的生存与发展。要建立良好的信誉，就必须遵守法律法规，承包国外工程能按国际惯例办事，保证工程质量、安全、工期，文明施工，能认真履约。承包商招揽工程，必须根据本企业的施工力量、机械装备、技术力量、施工经验等方面的条件选择适合发挥自己优势的项目，避开企业不擅长或缺乏经验的项目，做到扬长避短，避免给企业带来不必要的风险和损失。

（3）工程咨询服务机构。工程咨询服务机构是指具有相应的专业服务能力，在建筑市场中受产品需求者、生产者或政府管理机构的委托，对工程建设进行估算测量、咨询代理、建设监理等服务，并取得服务费用的咨询服务机构和其他建设专业中介服务组织。如近几年出现的建设工程交易中心集信息服务、场所服务和集中办公服务于一身，是建筑中介组织。

在我国，目前数量最多并有明确资质标准的是勘察设计机构、工程监理公司和工程造价（测量）咨询单位、招标代理机构。工程管理和其他咨询类企业近年来也有发展。工程咨询服务机构虽然不是工程承发包的当事人，但其受业主委托或聘用，与业主订有协议书或合同，因而对项目的实施负有相当重要的责任。

2. 建筑市场的客体

建筑市场的客体，一般称作建筑产品，是建筑市场的交易对象，既包括有形建筑产品，也包括无形产品——各类智力型服务。

建筑产品不同于一般工业产品，因为建筑产品本身及其生产过程具有不同于其他工业产品的特点。在不同的生产交易阶段，建筑产品表现为不同的形态。它可以是咨询公司提供的咨询报告、咨询意见或其他服务，也可以是勘察设计单位提供的设计方案、施工图纸、勘察报告，还可以是生产厂家提供的混凝土构件，当然也包括承包商生产的各类建筑物和构筑物。

（1）建筑产品的特点。

1）建筑产品的固定性和生产过程的流动性。建筑物与土地相连，不可移动，这就要求施工人员和施工机械只能随建筑物不断流动，从而带来施工管理的多变性和复杂性。

2）建筑产品的单件性。由于业主对建筑产品的用途、性能要求不同以及建设地点的差异性，决定了多数建筑产品都需要单独进行设计，不能批量生产。

3）建筑产品的整体性和分部分项工程的相对独立性。这个特点决定了总包和分包相结合的特殊承包形式。随着经济的发展和建筑技术的进步，施工生产的专业性越来越强。在建设生产中，由各种专业施工企业分别承担工程的土建、安装、装饰、劳务分包，有利于施工生产技术和效率的提高。

4）建筑生产的不可逆性。建筑产品一旦进入生产阶段，其产品不可能退换，也难以重新建造，否则双方都将承受极大的损失。所以，建筑生产的最终产品质量是由各阶段成果的质量决定的。设计、施工必须按照规范和标准进行，才能保证生产出合格的建筑产品。

5）建筑产品的社会性。绝大部分建筑产品都具有相当广泛的社会性，涉及公众的利益和生命财产的安全，即使是私人住宅，也会影响到进入或靠近它的人员的生活和安全。政府作为公众利益的代表，加强对建筑产品规划、设计、交易、建造的管理是非常必要的，有关工程建设的市场行为都应受到管理部门的监督和审查。

（2）建筑产品的商品属性。长期以来，受计划经济体制影响，工程建设由工程指挥部管理，工程任务由行政部门分配，建筑产品价格由国家规定，抹杀了建筑产品的商品属性。

新中国成立以后，由于推行了一系列以市场为导向的改革措施，建筑企业成为独立的生产单位，建设投资由国家拨款改为多种渠道筹措，市场竞争代替行政分配，建筑产品价格也逐步走向市场，形成以市场为导向的价格机制。建筑产品商品属性的观念已为大家所认识，这成为建筑市场发展的基础，并推动了建筑市场的价格机制、竞争机制和供求机制的形成，使实力强、素质高、经营好的企业在市场上更具有竞争力，并能够更快地发展，实现资源的优化配置，提高了全社会的生产水平。

（3）工程建设标准的法定性。建筑产品的质量不仅关系到承发包双方的利益，也关系到国家和社会的公共利益，正是由于建筑产品的这种特殊性，其质量标准是以国家标准、国家规范等形式颁布实施的。从事建筑产品生产必须遵守这些标准规范的规定，违反这些标准规范的规定将受到法律的制裁。

工程建设标准涉及面很广，包括房屋建筑、交通运输、水利、电力、通信、采矿冶炼、石油化工、市政公用设施等方面。

工程建设标准是指对工程勘察、设计、施工、验收、质量检验等各个环节的技术要求。它包括以下五个方面的内容：

1）工程建设勘察、设计、施工及验收等的质量要求和方法；

2）与工程建设有关的安全、卫生、环境保护的技术要求；

3）工程建设的术语、符号、代号、量与单位、建筑模数和制图方法；

4）工程建设的试验、检验和评定方法；

5）工程建设的信息技术要求。

在具体形式上，工程建设标准包括标准、规范、规程等。工程建设标准的独特作用包括两个方面：一方面，通过有关的标准规范为相应的专业技术人员提供了需要遵循的技术要求和方法；另一方面，由于标准的法律属性和权威属性，保证了从事工程建设有关人员必须按照规定去执行，从而为保证工程质量打下了基础。

1.1.3　建筑市场的资质管理

建筑市场的从业企业资质管理包括两类：一类是从业企业的资质管理；另一类是专业从业人员的执业资格管理。

1. 从业企业的资质管理

在建筑市场中，围绕工程建设活动的主体主要是业主方、承包方（包括供应商）、勘察设计单位和工程咨询机构。《中华人民共和国建筑法》（2011年最新修正版）规定，对从事建筑活动的建筑施工企业、勘察单位、设计单位和工程监理单位实行资质管理。

建筑市场及
其运行机制

（1）工程勘察设计企业资质管理。我国建设工程勘察设计资质分为工程勘察资质和工程设计资质两类。工程勘察资质分为工程勘察综合资质、工程勘察专业资质和工程勘察劳务资质；工程设计资质分为工程设计综合资质、工程设计行业资质和工程设计专业资质。

建设工程勘察设计企业应当按照其拥有的注册资本、专业技术人员、技术装备和勘察设计业绩等条件申请资质审查，经审查合格，取得建设工程勘察设计资质证书后，方可在资质等级许可的范围内从事建设工程勘察设计活动。

我国勘察设计企业的业务范围见表1-1。国务院建设行政主管部门及各地建设行政主管

部门负责工程勘察设计企业资质的审批、晋升和处罚。

表 1-1 我国勘察设计企业的业务范围

企业类别	资质分类	等级	承担业务范围
勘察企业	综合资质	甲级	承担工程勘察业务范围和地区不受限制
	专业资质（分专业设立）	甲级	承担本专业工程勘察业务范围和地区不受限制
		乙级	可承担本专业工程勘察中、小型工程项目，承担工程勘察业务的地区不受限制
		丙级	可承担本专业工程勘察小型工程项目，承担工程勘察业务限定在省、自治区、直辖市所辖行政区范围内
	劳务资质	不分级	承担岩石工程治理、工程钻探、凿井等工程勘察劳务工作，承担工程勘察劳务工作的地区不受限制
设计企业	综合资质	不分级	承担工程设计业务范围和地区不受限制
	行业资质（分行业设立）	甲级	承担相应行业建设项目的工程设计范围和地区不受限制
		乙级	承担相应行业的中、小型建设项目的工程设计任务，地区不受限制
		丙级	承担相应行业的小型建设项目的工程设计任务，地区限定在省、自治区、直辖市所辖行政区范围内
	专项资质（分专业设立）	甲级	承担大、中、小型专项工程设计的项目，地区不受限制
		乙级	承担中、小型专项工程设计的项目，地区不受限制

（2）建筑业企业资质管理。建筑业企业是指从事土木工程、建筑工程、线路管道及设备安装和装修工程等的新建、扩建、改建活动的企业。根据《建筑业企业资质等级标准》规定，我国的建筑业企业分为施工总承包企业、专业承包企业和劳务分包企业三类。这三类企业资质等级标准由国家原建设部统一制定和发布。

1）施工总承包企业。施工总承包企业按工程性质又分为房屋、公路、铁路、港口、水利、电力、矿山、冶金、化工石油、市政公用、通信、机电 12 个类别。我国建筑工程施工总承包企业的资质等级标准及承包工程范围见表 1-2。

表 1-2 建筑工程施工总承包企业的资质等级标准及承包工程范围

序号	项目类别	特点及要求
1	企业资质等级标准	建筑工程施工总承包资质分为特级、一级、二级、三级。施工总承包特级资质标准另行制定。 1. 一级资质标准 （1）企业资产。净资产 1 亿元以上。 （2）企业主要人员。 1）建筑工程、机电工程专业一级注册建造师合计不少于 12 人，其中建筑工程专业一级注册建造师不少于 9 人。 2）技术负责人具有 10 年以上从事工程施工技术管理工作经历，且具有结构专业高级职称；建筑工程相关专业中级以上职称人员不少于 30 人，且结构、给水排水、暖通、电气等专业齐全。 3）持有岗位证书的施工现场管理人员不少于 50 人，且施工员、质量员、安全员、机械员、造价员、劳务员等人员齐全。

序号	项目类别	特点及要求
1	企业资质 等级标准	4)经考核或培训合格的中级工以上技术工人不少于 150 人。 (3)企业工程业绩。近 5 年承担过下列 4 类中的 2 类工程的施工总承包或主体工程承包,工程质量合格。 1)地上 25 层以上的民用建筑工程 1 项或地上 18~24 层的民用建筑工程 2 项; 2)高度 100 米以上的构筑物工程 1 项或高度 80~100 米(不含)的构筑物工程 2 项; 3)建筑面积 12 万平方米以上的单体工业、民用建筑工程 1 项或建筑面积 12 万平方米建筑工程 2 项; 4)钢筋混凝土结构单跨 30 米以上(或钢结构单跨 36 米以上)的建筑工程 1 项或钢筋混凝土结构单跨 27~30 米(不含)[或钢结构单跨 30~36 米(不含)]的建筑工程 2 项。 2. 二级资质标准 (1)企业资产。净资产 4 000 万元以上。 (2)企业主要人员。 1)建筑工程、机电工程专业注册建造师合计不少于 12 人,其中建筑工程专业注册建造师不少于 9 人。 2)技术负责人具有 8 年以上从事工程施工技术管理工作经历,且具有结构专业高级职称或建筑工程专业一级注册建造师执业资格;建筑工程相关专业中级以上职称人员不少于 15 人,且结构、给水排水、暖通、电气等专业齐全。 3)持有岗位证书的施工现场管理人员不少于 30 人,且施工员、质量员、安全员、机械员、造价员、劳务员等人员齐全。 4)经考核或培训合格的中级工以上技术工人不少于 75 人。 (3)企业工程业绩。近 5 年承担过下列 4 类中的 2 类工程的施工总承包或主体工程承包,工程质量合格。 1)地上 12 层以上的民用建筑工程 1 项或地上 8~11 层的民用建筑工程 2 项; 2)高度 50 米以上的构筑物工程 1 项或高度 35~50 米(不含)的构筑物工程 2 项; 3)建筑面积 6 万平方米以上的单体工业、民用建筑工程 1 项或建筑面积 5 万平方米建筑工程 2 项; 4)钢筋混凝土结构单跨 21 米以上(或钢结构单跨 24 米以上)的建筑工程 1 项或钢筋混凝土结构单跨 18~21 米(不含)[或钢结构单跨 21~24 米(不含)]的建筑工程 2 项。 3. 三级资质标准 (1)企业资产。净资产 800 万元以上。 (2)企业主要人员。 1)建筑工程、机电工程专业注册建造师合计不少于 5 人,其中建筑工程专业注册建造师不少于 4 人。 2)技术负责人具有 5 年以上从事工程施工技术管理工作经历,且具有结构专业中级以上职称或建筑工程专业注册建造师执业资格;建筑工程相关专业中级以上职称人员不少于 6 人,且结构、给水排水、电气等专业齐全。 3)持有岗位证书的施工现场管理人员不少于 15 人,且施工员、质量员、安全员、机械员、造价员、劳务员等人员齐全。 4)经考核或培训合格的中级工以上技术工人不少于 30 人。 5)技术负责人(或注册建造师)主持完成过本类别资质二级以上标准要求的工程业绩不少于 2 项
2	承包 工程范围	1. 一级资质 可承担单项合同额 3 000 万元以上的下列建筑工程的施工: (1)高度 200 米以下的工业、民用建筑工程;

序号	项目类别	特点及要求
2	承包 工程范围	(2)高度 240 米以下的构筑物工程。 **2. 二级资质** 可承担下列建筑工程的施工： (1)高度 100 米以下的工业、民用建筑工程； (2)高度 120 米以下的构筑物工程； (3)建筑面积 15 万平方米以下的建筑工程； (4)单跨跨度 39 米以下的建筑工程。 **3. 三级资质** 可承担下列建筑工程的施工： (1)高度 50 米以下的工业、民用建筑工程； (2)高度 70 米以下的构筑物工程； (3)建筑面积 8 万平方米以下的建筑工程； (4)单跨跨度 27 米以下的建筑工程。

注：1. 建筑工程是指各类结构形式的民用建筑工程、工业建筑工程、构筑物工程以及相配套的道路、通信、管网管线等设施工程。工程内容包括地基与基础、主体结构、建筑屋面、装修装饰、建筑幕墙、附建人防工程以及给水排水及供暖、通风与空调、电气、消防、防雷等配套工程。
2. 建筑工程相关专业职称包括结构、给水排水、暖通、电气等专业职称。
3. 单项合同额 3 000 万元以下且超出建筑工程施工总承包二级资质承包工程范围的建筑工程的施工，应由建筑工程施工总承包一级资质企业承担。

2)专业承包企业。专业承包企业根据工程性质和技术特点划分为 36 个类别，一般分为 3 个等级(一级、二级、三级)；这里以地基基础工程专业承包资质标准为例说明资质等级标准及承包工程范围见表 1-3。

表 1-3 专业(地基基础工程)承包企业的资质等级标准及承包工程范围

序号	项目类别	资质标准特点及要求
1	地基基础 工程专业 承包资质 标准	**1. 一级资质标准** (1)企业资产。净资产 2 000 万元以上。 (2)企业主要人员。 1)一级注册建造师不少于 6 人。 2)技术负责人具有 10 年以上从事工程施工技术管理工作经历，且具有工程序列高级职称或一级注册建造师或注册岩土工程师执业资格；结构、岩土、机械、测量等专业中级以上职称人员不少于 15 人，且专业齐全。 3)持有岗位证书的施工现场管理人员不少于 30 人，且施工员、质量员、安全员、机械员、造价员等人员齐全。 4)经考核或培训合格的桩机操作工、电工、焊工等技术工人不少于 30 人。 (3)企业工程业绩。近 5 年承担下列 4 类中的 2 类工程的施工，工程质量合格。 1)25 层以上民用建筑工程或高度 100 米以上构筑物的地基基础工程； 2)刚性桩复合地基处理深度超过 18 米或深度超过 8 米的其他地基处理工程； 3)单桩承受设计荷载 3 000 千牛以上的桩基础工程； 4)开挖深度超过 12 米的基坑围护工程。 **2. 二级资质标准** (1)企业资产。净资产 1 000 万元以上。 (2)企业主要人员。 1)注册建造师不少于 6 人。

序号	项目类别	资质标准特点及要求
1	地基基础工程专业承包资质标准	2)技术负责人具有 8 年以上从事工程施工技术管理工作经历,具有工程序列高级职称或一级注册建造师或注册岩土工程师执业资格;结构、岩土、机械等专业中级以上职称人员不少于 10 人,且专业齐全。 3)持有岗位证书的施工现场管理人员不少于 20 人,且施工员、质量员、安全员、机械员、造价员等人员齐全。 4)经考核或培训合格的桩机操作工、电工、焊工等技术工人不少于 20 人。 (3)企业工程业绩近 5 年承担过下列 4 类中的 2 类工程的施工,工程质量合格。 1)12 层以上民用建筑工程或高度 50 米以上的构筑物的地基基础工程; 2)刚性桩复合地基处理深度超过 12 米或深度超过 6 米的其他地基处理工程; 3)单桩承受设计荷载 2 000 千牛以上的桩基础工程; 4)开挖深度超过 9 米的基坑围护工程。 3. 三级资质标准 (1)企业资产。净资产 400 万元以上。 (2)企业主要人员。 1)注册建造师不少于 3 人。 2)技术负责人具有 5 年以上从事工程施工技术管理工作经历,且具有工程序列中级以上职称或注册建造师或注册岩土工程师执业资格;结构、岩土、机械等专业中级以上职称人员不少于 8 人,且专业齐全。 3)持有岗位证书的施工现场管理人员不少于 10 人,且施工员、质量员、安全员、机械员、造价员等人员齐全。 4)经考核或培训合格的桩机操作工、电工、焊工等技术工人不少于 15 人。 5)技术负责人(或注册建造师)主持完成过本类别资质二级以上标准要求的工程业绩不少于 2 项。
2	地基基础工程专业承包企业的承包范围	1. 一级资质 可承担各类地基基础工程的施工。 2. 二级资质 可承担下列工程的施工: (1)高度 100 米以下工业、民用建筑工程和高度 120 米以下构筑物的地基基础工程; (2)深度不超过 24 米的刚性桩复合地基处理或深度不超过 10 米的其他地基处理工程; (3)单桩承受设计荷载 5 000 千牛以下的桩基础工程; (4)开挖深度不超过 15 米的基坑围护工程。 3. 三级资质 可承担下列工程的施工: (1)高度 50 米以下工业、民用建筑工程和高度 70 米以下构筑物的地基基础工程; (2)深度不超过 18 米的刚性桩复合地基处理或深度不超过 8 米的其他地基处理工程; (3)单桩承受设计荷载 3 000 千牛以下的桩基础工程; (4)开挖深度不超过 12 米的基坑围护工程

3)施工劳务企业。施工劳务企业不分类别和等级,其特点及要求见表 1-4。

表 1-4　施工劳务企业的标准及承包工程范围

序号	项目类别	特点及要求
1	施工劳务企业资质标准	1. 企业资产 (1)净资产 200 万元以上。 (2)具有固定的经营场所。 2. 企业主要人员 (1)技术负责人具有工程序列中级以上职称或高级工以上资格。

序号	项目类别	特点及要求
1	施工劳务企业资质标准	(2)持有岗位证书的施工现场管理人员不少于 5 人，且施工员、质量员、安全员、劳务员等人员齐全。 (3)经考核或培训合格的技术工人不少于 50 人
2	承包业务范围	可承担各类施工劳务作业

(3)工程咨询单位资质管理。我国对工程咨询单位也实行资质管理。目前已有明确资质等级评定条件的有工程监理、工程招标代理、工程造价咨询机构等。咨询单位各级资质等级及承包工程的范围见表 1-5。工程咨询单位资质评定条件包括注册资金、专业技术人员和业绩三方面的内容，不同资质等级的标准均有具体规定。

表 1-5 工程咨询单位各级资质等级及承包工程的范围

序号	企业类别	承包工程范围
1	工程监理企业	工程监理企业的资质等级划分为甲级、乙级和丙级三个级别。 (1)甲级监理单位可以跨地区、跨部门监理一、二、三等工程； (2)乙级监理单位只能监理本地区、本部门的二、三等工程； (3)丙级监理单位只能监理本地区、本部门的三等工程
2	工程招标代理机构	工程招标代理机构的资质等级划分为甲级、乙级和暂定级。 (1)甲级工程招标代理机构可以承担各类工程的招标代理业务； (2)乙级工程招标代理机构只能承担工程投资 1 亿元人民币以下的工程招标代理业务； (3)暂定级工程招标代理机构，只能承担工程总投资 6 000 万元人民币以下的工程招标代理业务
3	工程造价咨询机构	工程造价咨询机构的资质等级划分为甲级和乙级。 (1)甲级工程造价咨询机构承担工程的范围和地区不受限制。 (2)乙级工程造价咨询机构在本省、自治区、直辖市所辖行政区范围内承接中、小型建设项目的工程造价咨询业务

2. 专业人士执业资格管理

在建筑市场中，专业人士是指把具有一定专业学历、资历的从事建筑活动的专业技术人员。《中华人民共和国建筑法》第十四条规定"从事建筑活动的专业技术人员，应当依法取得相应的执业资格证书，并在执业证书许可的范围内从事建筑活动"。

目前，我国建筑领域的专业技术人员执业资格证主要有六种类型，即注册建筑工程师、注册结构工程师、注册监理工程师、注册造价工程师、注册城市规划师和注册建造师等。资格和注册条件为：大专以上的专业学历，参加全国统一考试成绩合格，具有相关专业的实践经验。

1.1.4 建设工程交易中心

建设工程交易中心根据国家法律法规成立，是一种有形的建筑市场。负责收集和发布建设工程，依法办理建设工程的有关手续，提供和获取政策法规及技术经济咨询服务。

1. 建设工程交易中心的性质

建设工程交易中心是服务性机构，不是政府管理部门，也不是政府授权的监督机构，本身并不具备监督管理职能。但建设工程交易中心又不是一般意义上的服务机构，其设立必须得到政府或政府授权主管部门的批准，并非任何单位和个人可随意设立；它不以营利为目的，旨在为建立公开、公平等竞争的招投标制度服务，工程交易行为不能在场外发生。

建设工程交易中心
的运作程序

2. 建设工程交易中心的作用

根据我国有关规定，所有建设项目都要在建设工程交易中心内报建、发布招标信息、合同授予、申领施工许可证及委托质量安全监督等有关手续。建设工程交易中心提供政策法规及技术经济咨询服务。建设工程交易中心的作用是：建立国有投资的监督制约机制、规范建设工程承发包行为、将建设市场纳入法制化的管理轨道，促进了工程招投标制度的推行，而且遏制了违法违规行为的发生，对于减少腐败现象、提高管理透明度起到了显著的作用。

3. 建设工程交易中心的基本功能

我国的建设工程交易中心是按照以下三大功能进行构建的：

（1）信息服务功能。我国建设工程交易中心的信息服务主要包括收集、存储和发布各类工程信息、法律法规、造价信息、建材价格、承包商信息、咨询单位和专业人士信息等，在设施上配备有大型电子墙、计算机网络工作站，为承发包交易提供广泛的信息服务。

（2）场所服务功能。对于政府部门、国有企业、事业单位的投资项目，我国法律明确规定，一般情况下都必须进行公开招标，只有特殊情况下才允许采用邀请招标。所有建设项目进行招标投标必须在有形建筑市场内进行，必须由有关管理部门进行监督。按照这个要求，工程建设交易中心必须为工程承发包交易双方包括建设工程的招标、评标、定标、合同谈判等提供设施和场所服务。

（3）集中办公功能。由于众多建设项目要进入有形建筑市场进行报建、招标投标交易和办理有关批准手续，这样就要求政府有关建设管理部门进驻工程交易中心，集中办理有关审批手续和进行管理。《建设工程交易中心管理办法》规定，建设工程交易中心应具备信息发布大厅、洽谈室、开标室、会议室及相关设施以满足业主和承包商、分包商、设备材料供应商之间的交易需要。同时，要为政府有关管理部门进驻集中办公、办理有关手续和依法监督招标投标活动提供场所服务。进驻建设工程交易中心的相关管理部门集中办公，公布各自的办事制度和程序，能按照各自的职责依法对建设工程交易活动实施有力监督，并有利于提高办公效率。

4. 建设工程交易中心的运行原则

为了保证建设工程交易中心能够有良好的运行秩序和市场功能的充分发挥，必须坚持市场运行的一些基本原则。其主要包括以下内容：

（1）信息公开原则。建设工程交易中心必须充分掌握政策法规，工程发包商、承包商和咨询单位的资质、造价指数、招标规则、评标标准、专家评委库等各项信息，并保证市场各方主体都能及时获得所需要的信息资料。

（2）依法管理原则。建设工程交易中心应严格按照法律、法规开展工作，尊重建设单位依照法律规定选择投标单位和选定中标单位的权利，尊重符合资质条件的建筑业企业提出的招标要求和接受邀请参加投标的权利。任何单位和个人不得非法干预交易活动的正常进行。监察机关应当进驻建设工程交易中心实施监督。

(3)公平竞争原则。建设公平竞争的市场秩序是建设工程交易中心的一项重要原则。进驻的有关行政监督管理部门应严格监督招标、投标单位的行为，防止地方保护、行业垄断和部门垄断等各种不正当竞争的发生，不得侵犯交易活动各方的合法权益。

(4)属地进入原则。按照我国有形建筑市场的管理规定，建设工程交易实行属地进入原则。每个城市原则上只能设立一个建设工程交易中心，特大城市可以根据需要，设立区域性分中心，在业务上受中心领导。对于跨省、自治区、直辖市的铁路、公路、水利等工程，可在政府有关部门的监督下，通过公告由项目法人组织招标、投标。

(5)办事公正原则。建设工程交易中心是政府建设行政主管部门批准建设的服务性机构，须配合各行政管理部门做好相应的工程交易活动管理和服务工作。要建立监督制约机制，公开办事规则和程序，制定完善的规章制度和工作人员守则，一旦发现建设工程交易活动中的违法违章行为，应当向政府有关管理部门报告。

5. 建设工程交易中心运作的运行流程

建设工程交易中心的一般交易流程如图 1-1 所示。

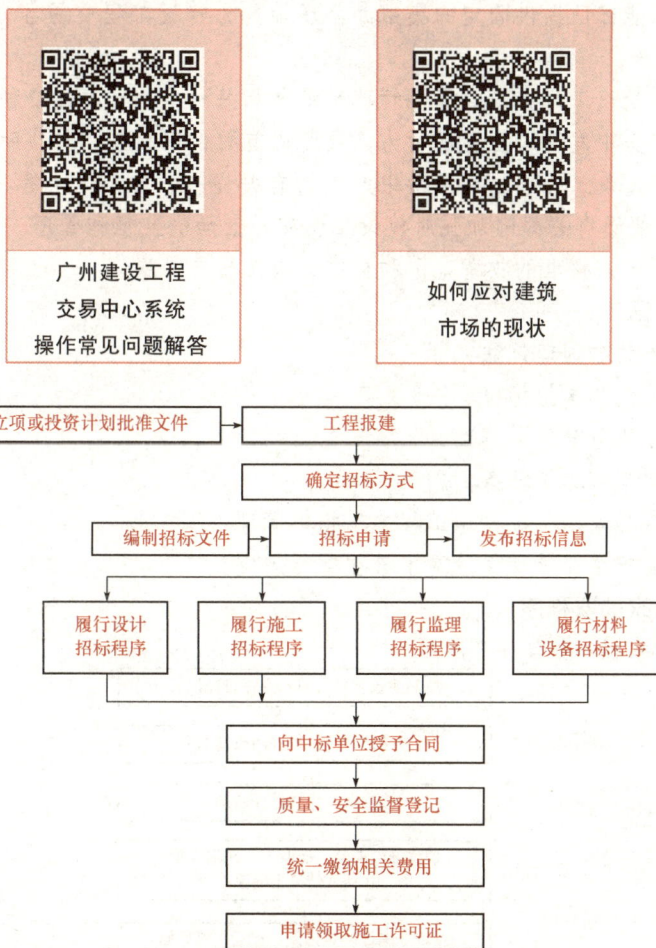

广州建设工程
交易中心系统
操作常见问题解答

如何应对建筑
市场的现状

图 1-1　建设工程交易中心运作的运行流程

进入某建设工程项目交易中心网站，学会查阅各种信息，如建设法律法规、施工企业信息、从业人员资格、招标公告、中标公示、工程材料价格、劳动力价格、合同备案等。

任务拓展　　××市建设工程交易中心简介及收费标准

一、职责范围

交易中心管理机构负责具体实施交易中心的各项建设和运行管理工作规范交易活动和窗口服务行为。

1. 收集、存储、发布各类工程招标、投标、中标信息。提供勘察、设计、施工、监理、中介服务等各类企业相关信息，提供材料、设备、价格信息、科技和人才信息，工程分包信息。

2. 提供评标专家库，负责收集、记录专家动态工作情况，为政府有关部门审定、考核专家提供资料。

3. 提供政策法规咨询、经济技术咨询服务，提供招标、投标、开标、评标、定标、洽谈、合同签署等交易活动的固定场所和相关设施设备服务。

4. 为政府职能部门提供固定的集中办公场地，为建设工程交易各方提供办理施工许可手续的一条龙服务。

5. 负责管理建设工程交易计算机管理系统和相关网络的开发建设和运行管理。

6. 在工程交易中发现违法违规行为，及时向有关部门报告，并协助有关部门进行调查。

7. 妥善保存建设工程招投标活动中产生的有关资料、原始记录等，制定相应的查询制度和保密措施，便于有关部门加强对建设工程交易活动的监督和管理。

8. 严格按照依法核准的收费范围和标准计收工程交易费。

二、工作依据

1.《中华人民共和国建筑法》

2.《中华人民共和国招标投标法》

3.《建设工程质量管理条例》

4.《山东省建筑市场管理条例》

5.《房屋建筑和市政基础设施工程施工招标管理办法》

6.《济南市建筑企业劳动保险费用管理暂行规定》

三、评标专家抽取程序

评标专家抽取程序如图1-2所示。

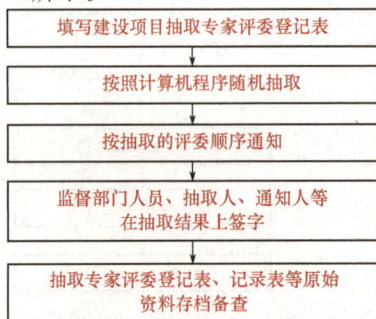

```
┌─────────────────────────────────┐
│    填写建设项目抽取专家评委登记表    │
└─────────────────────────────────┘
                │
                ▼
┌─────────────────────────────────┐
│        按照计算机程序随机抽取        │
└─────────────────────────────────┘
                │
                ▼
┌─────────────────────────────────┐
│        按抽取的评委顺序通知         │
└─────────────────────────────────┘
                │
                ▼
┌─────────────────────────────────┐
│    监督部门人员、抽取人、通知人等    │
│        在抽取结果上签字            │
└─────────────────────────────────┘
                │
                ▼
┌─────────────────────────────────┐
│   抽取专家评委登记表、记录表等原始   │
│        资料存档备查               │
└─────────────────────────────────┘
```

图1-2　评标专家抽取程序

四、网上招标投标程序

网上招标投标程序如图 1-3 所示。

```
┌─────────────────┐
│     工程登记      │
└─────────────────┘
         ↓
┌─────────────────┐
│   发布招标公告    │
└─────────────────┘
         ↓
┌─────────────────┐
│  发布招标进程安排  │
└─────────────────┘
         ↓
┌─────────────────┐
│ 审查资格预审和招标文件 │
└─────────────────┘
         ↓
┌─────────────────┐
│   企业网上报名    │
└─────────────────┘
         ↓
┌─────────────────┐
│ 下载企业资料预审文件 │
└─────────────────┘
         ↓
┌─────────────────┐
│  上报资格预审文件  │
└─────────────────┘
         ↓
┌─────────────────┐
│  预审企业报名资格  │
└─────────────────┘
         ↓
┌─────────────────┐
│   监督部门审查    │
└─────────────────┘
         ↓
┌─────────────────┐
│  下载工程招标文件  │
└─────────────────┘
         ↓
┌─────────────────┐
│     网上答疑      │
└─────────────────┘
         ↓
┌─────────────────┐
│  抽取专家、评标   │
└─────────────────┘
         ↓
┌─────────────────┐
│   公示中标结果    │
└─────────────────┘
```

图 1-3　网上招标投标程序

五、收费标准及依据

收费许可证号：××××××；收费标准见表 1-6。

表 1-6　收费标准及依据

收费项目	收费标准	缴纳单位	
		建设单位	中标单位
勘察设计、建设监理工程	中标价的 1%，直接发包按合同价 0.9%，单位工程最低为 1 000 元		缴纳
各类工程建设及材料采购招标投标	1. 中标价 500 万元(含)0.14%，直接发包 0.12%	50%	50%
	2. 中标价 500 万元～1 000 万元（含）0.12%，直接发包 0.10%	50%	50%
	3. 中标价 1 000 万元～3 000 万元（含）0.10%，直接发包 0.08%	50%	50%
	4. 中标价 3 000 万元以上按中标价 0.08%，直接发包 0.06%	50%	50%
	5. 单位工程最高不超过 15 万元	50%	50%
收费依据文号：鲁价费发(2001)243 号			

六、服务承诺

1. 一楼大厅：礼貌待人、优质服务、解释；导引服务详细，清晰、准确、完整；即来即办原则。

2. 信息查询系统：信息发布全面、完整、及时、真实。

3. 商务中心：服务质量达到客户要求和规范。

七、社会监督

1. 举报、投诉电话：××××××××

2. 举报、投诉 E－MAIL 信箱：××××××.com.cn

3. 市纪委执法监察室驻建设工程交易中心办公室电话：××××××××

任务 1.2　建设工程招标投标概述

任务目标

　　通过本任务的学习，熟悉建设工程招标的概念、分类、原则、作用和意义；熟悉建设工程招标投标管理机构职责等。

任务准备

1.2.1　建设工程招标投标制度

　　招标投标是一种有序的市场竞争交易方式，也是规范选择交易主体、订立交易合同的法律程序。经过近 30 多年的发展，我国招标投标法律体系初步形成，招标投标市场不断扩大。

建设工程招标投标制度

　　建设工程实行招标投标制度，是使工程项目建设任务的委托纳入市场机制，通过竞争择优选定项目的工程承包单位、勘察设计单位、施工单位、监理单位、设备制造供应单位等，达到保证工程质量、缩短建设周期、控制工程造价、提高投资效益的目的，由发包人与承包人之间通过招标投标签订承包合同的经营制度。

　　《中华人民共和国招标投标法》（以下简称《招标投标法》）明确规定，在我国境内进行下列工程建设项目包括项目的勘察、设计、施工、监理以及与工程建设有关的重要设备、材料等的采购，必须进行招标：大型基础设施、公用事业等关系社会公共利益、公众安全的项目；全部或者部分使用国有资金投资或者国家融资的项目；使用国际组织或者外国政府贷款、援助资金的项目。

　　在我国推行招标投标制度具有重要的意义，具体体现在以下几个方面：

　　(1)推行招标投标制度有利于规范建筑市场主体的行为，促进合格市场主体的形成。在建设工程市场中，市场的主体包括业主、承包商和各种类型的工程咨询服务机构。推行招

标投标制度，为规范建筑市场主体的行为，促进其尽快成为合格的市场主体创造了条件。

（2）通过推行招标投标制度，有利于价格真实反映市场供求情况，真正显示企业的实际消耗和工作效率，使实力强、素质高、经营好的承包商的产品更具有竞争力，从而实现资源的优化配置。

（3）推行招标投标制度，有利于促使承包商不断提高企业的管理水平。激烈的市场竞争，迫使承包商努力降低成本、提高质量、缩短工期，这就要求承包商苦练内功，进一步提高市场竞争力。

（4）推行招标投标制度有利于促进市场经济体制的进一步完善。推行招标投标制度，涉及计划、价格、物资供应、劳动工资等各个方面，客观上要求有与其相匹配的体制。对不适应招标投标的内容必须进行配套改革，从而有利于加快市场体制发展的步伐。

（5）推行招标投标制度有利于促进我国建筑业与国际接轨。国际建筑市场的竞争日趋激烈，建筑业正逐渐与国际接轨。建筑企业将面临国内、国际两个市场的挑战与竞争。由于招标投标是国际通用做法，通过推行招标投标制度可使建筑企业逐渐掌握国际通用做法，寻找差距，不断提高自身素质与竞争能力，为进入国际市场奠定基础。

1.2.2　建设工程招标投标的分类及特点

1. 建设工程招标投标的分类

建设工程招标投标按照不同的标准可以进行不同的分类。

（1）按工程建设程序可分为：建设项目可行性研究招标投标、工程勘察设计招标投标、工程施工招标投标、材料设备采购招标投标。

（2）按行业和专业可分为：工程勘察设计招标投标、土建工程施工招标投标、装饰工程施工招标投标、设备安装工程招标投标、工程监理招标投标、工程咨询招标投标、货物采购招标投标。

（3）按建设项目的组成可分为：建设项目招标投标、单项工程招标投标、单位工程招标投标、分部分项工程招标投标。

（4）按工程发包承包的范围可分为：工程总承包招标投标、工程分包招标投标、工程专项承包招标投标。

（5）按工程是否有涉外因素可分为：国内工程招标投标、国际工程招标投标。

招标投标种类及方式

建设工程招投标
的概念与分类

2. 建设工程招标投标的特点

建设工程招标投标的目的是在工程建设中引入竞争机制，择优选定勘察、设计、设备安装、施工、装饰装修、材料设备供应、监理和工程总承包单位，以保证缩短工期、提高工程质量和节约建设资金。

工程招标投标的特点有以下几点：

（1）通过竞争机制，实行交易公开。

（2）鼓励竞争、防止垄断、优胜劣汰，实现投资效益。

（3）通过科学合理和规范化的监管机制与运作程序，可有效地杜绝不正之风，保证交易的公正和公平。

1.2.3　建设工程招标投标基本原则

《招标投标法》第五条规定：招标投标活动应当遵循公开、公平、公正和诚实信用的原则。

（1）公开原则。要求建设工程招标投标具有较高的透明度，具体有以下几层意思：

1）建设工程招标投标的信息应及时向社会发布，通过建立和完善建设工程项目报建登记制度，及时向社会发布建设工程招标投标信息，让有资格的投标者都能享受到同等的信息。

2）建设工程招标投标的条件公开。什么情况下可以组织招标，什么机构有资格组织招标，什么样的单位有资格参加投标等，必须向社会公开，便于社会监督。

建设工程项目
招标的基本原则

3）建设工程招标投标的程序应予以公开。在建设工程招标投标的全过程中，招标程序、投标程序以及招标投标管理机构的主要监管程序，必须公开。

4）建设工程招标投标的结果公开。哪些单位参加了投标，最后哪个单位中了标，应当予以公开。

（2）公平原则。公平原则就是指在建设工程招标投标活动中，所有当事人和中介机构均享有均等的机会，具有同等的权利，并履行相应的义务，任何一方都不受歧视。具体体现在以下几个方面：

1）凡符合法定条件的工程建设项目，均可进入市场，通过招标投标进行交易，无论是发包方，还是承包方，进入市场的条件都应是一样的。

2）在建设工程招标投标活动中，所有合格的投标人进入市场的条件和竞争机会都是一样的。招标人不得对投标人区别对待，厚此薄彼。

3）建设工程招标投标涉及的各方主体，都负有与其享有的权利相适应的义务。

招标投标的基本
原则及主要内容

4）当事人和中介机构对建设工程招标投标中自己有过错的损害根据过错的大小承担责任，对各方均无过错的损害则根据实际情况分担责任。

（3）公正原则。公正原则就是指在建设工程招标投标活动中，按照同一标准实事求是的对待所有当事人和中介机构，不偏袒任何一方。如招标人按照统一的招标文件示范文本公正的表述招标条件和要求；按照事先经建设工程招标投标管理机构审查认定的评标定标办法进行评定；对投标文件进行公正的评价；择优确定中标人等。

（4）诚实信用原则。诚实信用原则也称诚信原则，是指在建设工程招标投标活动中，当事人和有关中介机构应当以诚相待、讲求信义、实事求是，做到言行一致、遵守诺言、履行成约，不得见利忘义、投机取巧、弄虚作假，损害国家、集体和其他人的合法权益。

建设工程投标的
原则及管理规定

诚信原则要求当事人和中介机构在进行招标投标活动时，必须具备诚实无欺，善意守信的内心状态，不得滥用权力损害他人，要在自己获得利益的同时充分尊重社会公德和国家的、社会的、他人的利益，自觉维护市场经济的正常秩序。

1.2.4　建设工程招标投标管理机构

建设工程招标投标管理机构，是指经政府或政府编制主管部门批准设立的隶属于同级建设行政主管部门的省、市、县（市）建设工程招标投标办公室。招标人和投标人在建设工程招标投标活动中，负有接受招标投标管理机构的管理、监督和履行依法约定的各项义务。

为了维护建筑市场的统一性、竞争有序性和开放性，国家明确指定一个统一归口的建设行政主管部门，即住房和城乡建设部，它是全国最高招标投标管理机构。在住房和城乡建设部的统一监管下，实行省、市、县三级建设行政主管部门对所辖行政区的建设工程招标投标分级管理。也就是说，省、市、县三级建设行政主管部门依照各自的权限，对本行政区域内的建设工程招标投标分别实行分级属地管理。实行这种建设行政主管部门系统内的分级管理，是实行建设工程项目投资管理体制的要求，也是进一步提高招标工程效率和质量的重要措施，有利于更好地实现建设行政主管部门对本行政区域建设工程招标投标工作的统一管理。工程项目招标投标管理机构的职责见表 1-7。

招投标监督管理
应处理的几个关系

关于进一步加强和
规范建设工程招标
投标工作的通知

关于印发《建设工程
招标投标暂行规定》

表 1-7　工程项目招标投标管理机构的职责

管理机构	主要职责
住房和城乡建设部	负责全国工程建设施工招标投标的管理工作。其主要职责是： （1）贯彻执行国家有关工程建设招标投标的法律、法规和方针、政策，制定施工招标投标的规定和办法； （2）指导、检查各地区、各部门招标投标工作； （3）总结、交流招标投标工作的经验，提供服务； （4）维护国家利益，监督重大工程的招标投标活动； （5）审批跨省的施工招标投标代理机构
省、自治区、直辖市人民政府建设行政主管部门	负责管理本行政区域内的施工招标投标工作。其主要职责是： （1）贯彻执行国家有关工程建设招标投标的法规和方针、政策，制定施工招标投标实施办法； （2）监督、检查有关施工招标投标活动，总结、交流工作经验； （3）审批咨询、监理等单位代理施工招标投标业务的资格； （4）调解工程招标投标纠纷； （5）否决违反招标投标规定的定标结果

管理机构	主要职责
省、自治区、直辖市下属各级招标投标办事机构	负责本行政区域内施工招标投标的管理工作。其主要职责是： (1)审查招标单位的资质； (2)审查招标申请书和招标文件； (3)审定标底； (4)监督开标、评标、定标和议标； (5)调解招标投标活动中的纠纷； (6)否决违反招标投标规定的定标结果； (7)处罚违反招标投标规定的行为； (8)监督承发包合同的签订、履行

任务实施

　　走访当地建设工程招标投标办公室，了解当地建设工程招标投标工作的流程，掌握建设工程招标投标办公室的主要职责，并编制走访报告。

任务拓展　　鲁布革水电站引水工程招标投标情况简介

　　一、鲁布革水电站装机容量 60 万 $kW \cdot h$，位于云贵交界的黄泥河上。1981 年 6 月经国家批准列为重点建设工程。1982 年 7 月，国家决定将鲁布革水电站的引水工程作为水利电力部第一个对外开放、利用世界银行贷款的工程，并按世界银行的规定，实行新中国成立以来第一次的国际公开(竞争性)招标。该工程由一条长 8.8 km、内径 8 m 的引水隧洞和调压井等组成。招标范围包括其引水隧洞、调压井和通往电站的压力钢管等。

　　二、招标程序及合同履行情况(表 1-8)。

表 1-8　招标程序及合同履行情况表

时间	工作内容	说明
1982 年 9 月	刊登招标通告及编制招标文件	
1982 年 9～12 月	第一阶段资格预审	从 13 个国家 32 家公司中选定 20 家合格公司，包括我国 3 家公司
1983 年 2～7 月	第二阶段资格预审	与世界银行磋商第一阶段预审结果，中外股市为组成联合投标公司进行谈判
1983 年 6 月 15 日	发售招标文件(标书)	15 家外商及 3 家国内公司购买了标书，8 家投了标
1983 年 11 月 8 日	当众开标	8 家公司投标，其中一家为废标
1983 年 11 月～1984 年 4 月	评标	确定大成、前田和英波吉洛公司 3 家为评标对象，最后确定日本大成公司中标，与之签订合同，合同价 8 463 万元，比标底 12 958 万元低 43%，合同工期 1 597 天
1984 年 11 月	引水工程正式开工	
1988 年 8 月 13 日	正式竣工	工程师签署了工程竣工移交证书，工程初步结算价 9 100 万元，仅为标底的 60.8%，比合同价增加 7.53%，实际工期 1 475 天，比合同工期提前 122 天

三、各投标人的评标折算报价情况

按照国际惯例，只有前三名进入评标阶段，因此我国两家公司没有入选。这次国际竞争性招标，虽然国内公司享受7.5%的优惠，条件颇为有利，但未中标。各投标人的评标折算报价情况见表1-9。

表1-9　各招标人评标折算报价

公司	折算报价/万元	公司	折算报价/万元
日本大成公司	8 460	中国闽昆与挪威FHS联合公司	12 210
日本前田公司	8 800	南斯拉夫能源公司	13 220
英波吉洛公司(美意联合)	9 280	法国SBTP联合公司	17 940
中国贵华与霍尔兹曼 (西德)联合公司	12 000	西德某公司	废标

大成公司采用总承包制，管理及技术人员仅30人左右，由国内企业分包劳务，采用科学的项目管理方法。比预期工期提前122天竣工，工程质量综合评价为优良。最终工程初步结算为9 100万元，仅为标底的60.8%。"鲁布革工程"受到我国政府的重视，号召建筑施工企业进行学习。

四、鲁布革水电站引水工程的主要经验

鲁布革水电站引水工程进行国际招标和实行国际合同管理，在当时具有很大的超前性，鲁布革工程管理局作为既是"代理业主"又是"监理工程师"的机构设置，按合同进行项目管理的实践，使人耳目一新，所以当时到鲁布革水电站引水工程考察被称为"不出国的出国考察"。这是在20世纪80年代初我国计划经济体制还没有根本改变，建筑市场还没有形成外部条件尚未充分具备的情况下进行的。而且，只是在水电站引水工程进行国际招标，首部大坝枢纽和地下厂房工程以及机电安装仍由水电十四局负责施工，因此形成了一个工程两种管理体制并存的状况。这正好给了人们一个充分比较、研究、分析两种管理体制差异的极好机会。鲁布革水电站引水工程的国际招标实践和一个工程两种体制的鲜明对比，在中国工程界引起了强烈的反响。到鲁布革水电站引水工程参观考察的人几乎遍及全国各省市，鲁布革水电站引水工程的实践激发了人们对基本建设管理体制改革的强烈愿望。

问题：分析鲁布革水电站引水工程的成功经验。

任务 1.3　合同的法律基础

任务目标

通过本任务的学习，了解合同法律关系的概念及构成；掌握合同订立的形式及过程；熟悉合同的效力、履行、变更、转让、终止、解除和违约责任等。

1.3.1 合同法律关系的概念及构成

合同法的概念

1. 合同法律关系的概念

法律关系是指法律在调整人们行为的过程中形成的特殊的权利和义务关系。或者说，法律关系是指被法律规范所调整的权利与义务的关系。法律关系是以法律为前提而产生的社会关系，没有法律的规定，就不可能形成相应的法律关系。法律关系实质是法律关系主体之间存在的特定权利与义务的关系。合同法律关系是指由合同法律规范调整的当事人在民事流转过程中形成的权利和义务的关系。

2. 合同法律关系的构成

合同法律关系包括合同法律关系主体、合同法律关系客体、合同法律关系内容三个要素。缺少其中任何一个要素都不能构成合同法律关系，改变其中的任何一个要素就改变了原来设定的法律关系。

（1）合同法律关系的主体。合同法律关系的主体是指参加合同法律关系，依法享有相应权利，承担相应义务的当事人。合同法律关系的主体包括自然人、法人和其他组织。

1）自然人。自然人是指基于出生而成为民事法律关系主体的有生命的人。自然人作为合同法律关系的主体应当具有相应的民事权利能力和民事行为能力。"公民"和"自然人"在法律地位上是一样的。

2）法人。法人是相对于自然人的另一种民事主体，即具有民事权利能力和民事行为能力，依法独立享有民事权利、承担民事义务的组织。在社会生活中，除自然人外，还有各种组织以团体的名义进行各种活动，尤其是在社会经济生活中，各种工厂、公司、商店等所从事的商品生产、经营及服务，构成社会经济运行最为重要的部分。民法上的法人制度，是对参加民事活动的社会组织的法律地位的确认，为社会组织独立承担责任提供了基础。

3）其他组织。其他组织是指依法成立，但不具备法人资格，而能以自己的名义参与民事活动的经济实体或法人的分支机构等社会组织。法人以外的其他组织可以成为法律关系主体，这些组织主要包括法人的分支机构、不具备法人资格的联营体、合伙企业以及个人独资企业等。以上组织应当是合法成立、有一定的组织机构和财产，却又不具备法人资格的组织。与法人相比，其特性在于民事责任的承担较为复杂。

（2）合同法律关系的客体。合同法律关系的客体，是指参加合同法律关系的主体享有的权利和承担的义务所共同指向的对象。合同法律关系的客体主要包括物、行为和智力成果。

1）物。物是指可为人们控制并具有经济价值的生产资料和消费资料。其可以分为动产和不动产、流通物与限制流通物、特定物与种类物等，如建筑材料、建筑设备、建筑物等。

2）行为。行为是指人的有意识的活动。在合同法律关系中，多表现为完成一定的工作，如勘察设计、施工安装等。

3）智力成果。智力成果是指通过人的智力活动所创造出的精神成果，包括知识产权、技术秘密及在特定情况下的公共知识和技术，如专利权、计算机软件等。

（3）合同法律关系的内容。合同法律关系的内容是指合同约定的和法律规定的权利和义务，也是合同的具体要求，它决定了合同法律关系的性质，也是连接合同主体的纽带。

1) 权利。权利是指合同法律关系主体在法定范围内，按照合同的约定有权按照自己的意志作出某种行为。权利主体也可要求义务主体作出一定的行为或不作出一定的行为，以实现自己的有关权利。当权利受到侵害时，其有权得到法律保护。

2) 义务。义务是指合同法律关系主体必须按法律规定或约定承担应负的责任。义务和权利是相互对应的，相应主体应自觉履行相对应的义务。否则，义务人应承担相应的法律责任。

3. 合同法律关系的产生、变更与消灭

(1) 合同法律关系的产生。合同法律关系的产生是指由于一定的客观情况出现和存在，合同法律关系主体之间形成一定的权利和义务关系。如业主与承包商协商一致、签订了建设工程合同，就产生了合同法律关系。

(2) 合同法律关系的变更。合同法律关系的变更是指已经形成的合同法律关系，由于一定的客观情况的出现而引起合同法律关系的主体、客体、内容的变化。

合同的变更和转让

(3) 合同法律关系的消灭。合同法律关系的消灭是指合同法律主体之间的权利和义务关系不复存在。法律关系的消灭可以是因为主体履行了义务、实现了权利而消灭；可以是因为双方协商一致而消灭；也可以是因发生不可抗力而消灭；还可以是主体的消亡、停业、转产、严重违约等原因而消灭。

1.3.2 合同的分类

合同作为商品交换的法律形式，其类型因交易方式的多样化而各不相同。尤其是随着交易关系的发展和内容的复杂化，合同的形态也在不断变化和发展。对各种纷纭复杂的交易形态和合同形态，可以从法律上依照各种标准作出不同的分类。

合同种类与编码原则

1. 《中华人民共和国合同法》的基本分类

《中华人民共和国合同法》(以下简称《合同法》)将合同分为下列15类：

(1) 买卖合同。买卖合同是指出卖人转移标的物的所有权于买受人，买受人支付价款的合同。

(2) 供用电、水、气、热力合同。供用电合同是指供电人向用电人供电，用电人支付电费的合同。供用水、供用气、供用热力合同，参照供用电合同的有关规定。

(3) 赠与合同。赠与合同是指赠与人将自己的财产无偿给予受赠人，受赠人表示接受赠与的合同。

(4) 借款合同。借款合同是指借款人向贷款人借款，到期返还借款并支付利息的合同。

(5) 租赁合同。租赁合同是指出租人将租赁物交付承租人使用、收益，承租人支付租金的合同。

(6) 融资租赁合同。融资租赁合同是指出租人根据承租人对出卖人、租赁物的选择，向出卖人购买租赁物，提供给承租人使用，承租人支付租金的合同。

(7) 承揽合同。承揽合同是指承揽人按照定做人的要求完成工作，交付工作成果，定做

人给付报酬的合同。承揽包括加工、定做、修理、复制、测试、检验等工作。

（8）建设工程合同。建设工程合同是指承包人进行工程建设，发包人支付价款的合同。建设工程合同包括工程勘察、设计、施工合同。

（9）运输合同。运输合同是指承运人将旅客或者货物从起运地点运输到约定地点，旅客、托运人或者收货人支付票款或者运输费用的合同。

（10）技术合同。技术合同是指当事人就技术开发、转让、咨询或者服务订立的确立相互之间权利和义务的合同。

（11）保管合同。保管合同是指保管人保管寄存人交付的保管物，并返还该物的合同。寄存人应当按照约定向保管人支付保管费。当事人对保管费没有约定或者约定不明确，依照《合同法》相关规定仍不能确定的，保管是无偿的。

（12）仓储合同。仓储合同是指保管人储存存货人交付的仓储物，存货人支付仓储费的合同。

（13）委托合同。委托合同是指委托人和受托人约定，由受托人处理委托人事务的合同。委托人可以特别委托受托人处理一项或者数项事务，也可以概括委托受托人处理一切事务。

（14）行纪合同。行纪合同是指行纪人以自己的名义为委托人从事贸易活动，委托人支付报酬的合同。

（15）居间合同。居间合同是指居间人向委托人报告订立合同的机会或者提供订立合同的媒介服务，委托人支付报酬的合同。

2. 合同的其他分类

在民法理论中，合同一般可作以下分类：

（1）双务合同与单务合同。双务合同是指双方当事人都享有权利和承担义务的合同。现实生活中的合同大多数为双务合同，如买卖、承揽、租赁等。单务合同指仅由当事人一方负担义务，而他方只享有权利的合同。如赠与、无息借贷、无偿保管等合同为典型的单务合同。

（2）诺成合同与实践合同。诺成合同与实践合同是从合同成立条件的角度对其所做的分类。诺成合同是指以缔约当事人意思表示一致为充分成立条件的合同，即一旦缔约当事人的意思表示达成一致即告成立的合同；实践合同是指除当事人意思表示一致外，还需交付标的物才能成立的合同。在这种合同中仅有当事人的合意，合同尚不能成立，还必须有一方实际交付标的物的行为或其他给付，才能成立合同关系。实践中，大多数合同均为诺成合同，实践合同仅限于法律规定的少数合同，如保管合同、自然人之间的借款合同。

（3）要式合同与不要式合同。根据合同的成立是否需要特定的形式，可将合同分为要式合同与不要式合同。要式合同，是指法律要求必须具备一定的形式和手续的合同；不要式合同，是指法律不要求必须具备一定形式和手续的合同，合同多为不要式合同。

（4）有偿合同与无偿合同。有偿合同又称为"有偿契约"，是"无偿合同"的对称。有偿合同是指当事人一方在享有合同规定的权益，必须向对方当事人偿付相应代价的合同。买卖、租赁、保险等合同是其典型，其特点在于当事人双方均有给付义务；当事人双方所为的给付具有财产内容，合同多为有偿合同。

（5）主合同与从合同。根据合同相互间的主从关系，可以将合同分为主合同与从合同。所谓主合同是指不需要其他合同的存在即可独立存在的合同。由于从合同要依赖主合同的存在而存在，所以从合同又被称为"附属合同"。从合同的主要特点在于其附属性，即它不能独立存在，必须以主合同的存在并生效为前提。

（6）有名合同和无名合同。有名合同是指法律上或者经济生活习惯上按其类型已确定了一定名称的合同，又称典型合同。我国《合同法》中规定的合同和民法学中研究的合同都是有名合同。无名合同是指有名合同以外的、尚未统一确定一定名称的合同。无名合同如经法律确认或在形成统一的交易习惯后，可以转化为有名合同。

《合同法》规定的15种有名合同也隐含着对合同的一般分类方法。

1.3.3 合同订立的形式及过程

1. 合同订立的形式

合同的形式是指合同当事人意思表示一致的外在表现形式。《合同法》规定：当事人订立合同可分为口头形式、书面形式和其他形式。

（1）口头形式。口头合同也称口头协议，是指双方当事人以口头语言形式对合同内容达成一致的协议，无任何书面的或其他有形载体来表现合同内容。口头合同也是合同形式中一种重要的表现形式，被人们普遍、广泛的应用。

（2）书面形式。书面形式是指合同书、信件和数据电文（包括电报、电传、传真、电子数据交换和电子邮件）等可以有形地表现所载内容的形式。书面合同是以文字等有形的表现方式所订立的合同。

（3）其他形式。其他形式是指不同于书面形式和口头形式的公证、审批、登记等形式。

订立合同采用何种形式，通常由当事人自由选择。但法律、行政法规规定采用书面形式的，或者当事人约定采用书面形式的，应当采用书面形式。

合同的订立

2. 合同订立的过程

合同的订立必须基于当事人的合意，即意思表示一致。合同订立的过程就是当事人双方使其意思表示趋于一致的过程。这一过程在合同法上称为要约和承诺。

（1）要约。要约是指一方当事人向他人作出的以一定条件订立合同的意思表示。前者称为要约人；后者称为受要约人。要约是希望和他人订立合同的意思表示，是订立合同所必须经过的过程。

合同的成立—要约

1）要约邀请是希望他人向自己发出要约的意思表示。要约邀请是当事人在订立合同的过程中的一种预备行为，但不是订立合同的一种必经程序。要约邀请仅仅在于促成对方发出要约。要约邀请在相对人发出要约以后，再经过自己的承诺，才能使合同有效成立。如寄送的价目表、拍卖公告、招标公告、招股说明书、商业广告等为要约邀请。商业广告的内容符合要约规定的，视为要约。

2）要约的撤回和撤销。要约可以撤回，撤回要约的通知应当在要约到达受要约人之前或者与要约同时到达受要约人；要约也可以撤销，撤销要约的通知应当在受要约人发出承诺通知之前到达受要约人。但有下列情形之一的，要约不得撤销：一是要约人确定了承诺期限或者以其他形式明示要约不可撤销；二是受要约人有理由认为要约是不可撤销的，并已经为履行合同做了准备工作。

（2）承诺。承诺是受要约人同意要约的意思表示。承诺与要约一样，是一种法律行

为。除根据交易习惯或者要约表明可以通过行为作出承诺的之外，承诺应当以通知的方式作出。

1）承诺的期限。承诺应当在要约确定的期限内到达要约人。要约没有确定承诺期限的，承诺应当依照下列规定到达：一是要约以对话方式作出的，应当即时作出承诺，但当事人另有约定的除外；二是要约以非对话方式作出的，承诺应当在合理期限内到达。

2）承诺的生效。承诺通知到达要约人时生效。承诺不需要通知的，根据交易习惯或者要约的要求作出承诺的行为时生效。

3）承诺的撤回。承诺的撤回是指承诺人阻止已发生的承诺发生法律效力的意思表示。承诺发生后，承诺人会因为考虑不周、承诺不当，而企图修改承诺，或放弃订约，法律上有必要设定相应的补救机制，给予其重新考虑的机会。允许撤回承诺与允许撤回要约相对应，体现了当事人在订约过程中权利与义务是均衡、对等的。为保证交易的稳定，承诺的撤回也是附条件的。《合同法》第二十七条规定："承诺可以撤回。撤回承诺的通知应当在承诺通知到达要约人之前或者与承诺通知同时到达要约人。"但是在以行为承诺的情形下，要约要求的或习惯做法所认同的履约行为一经作出，合同就已成立，不得通过停止履行或恢复原状等方法来撤回承诺。

（3）合同的内容。合同的内容由当事人约定，这是合同自由的重要体现。《合同法》规定了合同一般应当包括的条款，但具备这些条款不是合同成立的必备条件。合同的内容一般包括以下条款：当事人的名称或者姓名以及住所、标的、数量、质量、价款或者报酬、履行的期限、地点和方式、违约责任、解决争议的方法。

国际工程合同 的订立过程	合同订立的 几种特别形式	合同订立应 注意的问题

1.3.4　合同效力

合同生效是指合同对双方当事人的法律约束力的开始。合同成立是合同生效的前提条件，但成立的合同必须具备相应的法律条件才能生效，否则合同是无效的。

1. 效力待定合同

效力待定合同，也称效力未定合同，是指法律效力尚未确定，有待于有权利的第三方为一定意思表示来最终确定效力的合同。根据《合同法》的相关规定，效力未定的合同主要有以下三类：

（1）限制民事行为能力人订立的合同。限制民事行为能力人订立的合同，必须经法定代理人追认后，该合同有效，但纯获利的合同或者与其年龄、智力、

2016 司考民法讲义：
合同的效力

精神健康状况相适应而订立的合同，不必经法定代理人追认。

（2）无代理权人以被代理人名义订立的合同。行为人没有代理权、超越代理权或者代理权终止后以被代理人名义订立的合同，未经被代理人追认，对被代理人不发生效力，由行为人承担责任。

（3）无处分权人订立的合同。无处分权的人处分他人财产，经权利人追认或者无处分权的人订立合同后取得处分权的，该合同有效。

2. 无效合同

无效合同是指虽经合同当事人协商订立，但因其不具备或违反了法定条件，法律规定不承认其效力的合同。

根据《合同法》的相关规定，有下列情形之一的，合同无效：

（1）一方以欺诈、胁迫的手段订立合同，损害国家利益；

（2）恶意串通，损害国家、集体或者第三人利益；

（3）以合法形式掩盖非法目的；

（4）损害社会公共利益；

（5）违反法律、行政法规的强制性规定。

附条件合同效力的
判定、合同履行对
合同效力的影响

3. 可变更或可撤销的合同

可变更或可撤销的合同是指欠缺生效条件，但一方当事人可依照自己的意思使合同的内容变更或者使合同的效力归于消灭的合同。有下列情形之一的，当事人一方有权请求人民法院或者仲裁机构变更或者撤销其合同：

（1）因重大误解而订立的合同：重大误解是指由于合同当事人一方本身的原因，对合同主要内容发生误解，产生错误认识。

（2）在订立合同时显失公平的合同：一方当事人利用优势或者利用对方没有经验，致使双方的权利与义务明显违反公平原则的，可以认定为显失公平。

（3）一方以欺诈、胁迫的手段或者乘人之危，使对方在违背真实意思的情况下订立的合同，受损害方有权请求人民法院或者仲裁机构变更或者撤销。

1.3.5 合同履行

合同履行是指当事人双方按照合同规定的标底、数量和质量、价款或酬金、履行期限、履行地点和履行方式等，全面地完成各自承担的义务。合同的内容是债权人的权利和债务人的义务。债权人实现了自己的权利和债务人履行了自己的义务，合同的内容就得到了实现，合同也就得到了履行。

合同效力案例分析

1. 合同履行的规则

合同履行的规则主要是指当事人就某些事项没有约定时的处理方法。《合同法》规定：合同生效后，当事人就质量、价款或者报酬、履行地点等内容没有约定或者约定不明确的，可以协议补充；不能达成协议补充的，按照合同有关条款或者交易习惯确定。当事人就有关合同内容约定不明确，依照合同有关条款或者交易习惯的规定仍不能确定的，适用下列规定：

（1）质量要求不明确的，按照国家标准、行业标准履行；没有国家标准、行业标准的，按照通常标准或者符合合同目的的特定标准履行。

（2）价款或者报酬不明确的，按照订立合同时履行的市场价格履行；依法应当执行政府定价或者政府指导价的，按照规定履行。

（3）履行地点不明确，给付货币的，在接受货币一方所在地履行；交付不动产的，在不动产所在地履行；其他标的，在履行义务一方所在地履行。

（4）履行期限不明确的，债务人可以随时履行，债权人也可以随时要求履行，但应当给对方必要的准备时间。

（5）履行方式不明确的，按照有利于实现合同目的的方式履行。

（6）履行费用的负担不明确的，由履行义务一方负担。

2. 合同履行中的抗辩权

抗辩权是指当事人一方有依法对抗对方要求或否认对方权利主张的权利。《合同法》对同时履行抗辩权和异时履行抗辩权作出了如下规定：

（1）同时履行抗辩权。当事人互负债务，没有先后履行顺序的，应当同时履行。一方在对方履行之前有权拒绝其履行要求。一方在对方履行债务不符合约定时，有权拒绝其相应的履行要求。

（2）异时履行抗辩权。当事人互负债务，有先后履行顺序，先履行一方未履行的，后履行一方有权拒绝其履行要求。先履行一方履行债务不符合约定的，后履行一方有权拒绝其相应的履行要求。

3. 合同履行中的债权人的代位权和撤销权

合同履行过程中，为防止合同债务人消极对待债权导致没有履行能力而给债权人带来危害，允许债权人对债务人或第三人的行为行使代位权或撤销权，以保护其债权。

（1）债权人代位权。债权人代位权是指债权人为了保障其债权不受损害，而以自己的名义代替债务人行使债权的权利。因债务人怠于行使其到期债权，对债权人造成损害的，债权人可以向人民法院请求以自己的名义代位行使债务人的债权，但该债权专属于债务人自身的除外。代位权的行使范围以债权人的债权为限。债权人行使代位权的必要费用，由债务人负担。

（2）债权人撤销权。债权人撤销权是指债权人对债务人所做的危害其债权的民事行为，有请求法院予以撤销的权利。因债务人放弃其到期债权或者无偿转让财产，对债权人造成损害的，债权人可以请求人民法院撤销债务人的行为。债务人以明显不合理的低价转让财产，对债权人造成损害，并且受让人知道该情形的，债权人也可以请求人民法院撤销债务人的行为。撤销权的行使范围以债权人的债权为限。债权人行使撤销权的必要费用，由债务人负担。撤销权自债权人知道或者应当知道撤销事由之日起一年内行使。自债务人的行为发生之日起五年内没有行使撤销权的，该撤销权消灭。

1.3.6 合同变更和转让

1. 合同变更

合同变更是指在合同依法成立后，尚未履行或尚未完全履行前，合同当事人就合同的内容达成修改和补充的协议，或者依据法律规定请求人民法院或仲裁机构变更合同内容。《合同法》所称的合同的变更

合同变更、
转让和终止

是指狭义上的合同变更，即合同内容的变更。

2. 合同转让

合同转让是指合同当事人一方将其合同的权利和义务全部或部分转让给第三人的行为。合同转让仅指合同主体的变更，不改变合同约定的权利义务。

（1）合同权利转让。《合同法》规定，债权人可以将合同的权利全部或部分转让给第三人。合同权利全部转让的，原合同关系消灭，受让人取代原债权人的地位，成为新的债权人，原债权人脱离合同关系。合同权利部分转让的，受让人作为第三人加入合同关系中，与原债权人共同享有债权。债权人转让主权利时，附属于主权利的从权利也一并转让，受让人在取得债权时，也取得与债权有关的从权利，但该从权利从属于债权人自身的除外。下列三种情形，债权人不得转让合同权利：根据合同性质不得转让；根据当事人约定不得转让；依照法律规定不得转让。

（2）合同义务转移。债务人将合同的义务全部或者部分转移给第三人，应当经债权人同意；否则债务人转移合同义务的行为对债权人不发生效力，债权人有权拒绝第三人向其履行，同时，有权要求债务人履行义务并承担不履行或迟延履行合同的法律责任。

（3）合同权利义务的一并转让。合同关系的一方当事人将权利和义务一并转让时，除应当征得另一方当事人的同意外，还应当遵守《合同法》有关转让权利和义务转移的其他规定。

关于变更合同主体
（转让合同）的通知

合同变更和
转让案例

1.3.7　合同终止和解除

1. 合同终止

合同终止是指合同效力归于消灭，合同中权利和义务对双方当事人不再具有法律约束力。合同的终止即为合同的死亡，是合同旅程的终结。合同终止后，权利和义务主体不复存在。合同的权利和义务可由下列原因而终止：债务已经按照约定履行；合同解除；债务相互抵销；债务人依法将标的物提存；债权人免除债务；债权债务同归于一人；法律规定或者当事人约定终止的其他情形。

合同终止和解除

2. 合同解除

合同解除是指对已经发生法律效力但尚未履行或者尚未完全履行的合同，因当事人一方的意思表示或者双方的协议而使债权债务关系提前归于消灭的行为。合同解除可分为约定解除和法定解除两类。

（1）约定解除：是指当事人通过行使约定的解除权或者双方协商决定而进行的合同解除。当事人协商一致可以解除合同，即合同的协商解除。当事人也可以约定一方解除合同的条件，解除合同条件成就时，解除权人可以解除合同，即合同约定解除权的解除。

（2）法定解除：是解除条件直接由法律规定的合同解除。有下列情形之一的，当事人可以解除合同：

1）因不可抗力致使不能实现合同目的；

2）在履行期限届满之前，当事人一方明确表示或者以自己的行为表明不履行主要债务；

3）当事人一方迟延履行主要债务，经催告后在合理期限内仍未履行；

4）当事人一方迟延履行债务或者有其他违约行为致使不能实现合同目的；

5）法律规定的其他情形。

合同解除与合同终止的区别

合同终止案例

合同终止说明

合同终止通知函模板

1.3.8 违约责任

违约责任是指合同当事人任何一方不履行合同义务或履行合同义务不符合约定所应承担的法律责任。当事人一方不履行合同义务或者履行合同义务不符合约定的，应当承担继续履行、采取补救措施或者赔偿损失等违约责任。

违约责任

违约与违约责任

违约责任

违约责任划分

1. 继续履行

继续履行是指在合同债务人不履行合同义务或者履行合同义务不符合约定条件时，债权人要求违约方继续按照合同的约定履行义务。继续履行作为违约责任形式中的一种，是实际履行原则的延伸和补充，其内容是强制违约方交付按照合同约定本应交付的标的。我国采用继续履行为主，赔偿为辅的救济原则。

由于债务性质不同，因此，继续履行在适用时也有所不同，具体而言：

（1）违反金钱债务的，应继续履行。因为金钱债务不存在履行不能的问题。

（2）违反非金钱债务或者履行非金钱债务不符合约定的，除特殊情况外，原则上应继续履行。但有下列情形之一的除外：

　　1）法律上或者事实上不能履行；

　　2）债务的标的不适于强制履行或者履行费用过高；

　　3）债权人在合理期限内未要求履行。

2. 采取补救措施

　　采取补救措施是指当事人违反合同的事实发生后，为防止损失发生或者扩大，而由违反合同行为人依法律规定或者约定采取的修理、更换、重新制作、退货、减少价款或者报酬、补充数量、特资处置等措施，以给权利人弥补或者挽回损失的责任形式。补救措施应是合同继续履行、质量救济、赔偿损失等之外的法定经济措施。补救措施在不同的违约中有不同的表现形式。

3. 赔偿损失

　　赔偿损失是指违约方以支付金钱的方式弥补受害方因违约行为而遭受损失的责任形式。承担赔偿损失的责任除应具备违约责任的必要条件外，还必须有违约行为造成对方财产损失的事实。

4. 支付违约金

　　违约金是指依据法律规定或者当事人的约定，一方不履行或不适当履行合同时应当向对方支付的一定数额的金钱。《合同法》规定，违约金是约定的，即只在当事人有约定时才适用。当事人就迟延履行约定违约金的，违约方支付违约金后，还应当履行债务。

　　除上述几种基本的责任形式外，当事人还可采用价格制裁、定金制裁、信贷制裁等责任形式，以保障合同的全面履行，维护正常的经济秩序。

比较违约责任和
侵权责任的区别

合同违约责任怎么写

任务实施

　　运用网络搜索《中华人民共和国合同法》，进一步学习合同法律关系、合同分类、合同的效力、合同的履行、合同的变更和转让、合同的权利义务终止、违约责任及其他规定等合同法律基础知识。

任务拓展　　《中华人民共和国合同法》内容简介

　　(1)《中华人民共和国合同法》由中华人民共和国第九届全国人民代表大会第二次会议于1999年3月15日通过，自1999年10月1日起施行。《合同法》以原来的《经济合同法》《涉外经济合同法》和《技术合同法》为基础，以《民法通则》为指导，吸取了行政法规和司法解释的规定、移植和借鉴国外立法，摒弃了原来的《经济合同法》《涉外经济合同法》和《技术合同法》过于原则、过于简单的缺陷，是一部关系公民、法人和其他组织切身利益，完善市场交易规则，发展社会主义市场经济的重要法律，也是一部统一的较为完善的合同法，《中华人民共和国合同法》的颁布和实施将对我国社会经济的发展起到巨大的推动作用。

（2）《中华人民共和国合同法》内容由总则、分则和附则 3 部分组成。总则包括一般规定、合同的订立、合同的效力、合同的履行、合同的变更和转让、合同的权利义务终止、违约责任、其他规定 8 章，分则按照合同标的的特点分为买卖合同，供用电、水、气、热力合同，赠与合同，借款合同，租赁合同，融资租赁合同，承揽合同，建设工程合同，运输合同，技术合同，保管合同，仓储合同，委托合同，行纪合同，居间合同 15 种。

项目梳理

建筑市场是指以进行建筑商品及相关要素交换活动为主要内容的市场，是建筑产品生产中各种交换关系的总和，建筑市场有广义的建筑市场和狭义的建筑市场之分。招标投标是一种有序的市场竞争交易方式，也是规范选择交易主体、订立交易合同的法律程序。合同的法律基础知识主要包括合同法律关系、合同的分类，以及合同订立效力、履行、变更、转让、终止、解除和违约责任等。

项目检测

一、单项选择题

1. 法律关系是法律调整（　　）过程中形成的权利与义务关系，是一种特殊的社会关系。

    A. 人们行为　　　　B. 人们交往　　　　C. 社会关系　　　　D. 经济关系

2. 合同法律关系是由合同法律关系的（　　）三要素所构成。

    A. 主体、客体、内容　　　　　　　　B. 当事人、权利、义务

    C. 物、行为、智力成果　　　　　　　D. 法人、其他组织、自然人

3. 无效合同是指虽经合同当事人协商订立，但因其不具备或违反了法定条件，法律规定（　　）其效力的合同。

    A. 不承认　　　　B. 一般否定　　　　C. 相对否定　　　　D. 相对承认

4. 《合同法》规定，合同双方当事人互负债务，没有先后履行顺序的，应当同时履行。一方在（　　）有权拒绝其履行要求。

    A. 对方履行之前　　　　　　　　　　B. 对方要求履行之前

    C. 自己的合同权利实现之前　　　　　D. 对方未应己方的要求履行之前

5. 当事人一方不履行非金钱债务或者履行非金钱债务不符合约定的，对方可以要求履行的情形是（　　）。

   A. 法律上或者事实上不能履行

   B. 债权人在合理期限内未要求履行

   C. 债权的标的不适于强制履行或者履行费用过高

   D. 履行时间较长

6. 工程建设单位与某设计单位签订合同，购买该设计单位已完成设计的图纸，该合同法律关系的客体是（　　）。

   A. 物　　　　　　　B. 财　　　　　　　C. 行为　　　　　　　D. 智力成果

7. 根据《合同法》的规定，属于可变更、可撤销合同的是（　　）的合同。

   A. 以欺诈、胁迫的手段订立损害国家利益

   B. 以合法形式掩盖非法目的

   C. 因重大误解订立或订立时显失公平

   D. 恶意串通，损害国家、集体或第三人利益

8. 《合同法》规定，当事人一方不履行金钱债务时，对方可以要求（　　）。

   A. 采取补救措施　　　　　　　　　　B. 双倍支付定金

   C. 交付替代物　　　　　　　　　　　D. 继续履行

二、多项选择题

1. 当事人一方不履行非金钱债务或者履行非金钱债务不符合约定的，对方可以要求履行，但有下列（　　）情形之一的除外。

   A. 法律上或者事实上不能履行的

   B. 债务的标的不适于强制履行或者履行费用过高的

   C. 债权人在合理期限内未要求履行的

   D. 履行过分迟延的

   E. 造成其他损失的

2. 当事人一方不履行非金钱债务或者履行非金钱债务不符合约定的，对方可以要求履行，但有下列（　　）情形之一的除外。

   A. 法律上或者事实上不能履行的

   B. 债务标的物不适于强制履行或者履行费用过高的

   C. 债务标的物不能履行的或者履行费用过少的

   D. 债权人在期限外未能履行的

   E. 债权人在合理期限内未能要求履行的

3. 根据《合同法》的相关规定，有下列（　　）情形之一的，合同无效。

   A. 一方以欺诈、胁迫的手段订立合同，损害国家利益

   B. 恶意串通，损害国家、集体或者第三人利益

   C. 以合法形式掩盖非法目的

   D. 损害社会公共利益

   E. 违反法律、行政法规的强制性规定

4. 承包商的实力主要包括有( )。

    A. 技术方面的实力   B. 经济方面的实力

    C. 管理方面的能力   D. 信誉方面的实力

    E. 人力资源的实力

三、简答题

1. 建筑市场的主体是什么?

2. 建筑市场的特点有哪些?

3. 结合资料调研,预测五年后我国建筑市场的容量有多大?

4. 简述招标投标的分类及特点。

5. 建设工程招标投标基本原则有哪些?

6. 合同法律关系的内容有哪些?

7. 阐述公开招标和邀请招标的特点和适用范围。

8. 根据《合同法》的相关规定,效力未定的合同主要有哪几类?

四、实务题

赴当地建设工程交易中心调研,完成包括交易中心的基本构成,交易中心的功能,交易中心的服务范围,交易中心所进行的工程开标、评标活动,交易中心的工作程序的内容的调研报告。

项目 2　建设工程招标

知识目标

　　本项目介绍了建设工程施工招标的具体业务。通过本项目的学习，了解建设工程招标的范围和条件；熟悉建设工程招标的程序与建设工程招标的方式和方法；掌握建设工程项目招标文件的概念、作用组成内容及编制原则；了解建设工程招标标底的概念、编制原则及其注意事项；掌握建设工程招标标底的主要内容；了解建设工程招标控制价的概念及作用、编制依据；掌握建设工程招标控制价的编制内容。

能力目标

　　能依据建设工程项目招标文件范本编制相关文件，并能据此分析具体案例。运用相关知识分析案例、理解建设工程招标文件的编制和建设工程施工招标的主要工作内容及主要程序；理解建设工程招标文件的编制和建设工程施工招标的主要工作内容及主要程序；理解建设工程招标标底和招标控制价的编制内容。

项目导入

　　建设工程招标是指招标人事前公布工程、货物或服务等发包业务的相关条件和要求，通过发布广告或发出邀请函等形式，召集自愿参加竞争者投标，并根据事前规定的评选办法对投标人进行审查、评比和选定的过程。在建设工程施工招标中，招标人可对投标人的投标报价、施工方案、技术措施、人员素质、工程经验、财务状况及企业信誉等方面进行综合评价，择优选择承包商，并与之签订施工合同。通过本项目的学习，对建设工程施工招标具有一个初步了解。

任务 2.1　建设工程招标概述

任务目标

　　通过本任务的学习，了解建设工程招标的范围和条件；熟悉建设工程招标的程序；掌握建设工程招标的主要工作内容、方式和方法。

2.1.1 建设工程招标范围和条件

1. 建设工程招标范围

建设工程采用招标投标这种承发包方式，在提高工程经济效益、保证建设质量、保证社会及公众利益方面具有明显的优越性。世界各国和主要国际组织都规定，对某些工程建设项目必须实行招标投标。我国有关的法律、法规和部门规章根据工程建设项目的投资性质、工程规模等因素，也对建设工程招标范围和规模标准进行了界定，在此范围之内的项目，必须通过招标进行发包，而在此范围之外的项目，是否招标业主可以自愿选择。

（1）《中华人民共和国招标投标法》（以下简称《招标投标法》）关于必须进行招标的工程建设项目的范围和规模标准的有关规定。

《招标投标法》第三条规定：在中华人民共和国境内进行下列工程建设项目包括项目的勘察、设计、施工、监理以及与工程建设有关的重要设备、材料等的采购，必须进行招标。

1）大型基础设施、公用事业等关系社会公共利益、公众安全的项目；

2）全部或者部分使用国有资金投资或者国家融资的项目；

3）使用国际组织或者外国政府贷款、援助资金的项目。

（2）中华人民共和国国家发展和改革委员会关于《工程建设项目招标范围和规模标准规定》的有关规定。

《招标投标法》中所规定的招标范围，是一个原则性的规定，针对这种情况，原国家计划发展委员会制定出了更具体的招标范围。

根据《工程建设项目招标范围和规模标准规定》的规定，具体包括下列内容：

1）关系社会公共利益、公众安全的基础设施项目的范围包括以下几个方面：

①煤炭、石油、天然气、电力、新能源等能源项目；

②铁路、公路、管道、水运、航空以及其他交通运输业等交通运输项目；

③邮政、电信枢纽、通信、信息网络等邮电通信项目；

④防洪、灌溉、排涝、引（供）水、滩涂治理、水土保持、水利枢纽等水利项目；

⑤道路、桥梁、地铁和轻轨交通、污水排放及处理、垃圾处理、地下管道、公共停车场等城市设施；

⑥生态环境保护项目；

⑦其他基础设施项目。

2）关系社会公共利益、公众安全的公用事业项目的范围包括以下几个方面：

①供水、供电、供气、供热等市政工程项目；

②科技、教育、文化等项目；

③体育、旅游等项目；

④卫生、社会福利等项目；

工程建设项目招标范围和规模标准规定

⑤商品住宅，包括经济适用住房；

⑥其他公用事业项目。

3)使用国有资金投资项目的范围包括以下几个方面：

①使用各级财政预算资金的项目；

②使用纳入财政管理的各种政府性专项建设基金的项目；

③使用国有企业、事业单位自有资金，并且国有资产投资者实际拥有控制权的项目。

4)国家融资项目的范围包括以下几个方面：

①使用国家发行债券所筹资金的项目；

②使用国家对外借款或者担保所筹资金的项目；

③使用国家政策性贷款的项目；

④国家授权投资主体融资的项目；

⑤国家特许的融资项目。

5)使用国际组织或者外国政府资金的项目的范围包括以下几个方面：

①使用世界银行、亚洲开发银行等国际组织贷款资金的项目；

②使用外国政府及其机构贷款资金的项目；

③使用国际组织或者外国政府援助资金的项目。

6)上述1)至5)项规定范围内的各类工程建设项目，包括项目的勘察、设计、施工、监理以及与工程建设有关的重要设备、材料等的采购，达到下列标准之一的，必须进行招标：

①施工单项合同估算价在200万元人民币以上的；

②重要设备、材料等货物的采购，单项合同估算价在100万元人民币以上的；

③勘察、设计、监理等服务的采购，单项合同估算价在50万元人民币以上的；

④单项合同估算价低于上述第①、②、③项规定的标准，但项目总投资额在3 000万元人民币以上的。

必须招标项目的
范围和例外情形

2. 建设工程招标条件

招标项目按照国家有关规定需要履行项目审批手续的，应当先履行审批手续，取得批准。招标人应当有进行招标项目的相应资金或者资金来源已经落实，并应当在招标文件中如实载明。针对工程建设项目施工，根据《工程建设项目施工招标投标办法》(2013年修订)，依法必须招标的工程建设项目，应当具备下列条件才能进行施工招标：

(1)招标人已经依法成立；

(2)初步设计及概算应当履行审批手续的，已经批准；

(3)有相应资金或资金来源已经落实；

(4)有招标所需的设计图纸及技术资料。

2.1.2　建设工程招标的主要工作程序和内容

1. 建设工程招标的主要工作程序

建设工程招标的主要工作程序可概括为建设项目报建；编制招标文件、发放招标文件；

开标、评标与定标；签订合同。建设工程招标程序的基本流程如图 2-1 所示。

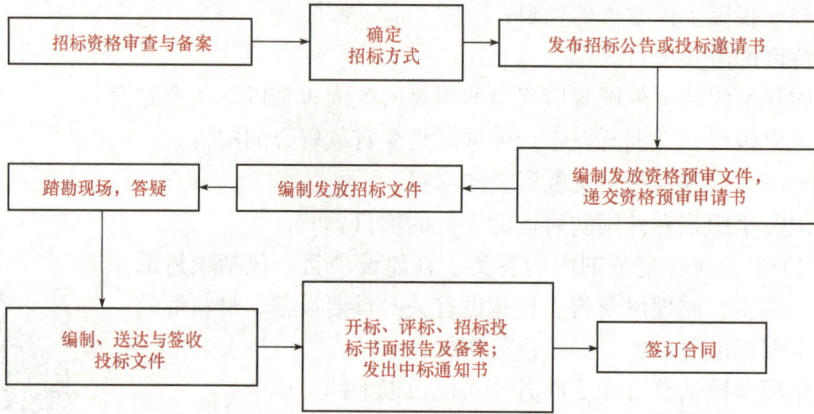

建设工程招标流程	建设工程招标投标程序	建筑工程施工招标 投标程序流程图	建设工程施工公开 招标程序流程

```
招标资格审查与备案 → 确定招标方式 → 发布招标公告或投标邀请书
                                              ↓
踏勘现场，答疑 ← 编制发放招标文件 ← 编制发放资格预审文件，递交资格预审申请书
      ↓
编制、送达与签收投标文件 → 开标、评标、招标投标书面报告及备案；发出中标通知书 → 签订合同
```

图 2-1　建设工程招标程序的基本流程

2. 建设工程招标的主要工作内容

建设工程招标的主要工作内容为：编制招标文件、对投标人资格审查、确定建设工程标底及评标等。

2.1.3　建设工程招标的方式和方法

1. 建设工程招标的方式

根据《招标投标法》的规定，招标分为公开招标和邀请招标。

（1）公开招标。公开招标又称无限竞争性招标，是指招标人以招标公告的方式邀请非特定法人或者其他组织投标。即招标人按照法定程序，在国内外公开出版的报刊或通过广播、电视、网络等公共媒体发布招标公告，凡有兴趣并符合公告要求的供应商、承包商，不受地域、行业和数量的限制均可以申请投标，经过资格审查合格后，按规定时间参加投标竞争。

公开招标的优点是招标人可以在较广的范围内选择承包商或供应商，投标竞争激烈，择优率更高，有利于招标人将工程项目交给可靠的供应商或承包商实施，并获得有竞争性的商业报价，同时，也可以在较大程度上避免招标活动中的贿标行为。因此，国际上的政府采购通常采用这种方式。

建设工程招标的主要内容及编写方法

公开招标的缺点是对投标申请者进行资格预审和评标的工作量大，招标时间长，费用高。同时，参加竞争的投标者越多，每个参加者中标的机会越小，风险越大，损失的费用也就越多，而这种费用的损失必然反映在标价上，最终会由招标人承担。我国的国家重点建设项目和各省、自治区、直辖市人民政府确定的地方重点建设项目，以及全部使用国有资金投资或者国有资金投资占控股或者主导地位的工程建设项目，应当公开招标。但依法必须进行公开招标的项目，有下列情形之一的，可以邀请招标：

建设工程招标的方式

1）项目技术复杂或有特殊要求，或者受自然地域环境限制，只有少量潜在投标人可供选择；

2）涉及国家安全、国家秘密或者抢险救灾，适宜招标但不宜公开招标；

3）采用公开招标方式的费用占项目合同金额的比例过大。

有前款第二项所列情形，属于《工程建设项目施工招标投标办法》（2013年修订）第十条（按照国家有关规定需要履行项目审批、核准手续的依法必须进行施工招标的工程建设项目，其招标范围、招标方式、招标组织形式应当报项目审批部门审批、核准。项目审批、核准部门应当及时将审批、核准确定的招标内容通报有关行政监督部门）规定的项目，由项目审批、核准部门在审批、核准项目时作出认定；其他项目由招标人申请有关行政监督部门作出认定。

全部使用国有资金投资或者国有资金投资占控股或者主导地位的并需要审批的工程建设项目的邀请招标，应当经项目审批部门批准，但项目审批部门只审批立项的，由有关行政监督部门审批。

（2）邀请招标。邀请招标是指招标人以投标邀请书的方式邀请特定的法人或者其他组织投标。邀请招标又称有限竞争性招标，是一种由招标人选择若干符合招标条件的供应商或承包商，向其发出投标邀请，由被邀请的供应商、承包商投标竞争，从中选定中标者的招标方式。邀请招标的特点有以下几点：

中外建设工程
招标投标方式比较

1）招标人在一定范围内邀请特定的法人或其他组织投标。为了保证招标的竞争性，邀请招标必须向三个以上具备承担招标项目能力并且资信良好的投标人发出邀请书。

2）邀请招标不需发布公告，招标人只要向特定的投标人发出投标邀请书即可。接受邀请的人才有资格参加投标，其他人无权索要招标文件，不得参加投标。

邀请招标的优点是简化了招标程序，节约了招标费用并缩短了招标时间。而且由于招标人对投标人以往的业绩和履约能力比较了解，从而减少了合同履行过程中承包商违约的风险。邀请招标虽然不履行资格预审程序，但为了体现公平竞争，便于招标人对各投标人的综合能力进行比较，仍要求投标人按招标文件中的相关要求，在投标书内报送有关资料，在评标时以资格后审的形式作为评标的内容之一。

建设工程施工招标公告

邀请招标的缺点是不利于招标单位获得最优报价，取得最佳投资效益。因此，国务院发展计划部门确定的国家重点项目和省、自治区、直辖市人民政府确定的地方重点项目不适宜公开招标的，经国务院发展计划部门或者省、自治区、直辖市人民政府批准，可以进行邀请招标。

2. 建设工程招标的方法

建设工程常用的招标方法见表2-1。

表 2-1　建设工程常用的招标方法

序号	招标方法	说明
1	一次性招标	一次性招标是指建设工程设计图纸、工程概算、建设用地、建筑许可证等均已具备后，全部工程只招一次标就建立全部工程的承发包关系的方法。采用一次性招标方法，整个招标工作一次性完成便于管理。但招标前须做好各项准备工作，故前期准备时间较长。特别是大型工程，若采取此法，投资见效期就要向后推延
2	多次性招标	多次性招标是指对建设项目实行分阶段招标。分阶段按单项工程、单位工程招标，也可按分部工程招标。由于分段招标，设计图纸、工程概算等技术经济文件可以分批供应，也可以争取时间提前开工，缩短建设周期，投资早见效益，但容易出现边设计、边施工的现象；容易造成施工脱节，引起矛盾。此法多适用于大型建设项目
3	一次两段式招标	一次两段式招标是指在设计图纸尚未出齐之前，先邀请数个建筑企业进行意向性招标，按约定的评标办法，择优选择一个承包单位，待施工图纸出齐以后再按图纸要求签订合同。一次两段式招标先由建筑企业根据概念设计或性能规格编制技术协议书，招投标双方进行技术和商务的澄清与调整，随后对招标文件作出修订再由建设单位选定承包人

任务实施

某房地产公司计划在北京市昌平区开发 60 000 m² 的住宅项目，可行性研究报告已经通过国家计委批准，资金为自筹方式，资金尚未完全到位，仅有初步设计图纸，因急于开工，组织销售，在此情况下决定采用邀请招标的方式，随后向 5 家施工单位发出了投标邀请书。

[问题]：

1. 该工程采用邀请招标方式且仅邀请 5 家施工单位投标，是否违反有关规定？为什么？

2. 建设工程施工招标的必备条件有哪些？

3. 本项目在上述条件下是否可以进行工程施工招标？

4. 通常情况下，哪些工程项目适宜采用邀请招标的方式进行招标？

[问题分析]：

问题1：不违反（或符合）有关规定。因为根据有关规定，允许采用邀请招标方式，邀请参加投标的单位不得少于 3 家。

问题2：根据《工程建设项目施工招标投标办法》(2013 年修订)，依法必须招标的工程建设项目，应当具备下列条件才能进行施工招标。

(1)招标人已经依法成立；

(2)初步设计及概算应当履行审批手续的，已经批准；

（3）有相应资金或资金来源已经落实；

（4）有招标所需的设计图纸及技术资料。

问题3：根据相关条件，本工程不完全具备招标条件，不应进行施工招标。

问题4：根据《工程建设项目施工招标投标办法》（2013年修订），依法必须进行公开招标的项目，有下列情形之一的，可以邀请招标：

（1）项目技术复杂或有特殊要求，或者受自然地域环境限制，只有少量潜在投标人可供选择；

（2）涉及国家安全、国家秘密或者抢险救灾，适宜招标但不宜公开招标；

（3）采用公开招标方式的费用占项目合同金额的比例过大。

有前款第二项所列情形，属于《工程建设项目施工招标投标办法》（2013年修订）第十条（按照国家有关规定需要履行项目审批、核准手续的依法必须进行施工招标的工程建设项目，其招标范围、招标方式、招标组织形式应当报项目审批部门审批、核准。项目审批、核准部门应当及时将审批、核准确定的招标内容通报有关行政监督部门）规定的项目，由项目审批、核准部门在审批、核准项目时作出认定；其他项目由招标人申请有关行政监督部门作出认定。

任务拓展　　　公开招标与邀请招标的区别

公开招标与邀请招标的区别见表2-2。

表2-2　公开招标与邀请招标的区别

项目	公开招标	邀请招标
发布信息的方式不同	采用招标公告的方式发布招标信息	采用投标邀请书的方式发布招标信息
选择的范围不同	针对的是一切潜在的对招标项目感兴趣的法人或其他组织，招标人事先不知道投标人的数量	针对的是已经了解的法人或其他组织，而且事先已经知道投标人的数量
竞争的范围不同	所有符合条件的法人或其他组织都有机会参加投标，竞争的范围较广，竞争性体现得也比较充分，招标人拥有绝对的选择余地，容易获得最佳招标效果	投标人的数目有限，竞争的范围有限，招标人拥有的选择余地相对较小，有可能提高中标的合同价，也有可能将某些在技术上或报价上更有竞争力的供应商或承包商遗漏
公开的程度不同	所有的活动都必须严格按照预先指定并为大家所知的程序和标准公开进行，大大减少了作弊的可能	公开程度逊色一些，产生不法行为的机会多一些
时间和费用不同	耗时较长，费用也比较高	整个招投标的时间大大缩短，招标费用相应减少
资格审查时间不同	投标前进行资格预审	投标后进行资格后审

任务 2.2　建设工程招标文件的编制

任务目标

通过本任务的学习，了解招标文件的概念及作用；掌握建设工程招标文件的组成；熟悉建设工程招标文件的编制原则和要求。

任务准备

2.2.1　建设工程招标文件的概念及作用

招标文件是指由招标人或招标代理机构编制并向潜在投标人发售的明确资格条件、合同条款、评标方法和投标文件相应格式的文件。它是投标人编制投标书的依据，也是招标阶段招标人的行为准则。

建设工程招标文件
（邀请招标）范本

在建设工程招标准备工作中，招标文件的编制是重要的环节，其重要性体现在以下两个方面：

（1）招标文件是提供给投标人的投标依据。施工招标文件应准确无误地向投标人介绍实施工程项目的有关内容和要求，包括工程基本情况、预计工期、工程质量情况、支付规定等方面的信息，以便投标人据此编制投标书。

（2）招标文件的主要内容是签订合同的基础。招标文件中除"投标须知"外，绝大多数内容都将成为今后合同文件的有效组成部分。尽管在招标过程中招标人可能对招标文件中的某些内容或要求提出补充或修改意见，投标人也会对招标文件提出一些修改要求或建议，但招标文件中对工程施工的基本要求不会有太大变动。由于合同文件是工程实施过程中双方都应严格遵守的准则，也是发生纠纷时进行判断和裁决的标准，所以，招标文件不仅决定了发包人在招标期间能否选择一个优秀的承包人，而且关系到工程施工是否能顺利实施，以及发包人与承包人双方的经济利益。

2.2.2　建设工程招标文件的组成

建设工程招标文件是由一系列有关招标方面的说明性文件资料组成的，包括各种旨在阐释招标人意思的文字、图表、电报、传真、电传等材料。一般来说，招标文件在形式构成上，主要包括正式文本、对正式文本的解释和对正式文本的修改三个部分。

1. 招标文件正式文本

招标人应根据建设工程特点和具体情况参照《施工招标文件范本》编写建设工程施工招标文件。

《中华人民共和国标准施工招标文件（2007 年版）》（以下简称《标准施工招标文件（2007 年版）》）中招标文件的组成包括以下几个方面的内容：

《标准施工招标文件（2007 年版）》共包括四卷八章。

第一卷　第一章　招标公告（投标邀请书）。
　　　　第二章　投标人须知。
　　　　第三章　评标办法。
　　　　第四章　合同条款及格式。
　　　　第五章　工程量清单。
第二卷　第六章　图纸。
第三卷　第七章　技术标准和要求。
第四卷　第八章　投标文件格式。

建设工程招标文件范本

2. 对招标文件正式文本的解释（澄清）

其形式主要是书面答复、投标预备会记录等。投标人如果认为招标文件有问题需要澄清，应在收到招标文件后以文字、电传、传真或电报等书面形式向招标人提出，招标人将以文字、电传、传真或电报等书面形式或以投标预备会的方式给予解答。解答包括对询问的解释，但不说明询问的来源。解答意见经招标投标管理机构核准，由招标人送给所有获得招标文件的投标人。

3. 对招标文件正式文本的修改

其形式主要是补充通知、修改书等。在投标截止日前，招标人可以自己主动对招标文件进行修改，或为解答投标人要求澄清的问题而对招标文件进行修改。修改意见经招标投标管理机构核准，由招标人以文字、电传、传真或电报等书面形式发给所有获得招标文件的投标人。对招标文件的修改，也是招标文件的组成部分，对投标人起约束作用。投标人收到修改意见后应立即以书面形式（回执）通知招标人，确认已收到修改意见。为了给投标人合理的时间，使他们在编制投标文件时将修改意见考虑进去，招标人可以酌情延长递交投标文件的截止日期。

2.2.3　建设工程招标文件的编制原则和要求

招标文件的编制必须遵守国家有关招标投标的法律、法规和部门规章的规定，遵循下列原则和要求：

（1）招标文件必须遵循公开、公平、公正的原则，不得以不合理的条件限制或者排斥潜在投标人，不得对潜在投标人实行歧视待遇。

（2）招标文件必须遵循诚实信用的原则，招标人向投标人提供的工程情况，特别是工程项目的审批、资金来源和落实等情况，都要确保真实和可靠。

（3）招标文件介绍的工程情况和提出的要求，必须与资格预审文件的内容相一致。

（4）招标文件的内容要能清楚地反映工程的规模、性质、商务和技术要求等内容，设计图纸应与技术规范或技术要求相一致，使招标文件系统、完整、准确。

（5）招标文件规定的各项技术标准应符合国家强制性标准。

（6）招标文件不得要求或者标明特定的建筑材料、构配件等生产供应者，以及含有倾向或者排斥投标申请人的其他内容。

（7）招标人应当在招标文件中规定实质性要求和条件，并用醒目的方式标明。

招标文件的内容与编制

招标文件组成拆解

招标文件的编制原则

招标投标活动基础知识及招标文件编制的要点（详细）

建设工程招标文件的组成

施工招标文件的编制

施工招标文件编制 11 个要点

工程施工招标文件范例

建设工程施工招标文件案例

施工总承包招标要求

2.2.4　建设工程施工招标文件案例

在建设工程施工招标过程中，应根据招标文件范本及工程实际编制招标文件，下面节选了某学院综合楼工程施工招标文件的部分内容，供学习和编写招标文件时参考。

1. 建设工程施工招标文件的封面

招标文件

项目名称：××××××学院某综合楼工程

招标编号：SDJY—SG—2014—02

招　标　人：××××××学院

代理机构：××××××学院××系

日　　期：二○一四年七月

2. 建设工程施工招标文件的目录

目　录

3. 建设工程施工招标文件的正文

第一卷

第一章　招标公告

<u>　×××××××学院某综合楼　</u>施工招标公告

1. 招标条件

本招标项目<u>　×××××××学院某综合楼　</u>由<u>　××省发展和改革委员会　</u>以<u>　××省发展和改革委员会关于×××××××学院某综合楼工程可行性研究报告的批复(××发改〔2014〕×××号)　</u>批准建设，项目业主：<u>　×××××××学院　</u>，建设资金来源<u>　银行贷款　</u>，招标人为<u>　×××××××学院　</u>，招标代理机构为<u>　×××××××学院××系　</u>。项目已具备招标条件，现对该项目的施工进行公开招标。

2. 项目概况与招标范围

建设地点：××市××路××号

建设规模：建筑面积约为 5 897 m²，具体详见工程量清单及图纸

结构形式：框架-剪力墙结构

施工工期：<u>　280　</u>天(日历天)

招标范围：设计图纸范围内建筑、水电安装、暖通工程

发包方式：包工包料

3. 投标人资格要求

3.1　本次招标要求投标人必须是具有独立的法人资格，并具备<u>　房屋建筑工程施工总承包贰级资质和消防设施工程专业承包叁级　</u>资质，并在人员、设备、资金等方面具备相应的施工能力；项目经理资格：<u>　房屋建筑专业贰级以上(含贰级)建造师　</u>资质，项目经理须为本单位职工，并获得安全生产考核合格证。

3.2　本次招标<u>　不接受　</u>联合体投标。

4. 报名及招标文件的获取

4.1　凡有意参加投标者，请于<u>　2014　</u>年<u>　××　</u>月<u>　××　</u>日至<u>　2014　</u>年<u>　××　</u>

月___××___日(法定公休日、法定节假日除外，不少于5个工作日)，每日上午___8：30___时至___12：00___时，下午___14：30___时至___17：00___时(北京时间)，在___××××××学院××系___，地址为：___××市××路××号___，来报名及购买招标文件。报名时投标人必须携带单位介绍信原件。

4.2 招标文件每套售价___500___元，售后不退。图纸押金___2 000___元，在退还图纸时退还(不计利息)。

5. 投标文件的递交

5.1 投标文件递交的截止时间(投标截止时间)为___2014___年___××___月___××___日___××___时___00___分，地点为：___××××××学院办公楼×××室___。

5.2 逾期送达或者未送达指定地点的投标文件，招标人不予受理。

6. 发布公告的媒介

本次招标公告同时在中国政府采购网、中国采购与招标网、××省招投标网、××财政网、××市建设工程交易中心网上发布。

7. 联系方式

招 标 人：___××××××学院___		代理机构：___××××××学院××系___	
地　　址：___××市××路××号___		地　　址：___××市××路××号___	
邮　　编：___××××××___		邮　　编：___××××××___	
联 系 人：_____		联 系 人：_____	
电　　话：_____		电　　话：_____	
传　　真：_____		传　　真：_____	
电子邮件：_____		电子邮件：_____	

2014 年××月××日

第二章　投标人须知

投标人须知前附表

条款号	条款名称	内容规定
1.1.2	招标人	名称：××××××学院　　地址：××市××路××号 联系人：　　　　　　　　电话：
1.1.3	招标代理机构	名称：××××××学院××系　地址：××市××路××号 联系人：　　　　　　　　电话：
1.1.4	项目名称	××××××学院某综合楼工程
1.1.5	建设地点	××市××路××号
1.2.1	资金来源	银行贷款
1.2.2	出资比例	100%
1.2.3	资金落实情况	已到位
1.3.1	招标范围	设计图纸范围内建筑、水电安装、暖通工程
1.3.2	计划工期	计划工期：___280___日历天；

条款号	条款名称	内容规定
1.3.3	质量要求	达到国家施工验收规范__合格__标准
1.3.4	发包方式	包工包料
1.4.1	投标人资质条件、能力和信誉	资质条件：房屋建筑工程施工总承包__贰__级资质和消防设施工程专业承包__叁__级资质 业绩要求：近三年施工企业承担过 2 个九层以上（含九层）框架-剪力墙结构工程的施工任务，提供中标通知书或验收意见书 信誉要求：近三年发生的诉讼及仲裁情况 项目经理要求：具备房屋建筑专业贰级以上（含贰级）注册建造师
1.4.2	是否接受联合体投标	不接受
1.9.1	踏勘现场	自行踏勘
1.10.1	投标预备会	不召开
1.10.2	投标人提出问题的截止时间	收到招标文件 2 日以内
1.10.3	招标人书面澄清的时间	开标前 15 日
1.11	分包	不允许
1.12	偏离	不允许
2.1	构成招标文件的其他材料	答疑文件，更改通知等
2.2.1	投标人要求澄清招标文件的截止时间	投标截止时间 16 天前
2.2.2	投标截止时间	2014 年××月××日××时××分（北京时间）
2.2.3	投标人确认收到招标文件澄清时间	投标截止时间 15 天前
2.3.2	投标人确认收到招标义件修改时间	投标截止时间 15 天前
3.3.1	投标有效期	50 天内
3.4.1	投标保证金	投标保证金的金额：为人民币__贰拾__万元整
3.5.3	近年完成的类似项目的年份要求	近三年
3.5.7	近年发生的诉讼及仲裁情况的年份要求	近三年
3.6	是否允许递交备选投标方案	不允许
3.7.3	签字或盖章要求	内层包封上的封口处加盖投标人单位公章，复印件加盖投标人单位公章
3.7.4	投标文件份数	正本__壹__份，副本__壹__份

条款号	条款名称	内容规定
3.7.5	装订要求	一律按 A4 纸规格，按统一目录所列顺序分正本和副本分别装订密封好
4.1.2	封套上写明	招标人的地址：××市××路××号 招标人名称：××××××学院 ××××××学院某综合楼工程　投标文件在 2014 年××月××日北京时间××时正前不得开启
4.2.2	递交投标文件地点	地点：＿＿××××××学院办公楼×××室＿＿ 接收人：＿＿××××××学院××系＿＿
4.2.3	是否退还投标文件	否
5.1	开标时间和地点	开标时间：同投标截止时间 开标地点：同递交投标文件截止时间
5.2	开标程序	密封情况检查：由投标人代表及公证人员进行 开标顺序：随机
6.1.1	评标委员会的组建	评标委员会构成：＿7＿人，其中招标人代表＿1＿人；专家＿6＿人 评标专家确定方式：专家库随机抽取
7.1	是否授权评标委员会确定中标人	是
7.3.1	履约担保	履约担保的形式：在收到中标通知书后，中标人须在十个工作日内向招标人提交履约保证金，以转账或电汇或现金缴存银行方式交到如下账户上。 户名全称：＿＿××××××学院＿＿ 开户银行：＿＿＿＿＿＿＿＿＿＿ 银行账号：＿＿＿＿＿＿＿＿＿＿ 财务部电话：＿＿＿＿＿＿＿＿ 履约担保的金额：为合同金额的 10%
需要补充的其他内容		
1		本招标项目投标人须提交的所有原件应列清单详细列出，并于开标时带到现场查验，按清单当场清点后交给评委审验
2		招标代理服务费：本项目中标服务费按计价格〔2002〕1980 号"国家计委关于印发《招标代理服务收费管理暂行办法》的通知"规定标准收取服务费收取，由中标人向乙方支付

1. 总则

1.1　项目概况

1.1.1　根据《中华人民共和国招标投标法》等有关法律、法规和规章的规定，本招标项目已具备招标条件，现对本工程施工进行招标。

1.1.2　本招标项目招标人：见投标人须知前附表。

1.1.3　本项目招标代理机构：见投标人须知前附表。

1.1.4　本招标项目名称：见投标人须知前附表。

1.2　资金来源和落实情况

1.2.1　本招标项目的资金来源：见投标人须知前附表。

1.2.2　本招标项目的出资比例：见投标人须知前附表。

1.2.3　本招标项目的资金落实情况：见投标人须知前附表。

1.3　招标范围、计划工期和质量要求

1.3.1　本次招标范围：见投标人须知前附表。

1.3.2　本工程的计划工期：见投标人须知前附表。

1.3.3　本工程的质量要求：见投标人须知前附表。

1.4　投标人资格要求

1.4.1　投标人应是具备承担本工程施工的资质条件、能力和信誉。

(1)资质条件：见投标人须知前附表；

(2)业绩要求：见投标人须知前附表；

(3)信誉要求：见投标人须知前附表；

(4)项目经理资格：见投标人须知前附表；

(5)其他要求：见投标人须知前附表。

1.4.3　投标人不得存在下列情形之一：

(1)为招标人不具有独立法人资格的附属机构(单位)；

(2)为本标段前期准备提供设计或咨询服务的，但设计施工总承包的除外；

(3)为本标段的监理人；

(4)为本标段的代建人；

(5)为本标段提供招标代理服务的；

(6)与本标段的监理人或代建人或招标代理机构同为一个法定代表人的；

(7)与本标段的监理人或代建人或招标代理机构相互控股或参股的；

(8)与本标段的监理人或代建人或招标代理机构相互任职或工作的；

(9)被责令停业的；

(10)被暂停或取消投标资格的；

(11)财产被接管或冻结的；

(12)在最近三年内有骗取中标或严重违约或重大工程质量问题的。

1.5　费用承担

投标人准备和参加投标活动发生的费用自理。

1.6　保密

参与招标投标活动的各方应对招标文件和投标文件中的商业和技术等秘密保密，违者应对由此造成的后果承担法律责任。

1.7　语言文字

除专用术语外，与招标投标有关的语言均使用中文。必要时专用术语应附中文注释。

1.8　计量单位

所有计量均采用中华人民共和国法定计量单位。

1.9 踏勘现场

1.9.1 投标人须知前附表规定组织踏勘现场的，招标人按投标人须知前附表规定的时间、地点组织投标人踏勘项目现场。

1.9.2 投标人踏勘现场发生的费用自理。

1.9.3 除招标人的原因外，投标人自行负责在踏勘现场中所发生的人员伤亡和财产损失。

1.9.4 招标人在踏勘现场中介绍的工程场地和相关的周边环境情况，供投标人在编制投标文件时参考，招标人不对投标人据此作出的判断和决策负责。

1.10 投标预备会

1.10.1 投标人须知前附表规定召开投标预备会的，招标人按投标人须知前附表规定的时间和地点召开投标预备会，澄清投标人提出的问题。

1.10.2 投标人应在投标人须知前附表规定的时间前，以书面形式将提出的问题送达招标人，以便招标人在会议期间澄清。

1.10.3 投标预备会后，招标人在投标人须知前附表规定的时间内，将对投标人所提问题的澄清，以书面方式通知所有购买招标大文件的投标人。该澄清内容为招标文件的组成部分。

1.11 分包

本工程不允许分包。

1.12 偏离

投标人须知前附表允许投标文件偏离招标文件某些要求的，偏离应当符合招标文件规定的偏离范围和幅度。

2. 招标文件

2.1 招标文件的组成

本招标文件包括：

(1)招标公告；

(2)投标人须知；

(3)评标办法；

(4)合同条款及格式；

(5)工程量清单；

(6)图纸；

(7)技术标准和要求；

(8)投标文件格式；

(9)投标人须知前附表规定的其他材料。

根据本章第1.10款、第2.2款和第2.3款对招标文件所做的澄清、修改，构成招标文件的组成部分。

2.2 招标文件的澄清

2.2.1 投标人应仔细阅读和检查招标文件的全部内容。如发现缺页或附件不全，应及时向招标人提出，以便补齐。如有疑问，应在投标人须知前附表规定的时间前，以书面形式要求招标人对招标文件予以澄清。

2.2.2 招标文件的澄清将在投标人须知前附表规定的投标截止时间15天前，以书面形式发给所有购买招标文件的投标人，但不指明澄清问题的来源。如果澄清发出时间距投标截止时间不足 15 天，相应延长投标截止时间。

2.2.3 投标人在收到澄清后，应在投标人须知前附表规定的时间内，以书面形式通知招标人，确认已收到该澄清。

2.3 招标文件的修改

2.3.1 在投标截止时间 15 天前，招标人可以书面形式修改招标文件，并通知所有已购买招标文件的投标人。如果修改招标文件的时间距投标截止时间不足 15 天，相应延长投标截止时间。

2.3.2 投标人收到修改内容后，应在投标人须知前附表规定的时间内以书面形式经通知招标人，确认已收到该修改。

3. 投标文件

3.1 投标文件的组成

3.1.1 投标资格审查资料：按本章 3.5 款的规定。

3.1.2 技术标。

(1)按技术标的详细评审标准项目内容编制见第三章评标办法前附表；

(2)按本招标文件规定提交的其他资料。

3.1.3 商务标。

(1)投标函；

(2)投标函附录；

(3)法定代表人资格证明书和授权委托书，建造师证、营业执照证、资质证书复印件等(复印件加盖单位公章)；

(4)投标保证金证明材料(投标保证金收据复印件)；

(5)投标报价表(工程量清单报价表)；

(6)已标价的工程量清单；

(7)按本招标文件规定提交的其他资料。

另：附工程量清单投标报价电子文档(光盘)1 套。

3.1.4 投标人应按照招标人提供的投标文件格式和以上顺序，另行编制投标文件，投标保证金的方式按本项有关条款的规定可以选择。

3.2 投标报价

3.2.1 投标人应对招标文件中工程量清单所列的各项内容和要求作实质性响应，投标报价不得低于其企业成本。本工程的投标报价采用工程量清单计价法的方式，投标人投标报价由投标人根据市场情况结合本工程的实际及企业的技术和管理水平自行决定报价。

本工程投标报价采用工程量清单报价，按实际完成工程量结算，投标人工程量清单中原有项目的工程量无论增减多少，均按原单价支付。投标人不得采用总价优惠、总价百分比优惠或以报价调整函的方式进行投标报价，其优惠应直接体现在各项投标报价的综合单价中，投标函中的报价必须与工程量清单汇总表一致，否则作废标处理。

招标人不接受不平衡报价，投标人所报清单子项目综合单价不得高于工程招标控制价中相应清单子项目综合单价，否则作废标处理。

3.2.2 投标人投标报价时应遵循如下规定：

投标报价为投标人在投标文件中提出的各项支付金额的总和(不含养老保险费)。

(1)投标总价由投标分部分项工程费、投标措施项目费、投标其他项目费、养老保险费、投标规费和投标税金构成;

(2)投标报价＝投标总价－养老保险费。

3.2.3 投标人的投标报价,应是完成本须知第2条和合同条款上所列招标工程范围及工期的全部,不得以任何理由予以重复,作为投标人计算综合单价或总价的依据。工程量清单应与投标人须知、合同条款、设计图纸及有关技术规范等文件结合起来理解或解释。

3.2.4 除非招标人对招标文件予以修改,投标人应按招标人提供的工程量清单中列出的工程项目和工程量填报综合单价和合价。每一项目只允许有一个报价。任何有选择的报价将不予接受。投标人未填报综合单价和合价的工程项目,在实施后,招标人将不予以支付,并视为该项费用已包括在其他有价款的综合单价或合价内。

3.2.5 本工程的施工地点为本须知前附表第1.1.2项所述,除非合同中另有规定,投标人的投标报价中具有标价的工程量清单中所报的综合单价和合价均包括完成该工程项目的人工费、材料费、机械使用费、管理费、利润等费用,且各构成要素之单价不能为负数;投标报价汇总表中的投标总价包括完成该工程项目的人工费、材料费、机械使用费、管理费、利润、安全防护文明施工措施费、规费、税金、风险费等费用。

3.2.6 投标人可先到工地踏勘以充分了解工地位置、情况、道路、存储空间、装卸限制及任何其他足以影响承包价的情况,任何因忽视或误解工地情况而导致的索赔或工期延长申请将不被批准。

3.2.7 投标货币为人民币。工程量清单所列工程量是按设计图纸计算,作为投标人投标的共同基础,但不能完全作为最后对承包人进行支付和结算的依据。支付与结算应以监理工程师审核、招标人审批、按施工图纸及有关技术规范要求完成的工程量为依据。完成的工程量应有承包人按监理工程师审核的符合相关规范的计量方法进行计量,经监理工程师确认,并报招标人审批,最终按标价的工程量清单的单价或总额进行支付与结算;或者根据具体情况,按合同条款的规定,由监理工程师与承包人双方商定或监理工程师确定的单价或总额价报业主批准后进行支付与结算。本工程最终结算以自治区财政部门审定为准。

3.2.8 投标人应按照招标人提供的工程量清单进行报价并对自己所填写的项目编码、项目名称、计量单位、工程数量负责。评标时,如项目编码与项目名称不一致,以项目编码为准;如项目编码与计量单位、工程数量无法一一对应,该清单项目作废,该清单的费用视为包含在其他清单项目中。如作废的清单项目达到3项以上(含3项)或作废的清单项目造价累计超过单位工程投标报价的2‰(含2‰),视为不响应招标文件实质性内容,作废标处理。

3.2.9 规费、税金和安全防护、文明施工措施费其取费基数应与工程预算总价一致,各子项目清单相应费率及金额不得高于招标人公布的相应子项目清单取费费率及金额。

3.2.10 投标人应按第五章"工程量清单"的要求填写相应表格。投标人在投标截止时间前修改投标函中的投标总价,应同时修改第五章"工程量清单"中的相应报价。此修改须符合本章第4.3款的有关要求。

3.2.11 投标人所填报的各项基价中的各种材料单价及综合单价在合同实施期间不因市场价格变化因素而变动,投标人所填报的单价及综合单价在合同实施期间不再作调整(工程变更、本工程约定的材料价格风险及政策性调整除外),投标人在报综合单价时应考虑各种风险因素和自己的承受能力。

3.2.12 承包人承建本工程所需的水电报装（含设备的购买、安装、维修、使用、拆除、维护及场地租用、恢复等一切与此相关的费用）由承包人负责，以上费用在投标报价中综合考虑。

3.2.13 因施工产生的污水、废水、建筑垃圾以及噪声扰民等的处置由承包人负责，相关费用结合工程量清单综合考虑。

3.2.14 发包人不提供取土点、弃土点，有关土石方挖、填、弃（含超运）均以包干形式考虑在相关单价，以综合单价包干，运距由投标人自行考虑。结算时不对土方类别、运距进行费用签证，投标人按所能承受的能力自行考虑。

3.2.15 设有暂定价或暂定金额的，投标时要按招标人工程量清单给出的暂定价或暂定金额计入投标报价中，否则作废标处理。

3.3 投标有效期

3.3.1 在投标人须知前附表规定的投标有效期内，投标人不得要求撤销或修改其投标文件。

3.3.2 出现特殊情况需要延长投标有效期的，招标人以书面形式通知所有投标人延长投标有效期。投标人同意延长的，应相应延长其投标保证金的有效期，但不得要求或被允许修改或撤销其投标文件；投标人拒绝延长的，其投标人失效，但投标人有权收回其投标保证金。

3.4 投标保证金

3.4.1 投标人的投标保证金，必须在 2014 年××月××日下午××时前到账，投标保证金是银行转账、电汇、现金缴存银行，如果选择转账或电汇，可按下面开户名称、开户银行和账号转入，（户名：___××××××学院××系___；开户银行：_____；账号：_____），并确保其于规定时间前到达___××××××学院××系___账户上，须把银行交款单或账单交到本公司财务部换取收款收据并将收款收据复印件按要求放入投标文件中；到规定时间止，若___××××××学院××系___账户上没有收到某投标人缴纳的投标保证金，则取消其参加本项目投标资格。

3.4.2 投标人不按本章第3.4.1项要求提交投标保证金的，其投标文件作废标处理。

3.4.3 招标人与中标人签订合同后5个工作日内，向未中标的投标人和中标人退还投标保证金（无息）。

3.4.4 有下列情形之一的，投标保证金将不予退还：

（1）投标人在规定的投标有效期内撤销或修改其投标文件；

（2）中标人在收到中标通知书后，无正当理由拒签合同协议书或未按招标文件规定提交履约担保。

3.5 资格审查资料

资质要求及合格要求（开标时必须提供原件查验）。

本工程采用资格后审方式进行资格审查，参加本次投标申请的企业均要通过资格审查合格后才能进入下一步评标。

3.5.1 投标申请人的资质必须具有独立法人资格且房屋建筑工程施工总承包叁级资质和消防设施工程专业承包叁级资质，且资质在有效期内（复印件加盖单位公章）。

3.5.2 投标申请人的营业执照要通过年审（复印件加盖单位公章）。

3.5.3 必须获得《安全生产许可证》（复印件加盖单位公章）。

3.5.4　拟投入本项目的项目经理应具备房屋建筑贰级以上(含贰级)注册建造师资质，且为投标申请人本单位职工，建造师必须获得安全生产考核合格证(复印件加盖单位公章)。

3.5.5　外来进××市企业还必须有《外来进××市企业承接项目登记备案表》(在××市建设工程交易中心)或《外来进××市企业年度登记备案证》。

3.5.6　企业类似业绩：近三年施工企业承担过 2 个九层以上(含九层)框架-剪力墙结构工程的施工任务，提供中标通知书或验收意见书(复印件加盖单位公章)。

3.5.7　近三年无发生的诉讼及仲裁情况。

注：投标人须将上述证件复印件(复印件须盖单位公章)装订成册。评标时，投标申请人不满足上述条件之一的以及无法向评委提供上述要求条件证件的原件之一者，也将被视为资格审查不合格，资格审查不合格的投标申请人其投标文件将作废标处理。

3.6　备选投标方案

除投标人须知前附表另有规定外，投标人不得递交备选投标方案。允许投标人递交备选投标方案的，只有中标人所递交的备选投标方案可予以考虑。评标委员会认为中标人的备选投标方案优于其按照招标文件要求编制的投标方案的，招标人可以接受该备选投标方案。

3.7　投标文件的编制

3.7.1　投标文件应按第八章"投标文件格式"进行编写，如有必要，可以增加附页，作为投标文件的组成部分。其中，投标函附录在满足招标文件实质性要求的基础上，可以提出比招标文件要求更有利于招标人的承诺。

3.7.2　投标文件应当对招标文件有关工期、投标有效期、质量要求、技术标准和要求、招标范围等实质性内容作出响应。

3.7.3　投标文件应用不褪色的材料书写或打印，并由投标人的法定代表人或其委托代理人签字或盖单位章。委托代理人签字的，投标文件应附法定代表人签署的授权委托书。投标文件应尽量避免涂改、行间插字或删除。如果出现上述情况，改动之处应加盖单位章或由投标人的法定代表人或其授权的代理人签字确认。签字或盖章的具体要求见投标人须知前附表。

3.7.4　投标文件正本一份，副本份数见投标人须知前附表。正本和副本的封面上应清楚地标记"正本"或"副本"的字样。当正本和副本不一致时，以正本为准。

3.7.5　投标文件的正本与副本应分别装订成册，并编制目录，具体装订要求见投标人须知前附表规定。

4.　投标

4.1　投标文件的密封和标识

4.1.1　投标人应将投标文件的商务标、技术标、资格审查资料等(含"正本"和"副本")分别密封各包封袋内，封面上均应分别注明其相应的商务标、技术标、资格审查资料。

投标文件的商务标、技术标、资格审查资料"正本"和"副本"按统一目录所列顺序分别装订。

4.1.2　投标文件包封上应写明招标人名称、工程名称、投标人名称和地址、邮政编码，并注明开标时间以前不得开封，以便投标出现逾期送达时能原封原回。此外，在包封上所有的封口处均须骑缝印盖投标人的公章。

4.1.3　如果投标文件袋没有按上述规定密封并加写标志，招标人将不承担投标文件错放或提交开封的责任，由此造成的提前开封的投标文件，将被拒绝并退还投标人。

4.1.4 投标文件递交至前附表的单位和地址。

4.2 投标文件的递交

4.2.1 投标人应在本章第2.2.2项规定的投标截止时间前递交投标文件。

4.2.2 投标人递交投标文件的地点：见投标人须知前附表。

4.2.3 除投标人须知前附表另有规定外，投标人所递交的投标文件不予退还。

4.2.4 招标人收到投标文件后，向投标人出具签收凭证。

4.2.5 逾期送达的或者未送达指定地点的投标文件，招标人不予受理。

4.3 投标文件的修改与撤回

4.3.1 在本章第2.2.2项规定的投标截止时间前，投标人可以修改或撤回已递交的投标文件，但应以书面形式通知招标人。

4.3.2 投标人修改或撤回已递交投标文件的书面通知应按照本章第3.7.3项的要求签字或盖章。招标人收到书面通知后，向投标人出具签收凭证。

4.3.3 修改的内容为投标文件的组成部分。修改的投标文件应按照本章第3条、第4条规定进行编制、密封、标记和递交，并标明"修改"字样。

5. 开标

5.1 开标时间和地点

招标人在本章第2.2.2项规定的投标截止时间（开标时间）和投标人须知前附表规定的地点公开开标，并邀请所有投标人的法定代表人或其委托代理人准时参加。

5.2 开标程序

主持人按下列程序进行了开标：

(1)宣布开标纪律；

(2)公布在投标截止时间前递交投标文件的投标人名称，并点名确认投标人是否派人到场；

(3)宣布开标人、唱标人、记录人、监标人等有关人员姓名；

(4)按照投标人须知前附表规定检查投标文件的密封情况；

(5)按照投标人须知前附表的规定确定并宣布投标文件开标顺序；

(6)按照宣布的开标顺序当众开标，公布投标人名称、投标保证金的递交情况、投标报价、质量目标、工期及其他内容，并记录在案；

(7)投标人代表、招标人代表、监标人、记录人等有关人员在开标记录上签字确认；

(8)开标结束。

6. 评标

6.1 评标委员会

6.1.1 评标由招标人依法组建的评标委员会负责。评标委员会由招标人或其委托的招标代理机构熟悉相关的代表，以及有关技术、经济等方面的专家组成。评标委员会成员人数以及技术、经济等方面专家的确定方式见投标人须知前附表。

6.1.2 评标委员会成员有下列情形之一的，应当回避：

(1)招标人或投标人的主要负责人的近亲属；

(2)项目主管部门或者行政监督部门的人员；

(3)与投标人有经济利益关系，可能影响对投标公正评审的；

(4)曾因在招标、评标以及其他与招标投标有关活动中从事违法行为受过行政处罚或刑事处罚的。

6.2 评标原则

评标活动遵循公平、公正、科学和择优的原则。

6.3 评标

评标委员会按照第三章"评标办法"规定的方法、评审因素、标准和程序对投标文件进行评审。第三章"评标办法"没有规定的方法、评审因素和标准，不作为评标依据。

7. 合同授予

7.1 定标方式

除投标人须知前附表规定评标委员会直接确定中标人外，招标人依据评标委员会推荐的中标候选人确定中标人，评标委员会推荐中标候选人的人数见投标人须知前附表。

7.2 中标通知

在本章第 3.3 项规定的投标有效期内，招标人以书面形式向中标人发出中标通知书，同时将中标结果通知未中标的投标人。

7.3 签订合同

7.3.1 招标人和中标人应当自中标通知书发出之日起 30 天内，根据招标文件和中标人的投标文件订立书面合同，招标人和中标人不得再订立背离合同实质性内容的其他协议。中标人无正当理由拒签合同的，招标人取消其中标资格，其投标保证金不予退还；给招标人造成的损失超过投标保证金数额的，中标人还应当对超过部分予以赔偿，由该排名第二的中标人候选人中标，往后依次类推。

7.3.2 中标人应当按照合同约定履行义务，完成中标项目施工，不得将中标项目施工转让(转包)给他人。

8. 纪律和监督

8.1 对招标人的纪律要求

招标人不得泄露招标投标活动中应当保密的情况和资料，不得与投标人串通损害国家利益、社会公共利益或者他人合法权益。

8.2 对投标人的纪律要求

投标人不得相互串通投标人或者与招标人串通投标，不得向招标人或者评标委员会成员行贿谋取中标，不得以他人名义投标或者以其他方式弄虚作假骗取中标；投标人不得以任何方式干扰、影响评标工作。

8.3 对评标委员会成员的纪律要求

评标委员会成员不得收受他人的财物或者其他好处，不得向他人透漏对投标文件的评审和比较、中标候选人的推荐情况以及评标有关的其他情况。在评标活动中，评标委员会成员不得撤离职守，影响评标程序正常进行，不得使用第三章"评标办法"没有规定的评审因素和标准进行评标。

8.4 对与评标活动有关的工作人员的纪律要求

与评标活动有关的工作人员不得收受他人的财物或者其他好处，不得向他人透露投标文件的评审和比较、中标候选人的推荐情况以及评标有关的其他情况。在评标活动中，与评标活动有关的工作人员不得撤离职守，影响评标程序正常进行。

8.5 投诉

投标人和其他利害关系人认为本次招标活动违反法律、法规和规章规定的，有权向有关行政监督部门投诉。

9. 需要补充的其他内容

需要补充的其他内容：见投标人须知前附表。

附表一：施工开标记录表

(项目名称)施工开标记录表

开标时间：_____年_____月_____日_____时_____分

序号	投标人	密封情况	投标保证金	投标报价/元	质量目标	工期	备注	签名
工程招标控制价								

招标人代表：_____ 记录人：_____ 监标人：_____

_____年_____月_____日

附表二：问题澄清通知

问题澄清通知

编号：

_____(投标人名称)：

_____(项目名称)施工招标的评标委员会。对你方的投标文件进行了仔细的审查，现需你方对下列问题以书面形式予以澄清：

1.

2.

请将上述问题的澄清于_____年_____月_____日_____时前递交至_____(详细地址)或传真至_____(传真号码)。采用传真方式的，应在_____年_____月_____日_____时前将原件递交至_____(详细地址)。

评标工作组负责人：_____(签字)

_____年_____月_____日

附表三：问题的澄清

问题的澄清

编号：

_____(项目名称)施工招标评标委员会：

问题澄清通知(编号：_____)已收悉，现澄清如下：

1.

2.

投标人：_____(盖单位章)

法定代表人或其委托代理人：_____(签字)

_____年_____月_____日

附表四：中标通知书

中标通知书

_____(中标人名称)：

你方于_____(投标日期)所递交的_____(项目名称)施工投标文件已被我方接受，被确定为中标人。

中标价：_____元。

工期：_____日历天。

工程质量：符合_____标准。

项目经理：_____(姓名)。

请你方在接到本通知书后的_____日内到_____(指定地点)。

特此通知。

招标人：_____(盖单位章)

法定代表人：_____(签字)

_____年_____月_____日

附表五：中标结果通知书

中标结果通知书

_____(未中标人名称)：

我方已接受_____(中标人名称)于_____(投标日期)所递交的_____(项目名称)施工投标文件，确定_____(中标人名称)为中标人。

感谢你单位对我们工作的大力支持！

招标人：_____(盖单位章)

法定代表人：_____(签字)

_____年_____月_____日

附表六：确认通知

确认通知

_____（招标人名称）：

我方已接到你方_____年_____月_____日发出的_____（项目名称）施工招标关于_____的通知，我方已于_____年_____月_____日收到。

特此确认。

投标人：_____（盖单位章）

_____年_____月_____日

第三章 评标办法

评标办法前附表

条款号		评审因素	评审标准
2.1.1	形式评审标准	投标人名称	与营业执照、资质证书、安全生产许可证一致
		投标函签字盖章	有法定代表人或其委托代理人签字或加盖单位章
		投标文件格式	符合第八章"投标文件格式"的要求
		报价唯一	只能有一个有效报价
		农民工工资保障金交纳与使用承诺书	要有承诺书
2.1.2	资格评审标准	营业执照	符合第二章"投标人须知"第3.5项规定
		安全生产许可证	符合第二章"投标人须知"第3.5项规定
		资质等级	符合第二章"投标人须知"第3.5项规定
		类似项目业绩	符合第二章"投标人须知"第3.5项规定
		项目经理	符合第二章"投标人须知"第3.5项规定
		近三年无发生的诉讼及仲裁情况	符合第二章"投标人须知"第3.5项规定
		委托代理人	符合第二章"投标人须知"第3.5项规定
		外来进市企业	符合第二章"投标人须知"第3.5项规定
2.1.3	响应性评审标准	投标内容	符合第二章"投标人须知"第1.3.1项规定
		工期	符合第二章"投标人须知"第1.3.2项规定
		工程质量	符合第二章"投标人须知"第1.3.3项规定
		投标有效期	符合第二章"投标人须知"第3.3.1项规定
		投标保证金	符合第二章"投标人须知"第3.4.1项规定
		权利义务	符合第四章"合同条款及格式"规定
		已标价工程量清单	符合第五章"工程量清单"给出的范围及数量
		技术标准和要求	符合第七章"技术标准和要求"规定

条款号	评审因素		评审标准
2.1.4	技术标的详细评审标准	总体概述	可行或不可行
		施工进度计划和各阶段进度保证措施	可行或不可行
		劳动力和材料投入计划及保证措施	可行或不可行
		施工平面布置和临时设施布置	可行或不可行
		安全防护、文明施工措施费	可行或不可行
		质量保证措施	可行或不可行
		服务承诺	可行或不可行
		新技术应用	可行或不可行
		项目班子	可行或不可行

注：技术标合格分为可行或不可行。技术标评审不可行的不得参与下一步评标。

1. 评标方法

1.1 商务标的评审

1.1.1 采用经评审的合理低价中标法。

1.1.2 评标委员会在评标过程中发现投标人的相关报价明显低于其他投标人的报价或者明显低于工程招标控制价，有理由怀疑其报价可能低于其成本的，应当要求该投标人作出书面说明并提供相关证明材料。投标人不能合理说明或者不能提供相关证明材料的，视作该投标人以低于成本报价投标，其投标文件应作废标处理。

1.1.3 有效报价范围：资格后审合格，经过符合性鉴定的投标人的投标报价应小于或等于招标控制价。在投标过程中，评委发现投标人的投标报价超出招标控制价的报价作无效投标处理。

1.1.4 按由低到高顺序依次排出投标人的总报价名次，有效投标人不低于企业成本的有效投标报价在10家以上的，将前五名有效投标报价的算术平均值作为评审的合理低价；有效投标人不低于企业成本的有效投标报价在6～9家的，将前三名有效投标报价的算术平均值作为评审的合理低价；有效投标人在5家(含5家)以下的按核准的最低价作为评审的合理低价。

1.1.5 中标候选人的确定。

(1)以经评审的合理低价为最高分100分，采用内插法计算，投标人投标报价每高于合理低价1%的扣2分，每低于合理低价1%的扣1分。

(2)投标人投标报价得分最高的为中标人。

(3)若中标候选人出现有2家(含2家)以上相同的则采用抽签办法确定中标人。

2. 评审标准

2.1 初步评审标准

2.1.1 形式评审标准：见评标办法前附表。

2.1.2 资格评审标准：见评标办法前附表。

2.1.3 响应性评审标准：见评标办法前附表。

2.1.4 技术标的详细评审标准：见评标办法前附表。

3. 评标程序

3.1 初步评审

3.1.1 评标委员会可以要求投标人提交第二章"投标人须知"第3.5项规定的有关证明的证件，以便核试验。评标委员会依据本章第2.1项规定的标准对投标文件进行初步评审。有一项不符合评审标准的，作废标处理。

3.1.2 投标人有以下情形之一的，其投标作废标处理：

(1)第二章"投标人须知"第1.4.3项规定的任何一种情形的；

(2)串通投标或弄虚作假或有其他违法行为的；

(3)不按评标委员会要求澄清、说明或补正的。

3.1.3 投标报价有算术错误的，评标委员会按以下原则对投标报价进行修正，修正的价格经投标人书面确认后具有约束力。投标人不接受修正价格的，其投标作废标处理。

(1)投标文件中的大写金额与小写金额不一致的，以大写金额为准；

(2)总价金额与依据单价计算出的结果不一致的，以单价金额为准修正总价，但单价金额小数点有明显错误的除外。

3.2 详细评审

3.2.1 评标委员会发现投标人的报价明显低于其他投标报价，或者明显低于工程招标控制价，使得其投标报价可能低于其成本的，应当要求该投标人作出书面说明并提供相应的证明材料。投标人不能合理说明或者不能提供相应证明材料的，由评标委员会认定该投标人以低于成本报价竞标，其投标作废处理。

3.3 投标文件的澄清和补正

3.3.1 评标过程中，评标委员会可以书面形式要求投标人对所提交投标文件中不明确的内容进行书面澄清或说明，或者对细微偏差进行补正。评标委员会不接受投标人主动提出的澄清、说明或补正。

3.3.2 澄清、说明和补正不得改变投标文件的实质性内容(算术性错误修正的除外)。投标人的书面澄清、说明和补正属于投标文件的组成部分。

3.3.3 评标委员会对投标人提交的澄清、说明或补正有疑问的，可以要求投标人进一步澄清、说明或补正，直至满足评标委员会的要求。

3.3.4 投标人必须对___×××××学院某综合楼___合计报价，分报价不得高于相应单位工程招标控制价，合计总报价不得高于总工程招标控制价。

3.4 评标结果

3.4.1 按第二章"投标人须知"前附表授权直接确定中标人。

3.4.2 评标委员会完成评标后，应当向招标人提交书面评标报告。

第四章 合同条款及格式

第一部分 通用条款

采用国家工商行政管理局和建设部颁发的《建设工程施工合同(示范文本)》(GF—2017—0201)的通用合同条款。

第二部分 专用合同条款

一、词语定义及合同文件

1. 词语定义

2. 合同文件及解释顺序

合同文件组成及解释顺序如下：

(1)本合同协议书；

(2)中标通知书；

(3)投标文件及其附件；

(4)本合同专用条款；

(5)本合同通用条款；

(6)标准、规范及有关技术文件；

(7)图纸；

(8)工程报价单或预算书。

合同履行过程中，双方有关工程的洽商、变更等书面协议或文件视为本合同的组成部分。

3. 语言文字和适用法律、标准及规范

3.1 本合同使用的语言为：__汉语。__

3.2 适用法律和法规

需要明示的法律、行政法规：__按国家现行法律、行政法规及工程所在地政府的有关法规和规章。__

3.3 适用标准及规范

适用标准、规范的名称：__现行的国家标准、规范，行业标准、规范。__

发包人提供标准、规范的时间：__不另外提供。__

国内没有相应标准、规范时的约定：__无。__

4. 图纸

4.1 发包人向承包人提供图纸的日期和套数：__在合同签订生效后7天内发包人免费提供施工工程全套图纸和其他技术资料一式5份，并向承包人进行技术交底。__

4.2 发包人对图纸的保密要求：__无。__

其他：标准图集由承包人自行准备。

二、双方一般权利和义务

5. 工程师

5.2 监理单位委派的工程师

姓名：__待定__   职务：__待定__

发包人委托的职权：__按本工程的委托监理合同相关条款约定，对工程质量进行监督，对造价及工程进度进行控制。__

需要取得发包人批准才能行使的职权：__1. 在发出有关能引起工程费用或工期实际增加(减少)的指令前，应得到发包人的书面批准。2. 监理工程师在向承包人发出有关其技术规范的重大变更或有关变更合同条款的任何指令前均应获得发包人书面批准。3. 工程实际竣工日期提前或超过工程承包合同规定的竣工期限的签认之前应得到发包人的书面批准。__

5.3　发包人派驻的工程师

姓名：　待定　　　　职务：　待定

职权：　负责工程施工的协调工作，督促监理单位监督工程质量、工程进度、文明施工，负责施工过程有关验收、签证、结算、工程资料审查等工作。

5.6　不实行监理的，工程师的职权：　无

7. 项目经理

姓名：　（由投标人填写）　　　职务：　（由投标人填写）

项目经理及项目技术负责人必须由承包人单位法定代表人授权，并且为在投标文件中确定的人员，承包人不能随意更换。若更换，承包人应当至少于更换前7日以书面形式通知发包人，并经发包人同意，否则按违约处理。后任继续履行合同文件约定的前任的权利和义务，不得更改前任作出的书面承诺。

8. 发包人工作

8.1　发包人应按约定的时间和要求完成以下工作：

(1)施工场地具备施工条件的要求及完成时间：　开工前7日。

(2)将施工所需的水、电、电讯线路接至施工现场的时间、地点和供应要求：　开工前7日。

(3)施工场地与公共道路的通道开通时间和要求：　开工前7日接至施工现场。

(4)工程地质和地下管线资料的提供时间：　开工前7日提供。

(5)由发包人办理的施工所需证件、批件的名称和完成时间：　开工前7日办好施工许可证及其他施工所需证件、批件。

(6)水准点和坐标控制点交验要求：　开工前7日以书面形式交给承包人，并通知承包人，双方在现场进行交验。

(7)图纸会审和设计交底时间：　开工前完成。

(8)协调处理施工场地周围地下管线和邻近建筑物、构筑物(含文物保护建筑)、古树名木的保护工作：　由发包人负责提供资料、承包人保护性施工，所发生费用由承包人承担。

(9)双方约定发包人应做的其他工作：　与有关部门协调，保证工程施工不受影响，费用由承包人承担。

8.2 发包人委托承包人办理的工作：　双方另行约定。

9. 承包人工作

9.1　承包人应按约定时间和要求，完成以下工作：

9.1.1　需由设计资质等级和业务范围允许的承包人完成的设计文件提交时间：　无。

9.1.2　应提供计划、报表的名称及完成时间：　根据工程师的要求提供施工组织设计方案、施工进度网络图等一式三份。每月二十五日前提交工程款计量报表和月进度及用款计划一式三份。

9.1.3　承担施工安全保卫工作及非夜间施工照明的责任和要求：　按工程需要提供和维修非夜间施工使用的照明、围栏设施，并负责安全保卫，费用由承包人承担。

9.1.4　向发包人提供的办公和生活房屋及设施的要求：　免费提供办公桌椅五套，办公场所30 m²。

9.1.5　需承包人办理的有关施工场地交通、环境保护、施工噪声管理和安全生产等手

续：① 需要办理交通特别通行证时，由承包人负责办证，并承担相关费用。

② 环保部门规定的施工场地卫生手续，城管部门手续，由承包人办理有关手续，并承担相关费用。

③ 施工现场需要排放有害污水时，由承包人办理有关手续，并承担相关费用。

④ 施工噪声超过工程所在地主管部门的规定时，由承包人进行整改，并承担相关费用。

⑤ 建筑节能验收由承包人办理有关手续，费用按国家相关文件规定，各自承担。

⑥ 因承包人造成的罚款由承包人负责。

9.1.6 已完工程成品保护的特殊要求及费用承担：由承包人负责。

9.1.7 施工场地周围地下管线和邻近建筑物、构筑物（含文物保护建筑）、古树名木的保护要求及费用承担：承包人负责施工中保护工作，保护工作要求达到有关部门的要求和满足工程施工的需要，被保护物自身需要保护而发生的费用由发包人承担，施工性保护费用由承包人承担；如因承包人的过错造成的损坏，所发生费用由承包人承担。

9.1.8 施工场地清洁卫生的要求：符合文明施工要求，负责及时清理由承包人所造成的建筑垃圾和施工人员所造成的生活垃圾，做好施工场地围护隔离，符合建设部15号令《建设工程施工现场管理规定》及当地政府关于城市卫生市容管理条例等，承包人承担由自身原因违反有关规定造成的损失和罚款。

9.1.9 双方约定承包人应做的其他工作：另行约定。

三、施工组织设计和工期

10. 进度计划

10.1 承包人提交施工组织设计（施工方案）和进度计划的时间是：开工前7日。
工程师确认的时间：收到之日起5日内批复。

10.2 群体工程中有关进度计划的要求：无。

11. 开工及延期开工

承包人应当按协议书约定的开工日期开始施工，除发包人的原因造成的延期外，承包人不得以任何理由延期开工。

13. 工期延误

13.1 工期相应顺延的其他情况：待定。

14. 工程竣工

14.3 工期奖励：无。

四、质量与验收

15. 工程质量

15.1 经当地建设工程质量监督部门对本合同项目工程质量进行评定。

17. 隐蔽工程和中间验收

17.1 双方约定中间验收部位：按国家有关规范、验收标准及监理大纲办理。

19. 工程试车

19.5 试车费用的承担：无。

五、安全施工

安全文明施工由承包人负责并承担有关责任。

六、合同价款与支付

23. 合同价款及调整

23.2 本合同价款采用 固定综合单价 方式确定。

采用固定价格合同，合同价款中包括的风险范围： 除工程变更及政策性调整、不可抗力以外的风险。

风险费用的计算方法： 承包人在投标时已经根据自己的市场风险预测，计算在其相应的综合单价中。

风险以外合同价款调整方法： （1）因设计变更引起工程项目、工程量变化的，其工程量按实际发生并经监理工程师及发包人签证认可，调整时只对新增工程量部分予以调整。①工程量清单中有相同细目的，按投标人投标时的中标单价进行结算；②工程量清单中有类似细目的，参考类似中标单价结算；③工程量清单中没有适用或类似于变更工程的综合单价，则依据本工程招标文件第 2.4 款编制依据计算，并乘以中标下浮系统（中标价/招标控制价）结算，其中材料价格有信息价的按信息价，无信息价的按市场价；④新增项目无定额可套的，由发包人、监理单位及承包人根据市场价格协商决定；新增结算单价＝综合单价×（中标价/招标控制价）；⑤本工程最终结算以具备造价咨询资质的审计机构审核为准。

（2）其他项目清单中的费用为估算、预测数量，虽在投标时计入投标报价中，不应视为投标人所有，工程竣工时按实际工程量及合同相关条款进行结算。

24. 工程预付款

发包人向承包人预付工程款的时间和金额： 本工程预付款为合同价的 10％，款额为 。由发包人在施工合同签订后工程开工前 7 天内一次性向承包人支付。

扣回工程款的时间、比例： 发包人从第一次拨付工程款开始，由每月支付承包人的工程进度款中抵扣预付款，扣回比例按分四次等额扣完。

25. 工程量的确认

25.1 承包人向工程师提交已完工程量报告的时间： 每月 25 日提供当月完成工程量报表、次月计划完成工程量报表各三份。

26. 工程款（进度款）支付

双方约定的工程款（进度款）的支付方式和时间： 工程款按月支付，合同内进度款支付限额为经业主及监理工程师审定的已完成工程量价款 85％，保留金限额为每次付款额的 15％；合同外进度款支付限额为经业主及监理工程师审定的已完成工程量价款 60％，保留金限额为每次付款额的 40％；余下部分工程款待工程竣工验收合格，工程结算经财政部门审定后 15 天内支付至结算总额的 95％（含已支付的），余下结算总额的 5％保留金作为工程质量保修金（无息）。

七、材料和设备供应

27. 发包人供应材料和设备： 无。

28. 承包人采购的材料和设备

28.1 承包人采购材料设备的约定： 本工程的材料、设备均由承包人负责采购，承包人必须按照本施工图纸的设计要求、建筑规范要求、投标文件要求、投标答疑的规定或发包人选择的备选品牌档次、规格、型号、质量标准范围内选择材料。

28.2 承包人应将本工程所使用的装饰材料样品提供给发包人及监理工程师审定后，方可采购。

八、工程变更

施工中如发生设计变更，双方按《通用条款》第 29 条和《专用条款》第 23 条有关约定办理。

九、竣工验收与结算

32. 竣工验收

32.1　承包人提供竣工图的约定如下：

32.1.1　工程具备竣工验收条件，承包人按国家工程竣工验收有关规定，向发包人提交完整竣工资料及竣工验收报告。

32.1.2　承包人向发包人提交竣工资料及竣工验收报告的份数为：2 份；提交的时间是：竣工验收前 15 日内。

32.1.3　承包人向发包人提交竣工图的约定：竣工验收合格之日起 15 日内提交 2 份。

32.6　中间交工工程的范围和竣工时间：如有特殊原因，双方另行协商。

33. 竣工结算

33.1　按通用条款第 33.1、33.5、33.6 条执行。另竣工结算报告及资料由发包人按有关规定委托审计机构或有相应资质的中介机构审定，承包人报送的结算总价超过审定造价的 7％，则超出结算审定造价 7％部分的审核服务费用由承包人承担，费用由发包人财务处从承包人工程结算款中扣除。

34. 质量保修

34.3　质量保修书的内容由发包人与承包人进行协商签订工程质量保修书，作为本合同附件。发包人根据国家有关规定和合同规定的金额，在支付承包人的工程款内预留保修金。质量保修金为工程结算造价总额的　5％　（无息）。发包人应于工程质量保修期满之日起 14 日内，结算后将保修金退还承包人。

十、争议、违约和索赔

35. 违约

35.1　本合同中关于发包人违约的具体责任如下：

35.1.1　本合同通用条款第 24 条约定发包人违约应承担的违约责任：　无。

35.1.2　本合同通用条款第 26.4 款约定发包人违约应承担的违约责任：　工期顺延。

35.1.3　本合同通用条款第 33.3 款约定发包人违约应承担的违约责任：　如发生，双方协商解决。

35.1.4　双方约定的发包人其他违约责任：　无。

35.2　本合同中关于承包人违约的具体责任如下：

35.2.1　本合同通用条款约定承包人违约应承担的违约责任：　应向发包人支付违约金。每误期一日，按合同价款的 0.4‰ 计算，误期时间从规定竣工日期（含签证顺延工期）起直至全部工程或相应部分工程完工，符合交工验收条件之日之间的天数（不足一日的按一日计算），此项违约金限额为合同价款的 5％。发包人可从应向承包人支付的任何金额中扣除此项违约金或以其他方式收回此款。此项违约金的支付并不能解除承包人应完成工程的责任或合同规定的其他责任。

35.2.2　本合同通用条款第 15.1 款约定承包人违约应承担的违约责任：　因承包人原因达不到规定的工程质量要求，发包人有权从承包人应得到的金额中扣除定额直接费 5％金额的工程质量赔偿费，此赔偿款的支付并不能解除承包人应完成工程的责任或合同规定的其他责任。同时承包人必须负责返工至质量合格为止。

35.2.3　双方约定的承包人其他违约责任：　待定。

37. 争议

37.1　双方约定，在合同履行过程中发生争议时，请　工程所在地建设主管部门　调解；调解不成时，直接向　有管辖权的　人民法院起诉。

十一、其他

38. 工程分包

38.1　本工程发包人同意承包人分包的工程：　本工程不允许转包或分包。

39. 不可抗力

39.1　双方关于不可抗力的约定：

(1)6 级以上的地震；

(2)10 级以上的持续 1 天的大风；

(3)暴雨级以上的持续 1 天的大雨；

(4)20 年以上未发生过，持续 2 天的高温天气；

(5)20 年以上未发生过，持续 2 天的严寒天气；

(6)20 年以上未发生过的洪水；

(7)对上述几种形式，应以造成灾害和影响施工为准；

(8)其他不能预见且不能避免并不能克服的情况。

40. 保险

40.6　本工程双方约定投保内容如下：

40.6.1　发包人投保内容：　无。

发包人委托承包人办理的保险事项：　无。

40.6.2 承包人投保内容：　承包人应按有关规定自行投保管理人员和施工人员的意外伤害保险，该保险应不属于储蓄险等还本险。承包人应于签订合同之日起 10 日内按有关规定自行办理。

41. 担保

41.3　本工程双方约定担保事项如下：

(1)发包人向承包人提供履约担保，担保方式：　合同金额的 10% 的银行保函，内容为工程款支付担保。

(2)双方约定的其他担保事项：　承包人向发包人提交履约保证金金额为合同金额的 10%，内容包括质量、工期担保。

46. 合同份数

46.1　双方约定合同副本份数：　正本贰份，发包人和承包人各执壹份；副本陆份，发包人和承包人各执叁份。

47. 补充条款

47.1　承包人有以下情形之一者，视为承包人违约，发包人有权终止合同，没收其全部履约保证金，承包人还应按国家有关法律、法规和规章规定承担相应责任。

47.1.1　经有关建设行政主管部门鉴定确定，承包人有挂靠行为。

47.1.2　个人承包工程，包括承包人本单位或外单位个人承包，发包人不承认其个人拥有任何资质等级及营业许可证资格。

47.1.3 几个人联合承包工程，就地组织暗分包队伍，不具备完成本工程的技术、机械能力，经发包人核实没有能力履行全部合同条款。

47.1.4 转包工程，以牟取转让费、管理费。

47.1.5 承包人自签订合同之日 15 日内，无法组织合同规定的人员、机械进场或进场人员机械与合同严重不符。

47.1.6 承包人在进行工程建设过程中被有关部门撤销有关资质、资格不再具备施工能力。

47.1.7 为确保工程质量和进度，承包人与其他工程发生矛盾不能协调施工时，发包人有权组织协调，如因承包人原因不服从协调影响施工拖延工程进度的，除按本合同专用条款 35.2 条第一款规定执行外，造成发包人或第三方损失的，承包人承担损失赔偿责任。

47.1.8 因承包人其他原因，造成发包人或第三方损失的，承包人承担损失赔偿责任。

合同附件格式

附件一：合同协议书

合同协议书

发包人(全称)：＿＿＿＿＿＿＿＿

承包人(全称)：＿＿＿＿＿＿＿＿

依照《中华人民共和国合同法》《中华人民共和国建筑法》及其他有关法律、行政法规，遵循平等、自愿、公平和诚实信用的原则，双方就本建设工程施工事项协商一致，订立本合同。

1. 工程概况

工程名称：＿＿＿＿＿＿＿＿

工程地址：＿＿＿＿＿＿＿＿

工程内容：＿＿＿＿＿＿＿＿

工程立项批准文号：

2. 工程承包范围

承包范围：＿设计图纸范围内建筑、水电安装、暖通工程。＿

3. 合同工期

开工日期：

竣工日期：

合同工期总日历天数＿＿＿＿＿＿。

4. 质量标准

工程质量标准：＿达到国家施工验收规范合格标准。＿

5. 合同价款

金额(大写)：＿＿＿＿＿＿＿元(人民币)

¥：＿＿＿＿＿＿＿元

6. 组成合同的文件

6.1 组成本合同的文件包括：

(1)本合同协议书；

（2）中标通知书；

（3）投标书及其附件；

（4）本合同专用条款；

（5）本合同通用条款；

（6）标准、规范及有关技术文件；

（7）图纸；

（8）工程报价单或预算书。

6.2 双方有关工程的洽商、变更等书面协议或文件视为本合同的组成部分。

7. 本协议书中有关词语含义与本合同第二部分《通用条款》中分别赋予它们的定义相同。

8. 承包人向发包人承诺按照合同约定进行施工、竣工并在质量保修期内承担工程质量保修责任。

9. 发包人向承包人承诺按照合同约定的期限和方式支付合同价款及其他应当支付的款项。

10. 合同生效

合同订立时间：_____年_____月_____日

合同订立地点：_____

本合同双方约定___签字盖章___后生效。

发　包　人：（公章）　　　　承　包　人：（公章）

住　　　所：　　　　　　　　住　　　所：

法定代表人：　　　　　　　　法定代表人：

授权代理人：　　　　　　　　授权代理人：

电　　　话：　　　　　　　　电　　　话：

传　　　真：　　　　　　　　传　　　真：

开　户　银　行：　　　　　　开　户　银　行：

账　　　号：　　　　　　　　账　　　号：

邮　政　编　码：　　　　　　邮　政　编　码：

附件二：工程质量保修书

房屋建筑工程质量保修书

发包人（全称）：_____

承包人（全称）：_____

为保证___（工程名称）___在合理使用期内正常使用，发包人、承包人协商一致签订工程质量保修书。承包人在质量保修期内按照有关管理规定及双方确定承担工程质量保修责任。

1. 工程质量保修范围和内容

承包人在质量保修期内，按照有关法律、法规、规章的管理规定和双方约定，承担本工程质量保修责任。

质量保修范围包括地基基础工程、主体结构工程，屋面防水工程、有防水要求的卫生间、房间和外墙面的防渗漏，供热与供冷系统，电气管线、给水排水管道、设备安装和装修工程，以及双方约定的其他项目。具体保修的内容，双方约定如下： 承包范围内所有内容。

2. 质量保修期

2.1　双方根据《建设工程质量管理条例》及有关规定，约定本工程的质量保修期如下：

（1）地基基础工程和主体结构工程为设计文件规定的该工程合理使用年限；

（2）屋面防水工程、有防水要求的卫生间、房间和外墙面的防渗漏为 五 年；

（3）装修工程为 两 年；

（4）电气管线、给水排水管道、设备安装工程为 两 年；

（5）供热与供冷系统为 两 个采暖期、供冷期；

（6）住宅小区内的给排水设施、道路等配套工程为 两 年；

（7）其他项目保修期限约定如下： 一 年。

2.2　质量保修期自工程竣工验收合格之日起计算。

3. 质量保修责任

（1）属于保修范围、内容的项目，承包人应当在接到保修通知之日起7天内派人保修。承包人不在约定期限内派人保修的，发包人可以委托他人修理。

（2）发生紧急抢修事故的，承包人在接到事故通知后，应当立即到达事故现场抢修。

（3）对于涉及结构安全的质量问题，应当按照《房屋建筑工程质量保修办法》的规定，立即向当地建设行政主管部门报告，采取安全防范措施；由原设计单位或者具有相应资质等级的设计单位提出保修方案，承包人实施保修。

（4）质量保修完成后，由发包人组织验收。

4. 保修费用

4.1　保修费用由造成质量缺陷的责任方承担。

4.2　本工程约定的工程质量保修金为施工结算价款的5％。

5. 质量保修金的返还

甲方在工程竣工验收合格保修期满2年后14天内，将保修金（不计利息）的70％退回乙方。保修期满5年后14天内，将其余保修金一并退回。

6. 其他

双方约定的其他工程质量保修事项： 保修期内，如发生属承包人责任的质量问题，按本保修书第三条第1款约定，发包人委托他人修理，其费用由发包人在质量保修金中扣除。超过保修金的部分，承包人应当在接到缴款通知书之日起7日内付清，否则按应缴款额的5％/日计罚。

本工程质量保修书，由施工合同发包人、承包人双方在竣工验收前共同签署，作为施工合同附件，其有效期限至保修期满。

发　包　人(公章)：　　　　　　　　　　　承　包　人(公章)：

法定代表人(签字)：　　　　　　　　　　　法定代表人(签字)：

_____年_____月_____日　　　　　　_____年_____月_____日

第五章 工程量清单(另册)

1. 工程量清单说明

1.1 本工程量清单是根据招标文件中包括的、有合同约束力的图纸以及有关工程量清单的国家标准、行业标准、合同条款中约定的工程量计算规则编制。约定计量规则中没有的子目,其工程量按照有合同约束力的图纸所标示尺寸的理论净量计算。计量采用中华人民共和国法定计量单位。

1.2 本工程量清单应与招标文件中的投标人须知、通知合同条款、专用合同条款、技术标准和要求及图纸等一起阅读和理解。

1.3 本工程量清单仅是投标报价的共同基础,实现工程计量和工程价款的支付应遵循合同条款的约定和第七章"技术标准和要求"的有关规定。

1.4 补充子目工程量计算规则及子目工作内容说明:＿＿＿＿＿＿＿＿＿＿。

2. 投标报价说明

2.1 工程量清单中的每一子目须填入单价或价格,且只允许有一个报价。

2.2 工程量清单中标价的单价或金额,应包括所需人工费、施工机械使用费、材料费、其他(运杂费、质检费、安装费、缺陷修复费、保险费,以及合同明示或暗示的风险、责任和义务等),以及管理费、利润费。

2.3 工程量清单中投标人没有填入单价或价格的子目,其费用视为已分摊在工程量清单中其他相关子目的单价或价格之中。

2.4 暂列金额的数量及拟用子目的说明:＿＿＿＿＿＿＿＿＿＿。

2.5 暂估价的数量及拟用子目的说明:＿＿＿＿＿＿＿＿＿＿。

3. 其他说明

4. 工程量清单(另册)

第二卷
第六章 设计图纸

1. 图纸目录

序号	图名	图号	版本	出图日期	备注
1	建施	01～23	1		
2	结施	01～41	1		
3	水施	SS－01～18	1		
4	电施	DQ5－01～09	1		
5	电施	DQ3－01～11;DQ4－12	1		
6	电施	DQ6－01～03	1		
7	电施	DQ2－01～05	1		
8	暖施	NT01～12	1		

2. 图纸(另附)

第三卷
第七章　技术标准和要求

1. 依据设计施工图纸和技术文件要求，本工程项目的材料、设备、施工必须达到以下现行中华人民共和国及省、市、行业的一切有关法规、规范的要求。如各标准及规范要求有出入则以较严格者为准。

2. 严格执行国家、省市现行的建设工程施工及工程质量验收规范、施工技术标准、程序，建设工程施工操作规程、《建设工程质量管理条例》《工程建设强制性标准》《工程建设标准强制性条文》《建设工程安全生产管理条例》《建筑施工安全检查标准》(JGJ 59—2011)以及有关建筑质量、安全施工的各项规定、建筑材料及半成品备案证制度等有关文件、规定、施工图纸、技术交底、地质勘察等有关技术说明和《建筑工程质量检验评定标准》《建筑工程施工质量验收统一标准》(GB 50300—2013)等。

第四卷
第八章　投标文件格式

施工投标文件

（封面）

项目名称：＿＿＿＿＿＿＿＿＿＿＿＿

投标文件内容：＿＿＿投标文件＿＿＿

投标人：＿＿＿＿（盖单位章）＿＿＿＿

法定代表人或其授权代理人：＿＿＿＿（签字）

日期：＿＿＿＿年＿＿＿＿月＿＿＿＿日

第一节　商务标投标文件格式

目录

一、法定代表人身份证明

二、投标文件签署授权委托书

三、投标函

四、投标函附录

五、农民工工资保障金交纳与使用承诺书

六、投标保证金收据复印件（原件在投标文件启封前查对）

七、投标报价表

八、已标价的工程量清单

九、本文件要求投标人提交的其他投标资料

一、法定代表人资格证明书（格式）

投标人名称：＿＿＿＿＿＿＿＿＿＿＿＿

单位性质：＿＿＿＿＿＿＿＿＿＿＿＿＿

地　　址：＿＿＿＿＿＿＿＿＿＿＿＿＿

成立时间：＿＿＿＿＿＿＿＿＿＿＿＿＿

经营期限：_____

姓　　名：_____性别：_____年龄：_____职务：_____

身份证号码：_____

系_____（投标人名称）_____的法定代表人。

特此证明。

投标人：_____（盖章）

日期：_____年_____月_____日

备注：法定代表人亲自参加开标会议的，须提供"法定代表人资格证明书"并同时提交工商行政管理部门核发的法定代表人证书原件备查。

_____年_____月_____日

二、投标文件签署授权委托书

本授权书声明：我__（姓名）__系__（投标人名称）__的法定代表人，现授权__（姓名）__为我公司授权代理人，以本公司名义参加__（招标人名称）__的__（工程名称）__的投标活动。授权代理人在投标和合同谈判过程中所签署的一切文件和处理与之有关的一切事务，我均予以承认。

委托期限：_____

代理人无转委托权。特此授权。

授权代理人：_____　性别：_____　年龄：_____

身份证号码：_____　职务：_____

授权代理人签字（真迹）：_____

投标人：_____（盖章）

法定代表人：_____（签字）

授权日期：_____年_____月_____日

备注：在法定代表人不能亲自参加开标会议，由其授权代理人参加的，在提供"授权委托书"的同时，应提供法定代表人资格证明书、工商行政管理部门核发的法定代表人证书复印件，以及授权代理人身份证原件查验。

三、投标函

致：_____（招标人名称）：

1. 据收到的_____工程施工招标文件，遵照《中华人民共和国招标投标法》、国家七部委局《工程建设项目施工招标投标办法》等有关法律、法规的规定，我单位经考察现场和研究上述工程招标文件的投标须知、合同条件、技术规范、图纸和其他有关文件后，我方愿以人民币（大写）_____（小写：_____元）的投标总价，按上述合同条件、技术规范、设计内容承包本招标范围内全部工程的施工、竣工和保修。其中投标报价为人民币（大写）_____（小写：_____元），安全防护、文明施工措施费为人民币（大写）＿＿＿＿＿＿＿＿（小写：＿＿＿＿＿＿＿＿元），规费、税金为人民币（大写）＿＿＿＿＿＿＿＿（小写：＿＿＿＿＿＿＿＿元）。

2. 一旦我方中标，我方保证在＿＿＿＿＿年＿＿＿＿＿月＿＿＿＿＿日开工，＿＿＿＿＿年＿＿＿＿＿月＿＿＿＿＿日竣工，即＿＿＿＿＿天（日历天）内竣工并移交整个工程，并保证工程质量。

3. 我方同愿所递交的投标文件在"投标须知"规定的投标有效期内有效，在此期间内我方的投标有可能中标，我方将受此约束。

4. 除非另外达成协议并生效，你方的中标通知书和本投标文件将构成约束我方的合同。

5. 我方以人民币（大写）金额为＿＿＿＿＿＿＿＿＿万元的投标保证金与本投标书同时递交。

投　标　人：＿＿＿＿＿＿＿＿＿＿＿（盖章）

单 位 地 址：＿＿＿＿＿＿＿＿＿＿＿

法定代表人：＿＿＿＿＿＿＿＿＿＿＿（签字并盖章）

邮 政 编 码：＿＿＿＿＿＿＿＿＿＿＿

电　　　话：＿＿＿＿＿＿＿＿＿＿＿

传　　　真：＿＿＿＿＿＿＿＿＿＿＿

开户行名称：＿＿＿＿＿＿＿＿＿＿＿

银 行 账 号：＿＿＿＿＿＿＿＿＿＿＿

开户行地址：＿＿＿＿＿＿＿＿＿＿＿

日　　　期：＿＿＿年＿＿＿月＿＿＿日

四、投标函附录

序号	项目	专用条款号	内容
1	投标保证金	投标须知前附表	人民币＿＿＿＿万元
2	投标有效期	投标须知前附表	投标截止之后＿＿＿＿天
3	工期	投标须知前附表	工期：＿＿＿＿日历天
4	工期质量等级	投标须知前附表	＿＿＿＿
5	误期赔偿金额	专用条款 35.2.1	＿＿＿＿/天
6	误期赔偿金额限额	专用条款 35.2.1	合同价款的＿＿＿＿％
7	质量保修金金额	专用条款 34	竣工结算总价的＿＿＿＿％
8	农民工工资保障金		根据相关文件规定

注：投标人在内容栏自行承诺。

投标人：＿＿＿＿＿＿＿＿（盖章）

法定代表人或委托代理人：＿＿＿＿＿＿＿＿（签字或盖章）

日期：＿＿＿＿年＿＿＿＿月＿＿＿＿日

五、农民工工资保障金交纳与使用承诺书

致：____（招标人名称）____

我方对农民工工资保障金的交纳与使用作出以下承诺：

1. 我方参与投标的____（工程名称）____项目，一旦中标，我方保证在收到中标通知书之日起7个工作日内及时并足额将农民工工资保障金转入财政部门指定的账户，作为本项目农民工工资保障金。

2. 如我方在承包的____（工程名称）____项目中出现拖欠农民工和工人工资情况的，由财政部门从其农民工工资保障金中先予划支。

3. 如我方不按时、足额存入农民工工资保障金，招标人有权取消我方承包资格。

投　标　人：_____（盖章）

法定代表人：_____（签字或盖章）

日　　　期：_____年_____月_____日

六、投标保证金收据复印件（原件在投标文件启封前查对）

（略）

七、投标报价表

币种：人民币

	投标总报价＝（一）＋（二）＋（三）＋（四）＋（五） （不含养老保险费、已含安全文明施工费）	元
（一）	建筑工程	元
（二）	水电安装工程	元
（三）	装饰工程	元
（四）	消防工程	元
（五）	防雷工程	元
其中	安全施工增加费、文明施工增加费、环境保护费、临时设施费	元
	养老保险费	元
主要材料	钢筋	吨
	水泥	吨
	商品混凝土	立方米
承诺工期		天（日历日）
承诺质量等级		
注：投标报价不含养老保险。		

投标人盖章：_____

法定代表人：_____（签字、盖章）

日期：_____年_____月_____日

八、已标价的工程量清单

1. 投标总价(封面)

2. 总说明

3. 工程项目投标报价汇总表

4. 单项工程项目投标报价汇总表

5. 单位工程投标报价汇总表

6. 分部分项工程量清单与计价表

7. 分部分项工程量清单综合单价分析表

8. 主要清单项目工料机分析表

9. 技术措施项目清单与计价表

10. 技术措施项目工程量清单综合单价分析表

11. 措施项目清单与计价表

12. 其他项目清单与计价汇总表

13. 暂列金额明细表

14. 材料暂估单价表

15. 专业工程暂估价表

16. 计日工表

17. 总承包服务费计价表

18. 主要材料价格表

19. 税前项目清单与计价表

20. 规费、税金项目清单与计价表

21. 设备及价格表

以上表格格式由投标人按"《建设工程工程量清单计价规范》(GB 50500—2013)"的要求编制。

九、本文件要求投标人提交的其他投标资料

另：附工程量清单投标报价电子文档(光盘)1 套

第二节　技术标投标文件格式
目录

一、施工组织设计

二、项目管理机构配备情况

三、资格审查文件送检清单(格式)

一、施工组织设计

1. 投标人应编制递交完整的施工组织设计，包括招标文件第二章投标人须知相关规定的施工组织设计基本内容。编制具体要求是：编制时应采用文字并结合图表形式说明各分部分项工程的施工方法；拟投入的主要施工机械设备情况、劳动力计划等；结合招标工程特点提出切实可行的工程质量、安全生产、文明施工、工程进度、技术组织措施，同时应对关键工序、复杂环节重点提出相应技术措施，如冬雨期施工技术措施、减少扰民噪声、

降低环境污染技术措施、地下管线及其他地上地下设施的保护加固措施等。

2. 施工组织设计除采用文字表述外应附下列图表，图表及格式要求附后。

附表一：拟投入的主要施工机械设备表

附表二：劳动力计划表

附表三：计划开、竣工日期和施工进度网络图

附表四：施工总平面图

附表五：临时用地表

附表一　拟投入的主要施工机械设备表

　　　　　　　　　　　　　　　　　　　　　　　　　　　（工程项目名称）　工程

序号	机械或设备名称	型号规格	数量	国别产地	制造年份	额定功率/kW	生产能力	用于施工部位	备注

附表二：劳动力计划表

　　（工程项目名称）　工程　　　　　　　　　　　　　　　　　　　　　　　　　　　　人

工种	按工程施工阶段投入劳动力情况							

注：1. 投标人应按所列格式提交估计劳动力计划表。

　　2. 本计划表是以每班八小时工作制为基础编制的。

附表三　计划开、竣工日期和施工进度表

1. 投标人应提交的施工进度表，说明按招标文件要求的工期进行施工的各个关键日期。中标的投标人还应按合同条件有关条款的要求提交详细的施工进度计划。

2. 施工进度表可采用网络图(或横道图)表示，说明计划开工日期和各分项工程各阶段的完工日期和分包合同签订的日期。

3. 施工进度计划应与施工组织设计相适应。

附表四　施工总平面图

投标人应递交一份施工总平面图，绘出现场临时设施布置图表并附文字说明，说明临时设施、加工车间、现场办公、设备及仓储、供电、供水、卫生、生活、道路、消防等设施的情况和布置。

附表五　临时用地表

_____（工程项目名称）_____工程

用途	面积/平方米	位置	需用时间
合计			

注：1. 投标人应逐项填写本表，指出全部临时设施用地面积以及详细用途。

　　2. 若本表不够，可加附页。

二、项目管理机构配备情况

附表六：项目管理机构配备情况表

附表七：项目经理简历表

附表八：项目技术负责人简历表

附表九：项目管理机构配备情况辅助说明资料

附表六　项目管理机构配备情况表

_____（工程项目名称）_____工程

职务	姓名	职称	执业或职业资格证明				已承担在建工程情况	
			证书名称	级别	证号	专业	项目数	主要项目名称

附表七　项目经理简历表

_____（工程项目名称）_____工程

姓名		性别		年龄	
职务		职称		学历	
参加工作时间			从事项目经理年限		
本人负责的已完工程项目情况					
建设单位	项目名称	建设规模	开、竣工日期		工程质量

附表八 项目技术负责人简历表

___(工程项目名称)___ 工程

姓名		性别		年龄	
职务		职称		学历	
参加工作时间			从事技术负责人年限		
技术职称证书编号及级别			批准时间		
本人负责的已完工程项目情况					
建设单位	项目名称	建设规模	开、竣工日期	在建或已完成	工程质量

附表九 项目管理机构配备情况辅助说明资料

___(工程项目名称)___ 工程

注：1. 辅助说明资料主要包括管理机构的机构设置、职责分工、有关复印证明资料以及投标人认为有必要提供
      的资料。辅助说明资料格式不做统一规定，由投标人自行设计。
    2. 项目管理班子配备情况辅助说明资料另附(与本投标文件一起装订)。

三、资格审查文件送检清单(格式)

_____工程

资格审查文件送检清单

送检单位(盖章)_____   年   月   日

注:本清单必须在工程开标时随证件一起送,评委按清单评审

投标单位送达人(签字):_____

序号	证件名称(原件备查)	份数	备注
1			
2			
3			
4			
5			
6			
...			

招标人或代理人(签字):_____

评   委(签字):_____

任务实施

某省政府投资 2 500 万元建设该省信息中心办公楼,按照《建筑业企业资质管理规定》,该工程可由具备房屋建筑工程施工总承包三级及以上的企业承揽。招标人在"中国工程建设和建筑业信息网"上发布了招标公告,其内容全文如下:

××省信息中心办公楼工程,建筑面积为 8 856 m^2,地上 6 层,地下 1 层,均为现浇框架-剪力墙结构。现对该工程施工总承包进行公开招标。

1. 招标范围:图纸范围内全部内容,详见招标文件。

2. 投标人资格要求

(1)投标人须具备房屋建筑工程施工总承包三级资质及装修装饰专业工程三级施工资质,有类似项目业绩,并在人员、设备、资金等方面具有相应的施工能力;

(2)不接受联合体投标。

3. 招标文件获取

(1)凡有意参加投标者,请于 2009 年 6 月 6 日(星期六)至 2009 年 6 月 10 日,每日上午 8 时 30 分至 12 时 00 分,下午 1 时 30 分至 17 时 30 分(北京时间,下同),在××省××市××区××路甲 1 号××省信息中心办公室;

(2)购买招标文件时,须提交 8 万元人民币投标保证金;

(3)招标文件售价 200 元/每套,图纸 3 000 元/套,售后不退。

4. 投标截止时间:2009 年 6 月 20 日 9 时 00 分;开标时间:2009 年 6 月 20 日 10 时 00 分。投标文件须送达地点:×××××。

招标人名称:×××××

地址：×××××

电话：×××××

招标人同时在《中国建设报》上发布了该工程招标公告，公告中仅明确了项目概况和投标人资格要求。共126家满足资格要求的施工企业购买了招标文件和图纸，考虑到潜在投标人太多，招标人在招标文件澄清与修改中要求，投标人须有房屋建筑工程施工总承包一级资质及装修装饰专业工程一级施工资质，8项以上类似项目业绩。最后，有6家投标人递交了投标文件。

[问题]：

1. 招标人在《中国工程建设和建筑业信息网》上发布的招标公告内容是否完整？说明理由。

2. 指出上述招标公告中的不妥之处，逐一说明理由。

3. 指出招标人在上述招标过程中的不妥之处，逐一说明理由。

[问题分析]：

问题1：招标公告内容不完整。

理由：招标公告中缺招标项目批准单位和文号、招标内容和资金来源。

问题2：招标人发布的招标公告中存在以下不妥之处：

(1)要求投标人具备装修装饰专业工程三级施工资质不妥。

理由：三级总承包施工资质可以承揽其项下的装饰装修工程，要求专业承包资质是以不合理条件限制和排斥潜在投标人。

(2)招标文件发售时间"2009年6月6日至2009年6月10日"不妥。

理由："招标文件的发售时间最短不少于五个工作日"，星期六属于法定休息日。

(3)购买招标文件时提交8万元投标保证金不妥。

理由：投标保证金属于投标文件的一部分，投标人只要在投标截止时间前提交即可。

(4)图纸按3 000元/套销售不妥。

理由：对于招标所附设计文件，可以酌收押金，但不得销售。

(5)投标截止时间为2009年6月20日不妥。

理由："自招标文件开始发售之日起至投标截止之日止，最短不少于二十日"。

(6)开标时间与投标截止时间不是同一时间进行不妥。

理由："开标应当在招标文件确定的提交投标文件截止时间的同一时间公开进行"。

问题3：招标人在招标过程中还存在以下不妥之处：

(1)在《中国建设报》上删减招标公告内容不妥。

理由：在两家以上媒介发布的统一招标公告内容应一致。

(2)在招标文件的澄清与修改中，将投标人资格要求直接调整为房屋建筑工程施工总承包一级资质及装修装饰专业工程一级施工资质，8项以上类似项目业绩不妥。

理由：招标文件是对招标公告的细化，不能在其中修改投标人资格要求；提高投标人资质等级，对潜在投标人实行歧视待遇。

🔊 **任务拓展**　　建设工程项目施工招标文件编制规定

根据《招标投标法》与中华人民共和国住房和城乡建设部的有关规定，建设工程项目施工招标文件编制应遵守以下规定：

（1）说明评标原则和评标办法。

（2）投标价格中，一般结构不太复杂或工期在12个月以内的工程，可以采用固定价格，考虑一定的风险系数。结构较复杂或大型工程，施工招标项目工期超过12个月的，招标文件可以规定工程造价指数体系、价格调整因素和调整方法。

（3）招标文件中的建设工期应当参照国家或地方颁发的工期定额来确定，如果要求的工期比工期定额缩短20%以上（含20%）的，投标报价中可以计算赶工措施费。赶工措施费如何计取应在招标文件中明确。

（4）招标文件中应明确招标准备时间，即从开始发放招标文件之日起，至投标截止时间的期限。最短不得少于20天。招标文件中还应载明投标有效期。

（5）在招标文件中应明确投标价格计算依据，主要有：工程计价类别；执行的概预算定额及费用定额；执行的人工、材料、机械设备政策性调整文件等；材料、设备计价方法及采购、运输、保管的责任；工程量清单。

（6）质量标准必须达到国家施工验收规范合格标准，对于要求质量达到优良标准时，应计取补偿费用，补偿费用的计算方法应按国家或地方有关文件规定执行，并在招标文件中明确。

（7）由于施工单位原因造成不能按合同工期竣工时，计取赶工措施费的须扣除，同时还应赔偿由于误工给建设单位带来的损失。其损失费用的计算方法或规定应在招标文件中明确。

（8）如果建设单位要求按合同工期提前竣工交付使用，应考虑计取提前工期奖，提前工期奖的计算方法应在招标文件中明确。

（9）在招标文件中应明确投标保证金数额及支付方式。

（10）材料或设备采购、运输、保管的责任应在招标文件中明确，如建设单位提供材料或设备，应列明材料或设备名称、品种或型号、数量，以及提供日期和交货地点等；还应在招标文件中明确招标单位提供的材料或设备计价和结算退款的方法。

（11）关于工程量清单，招标单位按国家颁布的统一的项目编码、项目名称、计量单位和工程量计算规则，根据施工图纸计算工程量，提供给投标单位作为投标报价的基础。结算拨付工程款时以实际工程量为依据。

（12）合同协议条款的编写，招标单位在编制招标文件时，应根据《中华人民共和国合同法》和《建设工程施工合同管理办法》的规定和工程具体情况确定"招标文件合同协议条款"内容。

任务 2.3　建设工程招标标底和招标控制价的编制

任务目标

　　通过本任务的学习，了解建设工程招标标底的概念；熟悉建设工程招标标底的编制原则及其注意事项；掌握建设工程招标标底的主要内容；了解建设工程招标控制价的概念及作用，熟悉建设工程招标控制价的编制依据；掌握建设工程招标控制价的编制内容。

2.3.1　建设工程招标标底的编制

建设工程招标标底是招标过程中的评标依据，是招标人对拟建工程造价的合理期望值，招标人可以通过标底判断投标报价的合理性。也就是说，标底是投标报价的控制线，超过即为废标。标底的实质是业主单位对招标工程的预期价格。其作用一是使建设单位（业主）预先明确自己在招标工程上应承担的财务义务；二是作为衡量投标报价的准绳，也就是评标的主要尺度之一；同时，也可作为上级主管部门核实投资规模的依据。建设工程标底应由具有编制招标文件能力的招标人或其委托的具有相应资质的工程造价咨询机构、招标代理机构进行编制。

招投标：标底

1. 建设工程招标标底的编制依据

（1）国家的有关法律、法规以及国务院和省、自治区、直辖市人民政府建设行政主管部门制定的有关工程造价的文件、规定。

（2）工程招标文件中确定的计价依据和计价办法，招标文件的商务条款，包括合同条件中规定由工程承包方应承担义务而可能发生的费用，以及招标文件的澄清、答疑等补充文件和资料。

（3）工程设计文件、图纸、技术说明及招标时的设计交底，按设计图纸确定的或招标人提供的工程量清单等相关基础资料。

建筑工程招标标底与投标报价

（4）国家、行业、地方的工程建设标准，包括建设工程施工必须执行的建设技术标准、规范和规程。

（5）采用的施工组织设计、施工方案、施工技术措施等。

（6）工程施工现场地质、水文勘探资料，现场环境和条件及反映相应情况的有关资料。

（7）招标时的人工、材料、设备及施工机械台班等的市场要素价格信息，以及国家或地方有关政策性调价文件的规定。

2. 建设工程标底的编制原则

工程招标标底的编制原则，与编制的依据密切相关。从有关建设工程招标标底编制的规定和实践来看，建设工程招标标底的编制原则主要有以下几项：

（1）标底价格应尽量与市场的实际变化相吻合。标底价格作为建设单位的预期控制价格，应反映和体现市场的实际变化，尽量与市场的实际变化相吻合，要有利于开展竞争和保证工程质量，让承包商有利可图。标底中的市场价格可参考有关建设工程价格信息服务机构向社会发布的价格行情。在标底编制实践中，把握这一原则须注意以下几点：

1）要根据设计图纸及有关资料、招标文件，参照政府或政府有关部门规定的技术、经济标准、定额及规范，确定工程量和编制标底。

2）标底价格应由成本、利润、税金等组成，一般应控制在批准的总概算或修正、调整概算及投资包干的限额内。

3）标底价格应考虑人工、材料、设备、机械台班等价格变动因素，还应包括不可预见费(特殊情况)、预算包干费、赶工措施费、施工技术措施费、现场因素费、保险以及采用固定价格的工程的风险金等，工程要求优良的还应增加相应的优质价的费用。

(2)按工程项目类别计价。为了保证不同所有制的投标人享有同等待遇，开展平等竞争，标底的计价方法不能按所有制而应统一按工程类别计价。

(3)一个招标项目只编制一个标底。在工程招标中，一个招标项目只准编制一个标底。对群体建设工程、工业基建工程、大型装饰工程，可分别按招标项目编制标底。

(4)编审分离和回避。承接标底编制业务的单位及其标底编制人员，不得参与标底审定工作；负责审定标底的单位及其人员，也不得参与标底编制业务。受委托编制标底的单位，不得同时承接投标人的投标文件编制业务。

3. 建设工程标底的主要内容

建设工程项目施工招标标底文件，由标底报审表和标底正文两部分组成：

(1)标底报审表。标底报审表是招标文件和标底正文内容的综合摘要，通常包括以下主要内容：

1)招标工程综合说明。包括招标工程的名称、建设地点、工程现场情况、设计概算或修正概算总金额、施工质量要求、定额工期、计划工期、计划开工竣工时间等，必要时要附上招标工程(单项工程、单位工程等)一览表。

2)标底价格。包括招标工程的总造价、单方造价，钢材、木材、水泥等主要材料的总用量及其单方用量。

3)招标工程总造价中各项费用的说明。包括对包干系数、不可预见费用、工程特殊技术措施费等的说明，以及对增加或减少的项目的审定意见和说明。

(2)标底正文。标底正文是详细反映招标人对工程价格、工期等的预期控制数据和具体要求的部分。一般包括以下内容：

1)总则。主要说明标底编制单位的名称、持有的标底编制资质等级证书，标底编制的人员及其执业资格证书，标底具备条件、编制标底的原则和方法，标底的审定机构，对标底的封存、保密要求等内容。

2)标底各方面的要求及其编制说明。主要说明招标人在方案、质量、期限、价金、方法、措施等各方面的综合性预期控制指标或要求，并阐释其依据、包括和不包括的内容、各有关费用的计算方式等。

在标底各方面的要求中，要注明各工程的名称、方案重点、质量、工期、单方造价(或技术经济指标)以及总造价，明确装饰装修材料的总用量及单方用量，甲方供应的设备、构件与特殊材料的用量，明确分部、分项直接费，其他直接费，工资及主材的调价，企业经营费，利税取费等。在标底编制说明中，要特别注意对标底价格的计算说明。

3)标底价格计算用表。建设工程标底价格采用工料单价和综合单价两种计价方法，二者的标底价格计算用表有所不同。

采用工料单价的标底价格计算用表，主要有标底价格汇总表，工程量清单汇总及取费表，工程量清单表，材料清单及材料差价表，设备清单及价格表，现场因素、施工技术措施及赶工措施费用表等。

采用综合单价的标底价格计算用表，主要有标底价格汇总表，工程量清单表，设备清单及价格表，现场因素、施工技术措施及赶工措施费用表，材料清单及材料差价表，人工工日及人工费用表，机械台班及机械费用表等。

4)施工方案及现场条件。主要说明施工方法给定条件、工程建设地点现场条件、临时设施布置及临时用地情况等。

3. 建设工程标底的编制方法

根据《建筑工程施工发包与承包计价管理办法》(2013 年 12 月 11 日中华人民共和国住房和城乡建设部令第 16 号)规定：施工图预算、招标标底和投标报价的编制可以采用以下计价办法：

工程量清单应当依据国家制定的工程量清单计价规范、工程量计算规范等编制。工程量清单应当作为招标文件的组成部分。

最高投标限价应当依据工程量清单、工程计价有关规定和市场价格信息等编制。招标人设有最高投标限价的，应当在招标时公布最高投标限价的总价，以及各单位工程的分部分项工程费、措施项目费、其他项目费、规费和税金。

4. 编制标底需考虑的有关因素

应该指出，当前招标工作的标底大多数是在施工图预算基础上确定的，但它不完全等同于施工图预算。因为要编制一个合理的标底，还必须在此基础上考虑以下因素：

(1)标底必须符合目标工期的要求，对提前工期所采取的措施因素应按提前工期的天数给出必要的赶工费，并列入标底。

(2)标底必须保证满足招标方的质量要求，对高于国家施工验收规范的质量因素应有所反映。

(3)标底要适应建筑材料市场价格的变化因素，可列出清单，随同招标文件供投标时参考，并在编制标底时考虑材料价差方面的因素。

(4)标底应合理考虑招标工程的自然地理条件等因素，将由于自然条件导致施工不利因素而增加的费用计入标底价格内。

(5)选择先进的施工方案计算标底价格，并应根据招标文件规定的工程发承包模式，确定相应的计价方式，考虑相应的风险费用。

建设工程标底编制

案例分析-建设工程
施工招投标标底编制

2.3.2 建设工程招标控制价的编制

招标控制价是指招标人根据国家或省级、行业建设主管部门颁发的有关计价依据和办法，以及拟定的招标文件和招标工程量清单，结合工程具体情况编制的招标工程的最高投标限价。

1. 建设工程招标控制价的作用

(1)招标控制价作为招标人能够接受的最高交易价，可以使招标人有效控制项目投资，防止恶性投标带来的投资风险。

（2）有利于增强招投标过程的透明度。招标控制价的编制，淡化了标底作用，避免工程招标中的弄虚造假、暗箱操作等违规行为，并消除因工程量不统一而引起的在标价上的误差，有利于正确评标。

（3）避免无序竞争。由于招标控制价与招标文件同步编制并作为招标文件的一部分与招标文件一同公布，有利于引导投标方投标报价，避免了投标方无标底情况下的无序竞争。

工程量清单招标
控制价的编制

（4）为招标人判断最低投标价提供参考依据。招标人在编制招标控制价时通常按照政府规定的标准，即招标控制价反映的是社会平均水平。招标时，招标人可以清楚地了解最低中标价同招标控制价相比能够下浮的幅度，可以为招标人判断最低投标价是否低于成本价提供参考依据。

（5）招标控制价可以为工程变更新增项目确定单价提供计算依据。招标人可在招标文件中规定：当工程变更项目合同价中没有相同或类似项目时，可参照招标时招标控制价编制原则编制综合单价，再按原招标时中标价与招标控制价相比下浮相同比例确定工程变更新增项目的单价。

（6）招标控制价可作为评标时的参考依据，避免出现较大的偏离。

建设工程招标
控制价编审规程

标底、招标控制价、
拦标价、概算、
预算的区别

编制招标控制价
应该注意的问题

2. 建设工程招标控制价的编制依据

（1）《建设工程工程量清单计价规范》（GB 50500—2013）；

（2）国家或省级、行业建设主管部门颁发的计价定额和计价办法；

（3）建设工程设计文件及相关资料；

（4）拟定的招标文件及招标工程量清单；

（5）与建设项目相关的标准、规范、技术资料；

（6）工程造价管理机构发布的工程造价信息，当工程造价信息没有发布时，参照市场价；

（7）其他的相关资料。

3. 建设工程招标控制价的编制内容

（1）综合单价中应包括招标文件中划分的应由投标人承担的风险范围及其费用。招标文件中没有明确的，如是工程造价咨询人编制，应提请招标人明确；如是招标人编制，应予以明确。

（2）分部分项工程和措施项目中的单价项目，应根据拟定的招标文件和招标工程量清单项目中的特征描述及有关要求确定综合单价计算。

（3）措施项目中的总价项目金额应根据招标文件及投标时拟定的施工组织设计或施工方案，按工程量清单应采用综合单价计价自主确定。措施项目中的安全文明施工费必须按国家或省级、行业建设主管部门的规定计算，不得作为竞争性费用。

（4）其他项目应按下列规定计价：

1）暂列金额。暂列金额应按招标工程量清单中列出的金额填写。

2）暂估价。暂估价包括材料暂估价、工程设备单价暂估价和专业工程暂估价。暂估价中的材料、工程设备单价应按招标工程量清单中列出的单价计入综合单价；暂估价中的专业工程金额应按招标工程量清单中列出的金额填写。

3）计日工。计日工应列出项目名称、计量单位和暂估数量。计日工应按招标工程量清单中列出的项目和数量，自主确定综合单价并计算计日工金额。

4）总承包服务费。总承包服务费应根据招标工程量清单列出的内容和要求估算。总承包服务费应根据招标工程量清单中列出的内容和提出的要求自主确定。

（5）规费和税金。规费和税金必须按国家或省级、行业建设主管部门的规定计算，不得作为竞争性费用。

| 建设工程招标控制价编制说明 | 招标控制价编制说明（实例） | 建设工程施工招标 | 招标标底价与招标控制价的关系 |

任务实施

某市越江隧道工程全部由政府投资。该项目为该市建设规划的重要项目之一且已列入地方年度固定资产投资计划，概算已经主管部门批准，征地工作尚未全部完成，施工图及有关技术资料齐全。现决定对该项目进行施工招标。因估计除本市施工企业参加投标外，还可能有外省市施工企业参加投标，故业主委托咨询单位编制了两个标底，准备分别用于对本市和外省市施工企业投标价的评定。业主对投标单位就招标文件所提出的所有问题统一作了书面答复，并以备忘录的形式分发给各投标单位，为简明计，采用表格形式，见表 2-3。

表 2-3 备忘录

序号	问题	提问单位	提问时间	答复
1				
...				
n				

在书面答复投标单位的提问后，业主组织各投标单位进行了施工现场踏勘。在投标截止日期前 10 天，业主书面通知各投标单位，由于某种原因，决定将收费站工程从原招标范围内删除。

[问题]：

1. 该项目的标底应采用什么方法编制？简述其理由。

2. 业主对投标单位进行资格预审应包括哪些内容？

3. 该项目施工招标在哪些方面存在问题或不当之处？请逐一说明。

[问题分析]：

问题 1：由于该项目的施工图及有关技术资料齐全，因而其标底可采用工料单价法或综合单价法进行编制。

问题 2：业主对投标单位进行资格预审应包括以下内容：投标单位组织与机构和企业概况；近 3 年完成工程的情况；目前正在履行的合同情况；资源方面，如财务、管理、技术、劳力、设备等方面的情况；其他资料（如各种奖励或处罚等）。

问题 3：该项目施工招标存在 5 方面问题（或不当之处），分述如下：

(1)本项目征地工作尚未全部完成，尚不具备施工招标的必要条件，因而尚不能进行施工招标。

(2)不应编制两个标底，因为根据规定，一个工程只能编制一个标底，不能对不同的投标单位采用不同的标底进行评标。

(3)业主对投标单位提问只能针对具体的问题作出明确答复，但不应提及具体的提问单位（投标单位），也不必提及提问的时间（这一点可不答），因为按《中华人民共和国招标投标法》第二十二条规定，招标人不得向他人透露已获取招标文件的潜在投标人的名称、数量以及可能影响公平竞争的有关招标投标的其他情况。

(4)根据《中华人民共和国招标投标法》的规定，若招标人需改变招标范围或变更招标文件，应在投标截止日期至少 15 天（而不是 10 天）前以书面形式通知所有招标文件收受人。若迟于这一时限发出变更招标文件的通知，则应将原定的投标截止日期适当延长，以便投标单位有足够的时间充分考虑这种变更对报价的影响，并将其在投标文件中反映出来。本案例背景资料未说明投标截止日期已相应延长。

(5)现场踏勘应安排在书面答复投标单位提问之前，因为投标单位对施工现场条件也可能提出问题。

任务拓展　　建设工程招标控制价与招标标底比较

国有资金投资的工程进行招标，根据《中华人民共和国招标投标法》的规定，招标人可以设标底。当招标人不设标底时，为有利于客观、合理地评审投标报价和避免哄抬标价，造成国有资产流失，招标人应编制招标控制价。

1. 招标控制价与招标标底的相同点

招标控制价与招标标底的相同点：招标控制价与招标标底都是招标人编制的。

2. 招标控制价与招标标底的区别

(1)保密要求不同：招标标底要在开标前保密，在开标时宣布。招标控制价应该在招标文件中公开，以提高透明度。

(2)编制作用不同：在评标中，招标标底可以用来比较分析投标报价，具有参考作用，但不能作为中标或废标的唯一直接依据；招标控制价可以有效防止抬标，超过招标控制价的投标报价即成为废标。

招标控制价和标底不能混为一谈。标底是作为评标时参考的价格，它是不能作为投标最高限价的；而招标控制价是指投标人投标价格的最高限价。通常投标单位的投标报价可以高过标底价，但不可以高过招标控制价。在实际工作中，我们要充分掌握招标控制价和标底的使用方法和使用技巧，保证建设工程的顺利进行。

项目梳理

《招标投标法》规定在中华人民共和国境内进行招标的工程建设项目，包括项目的勘察、设计、施工、监理以及与工程建设有关的重要设备、材料等的采购，必须进行招标。工程建设项目必须具有一定条件方可进行招标。我国建设项目的招标方式有公开招标和邀请招标。招标文件是指由招标人或招标代理机构编制并向潜在投标人发售的明确资格条件、合同条款、评标方法和投标文件相应格式的文件。它是投标人编制投标书的依据，也是招标阶段招标人的行为准则。建设工程招标标底是招标过程中的评标依据，是招标人对拟建工程造价的合理期望值，招标人可以通过标底判断投标报价的合理性，也就是说，标底是投标报价的控制线，超过即废标。招标控制价是指招标人根据国家或省级、行业建设主管部门颁发的有关计价依据和办法，以及拟定的招标文件和招标工程量清单，结合工程具体情况编制的招标工程的最高投标限价。

项目检测

一、单项选择题

1. 下列不属于招标文件内容的是（ ）。

    A. 投标邀请书   B. 设计图纸   C. 合同主要条款   D. 财务报表

2. （ ）适用于大型建设项目。

    A. 一次性招标   B. 多次性招标   C. 混合性招标   D. 一次两段式招标

3. 某项目招标公告和招标文件中规定，投标人应具有在本地区承担过5个以上同类项目的业绩。这种规定违反了招标投标的（ ）原则。

    A. 公开   B. 公平   C. 公正   D. 诚实信用

4. 招标控制价是指根据国家或省级建设行政主管部门颁发的有关计价依据和办法，依据拟订的招标文件和招标工程量清单，结合工程具体情况发布的招标工程的（ ）。

    A. 最高投标限价   B. 最低投标限价   C. 平均投标限价   D. 中标价

二、多项选择题

1. 建设工程项目一般采用( )方式。
   A. 邀请招标
   B. 公开招标
   C. 指定承包商
   D. 有限招标
   E. 直接发包

2. 使用国有资金投资项目的范围包括( )。
   A. 使用各级财政预算资金的项目
   B. 使用纳入财政管理的各种政府性专项建设基金的项目
   C. 使用国有企业单位自有资金，并且国有资产投资者实际拥有控制权的项目
   D. 使用国有事业单位自有资金，并且国有资产投资者实际拥有控制权的项目
   E. 使用国有企业单位和事业单位自有资金的项目

3. 下列施工项目中，属于经批准可以采用邀请招标方式发包的有( )工程项目。
   A. 受自然地域环境限制的
   B. 涉及国家安全、国家秘密的项目适宜招标，但不适宜公开招标的
   C. 施工主要技术需要使用某项特定专利的
   D. 技术复杂，仅有几家投标人满足条件的
   E. 公开招标费用与项目的价值相比不值得的

4. 关于工程项目编制工程标底的表述，下列正确的有( )。
   A. 标底是指招标人对建设工程预算的期望值
   B. 标底是指招标人根据招标项目的具体情况，依据国家统一的工程量计算规则、计价依据和计价办法计算出来的工程造价
   C. 一个招标工程可以编制多个标底
   D. 招标人可根据项目特点决定是否编制标底
   E. 招标项目不可不设标底

5. 工程施工招标的标底可由( )编制。
   A. 招标单位
   B. 招标管理部门
   C. 定额管理部门
   D. 委托具有编制标底资格和能力的机构
   E. 承包商

6. 编制标底应遵循的原则有( )。
   A. 工程项目划分、计量单位、计算规则统一
   B. 按工程项目类别计价
   C. 应包括不可预见费、赶工措施费等
   D. 应考虑市场变化
   E. 应考虑招标人的资金状况

三、简答题

1. 简述公开招标与邀请招标的区别。
2. 建设工程招标文件的组成包括哪几方面的内容？
3. 建设工程招标文件的编制原则和要求有哪些？

4. 建设工程招标标底的编制依据有哪些？

5. 建设工程标底的主要内容有哪些？

6. 建设工程招标控制价的编制内容有哪些？

四、实务题

某重点工程项目，经过有关部门批准后，决定由业主自行组织施工公开招标。该工程项目为政府的公共工程，已经列入地方的年度固定资产投资计划，概算已经由主管部门批准，但征地工作尚未完成，施工图及有关技术资料齐全。因估计除本市施工企业参加投标外，还可能有外省市施工企业参加投标，因此业主委托咨询公司编制了两个标底，准备分别用于对本市和外省市施工企业投标的评定。业主要求将技术标和商务标分别封装。某承包商在封口处加盖了本单位的公章，经由项目经理签字后，在投标截止日期的前1天将投标文件报送业主，当天下午，该承包商又递交了一份补充材料，声明将原报价降低5%，但是业主的有关人员认为，一个承包商不得递交2份投标文件，因而拒收承包商的补充材料。开标会议由市招投标管理机构主持，市公证处有关人员到会。开标前，市公证处人员对投标单位的资质进行了审查，确认所有投标文件均有效后正式开标。业主在评标之前组织了评标委员会，成员共8人，其中业主人员占5人，招标工作主要内容如下：

(1)发投标邀请函；

(2)发放招标文件；

(3)进行资格后审；

(4)召开投标质疑会议；

(5)组织现场勘察；

(6)接收投标文件；

(7)开标；

(8)确定中标单位；

(9)评标；

(10)发出中标通知书；

(11)签订施工合同。

[问题]：

1. 工程项目的标底可以采用什么方法编制？

2. 招标活动中有哪些不当之处？

3. 招标工作的内容是否正确？如果不正确请改正，并排出正确顺序。

项目3 建设工程投标

知识目标

了解建设工程投标制定的相关基础知识；熟悉建设工程投标的基本概念及组织；掌握投标决策的基本概念及影响因素；掌握建设工程投标报价的一般规定、依据、原则等；掌握建设工程投标文件的组成及编制要求等。

能力目标

通过学习建设工程投标，对投标案例的一些细节进行了解。具备运用相关知识分析投标案例的能力；具备懂投标程序并学会编制投标文件的基本方法。

项目导入

建设工程投标是建设企业取得建设工程合同的主要途径，投标文件就是对业主发出要约的承诺。投标人一旦提交了投标文件，就必须在招标文件规定的期限内信守承诺，不得随意退出投标竞争。因为投标是一种法律行为，投标人必须承担中途反悔撤出的经济和法律责任。通过本项目的学习，对建设工程投标应有一个初步的了解。

任务 3.1 建设工程投标概述

任务目标

通过本任务的学习，了解建设工程投标的概念及组成；熟悉建设工程投标的程序；掌握建设工程投标过程的工作内容。

任务准备

3.1.1 建设工程投标的内涵分析

建设工程投标是投标单位针对招标单位的要约邀请，以明确的价格、期限、质量等具体条件，向招标单位发出要约，通过竞争获得经营业务的活动。投标人在响应招标文件的前提下，对项目提出报价，填制投标函，在规定的期限内报送招标单位，参与该项工程的竞争并争取中标。投标前应当进行大量的准备工作，应对承包市场进行详尽的调查研究，广泛收集有关项目及投标方面的信息，并进行认真的分析。工程项目投标中需要掌握的信息内容有招标信息、投标信息、投标的历史资料。获取信息的渠道有以下几种：通过报刊、信息网络或其他媒介；发挥公共关系的作用；对于国际工程项目，可通过驻外使馆和其他有关驻外机构及国外驻我国机构获取信息。

3.1.2　建设工程投标的程序

建设工程投标的程序是指投标过程中各项活动的步骤及相关的内容，反映各工作环节的内在联系和逻辑关系。建设工程投标的程序如图 3-1 所示。

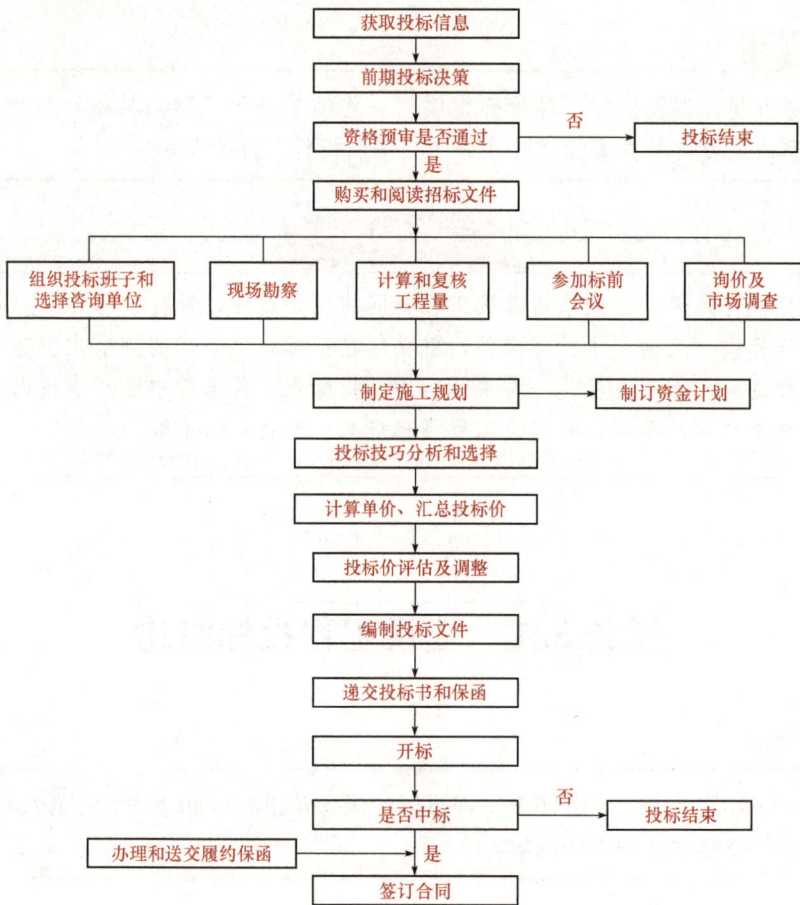

图 3-1　建设工程投标的程序

建设工程招投标 交易流程简介	最完整的招标投标流程	工程招投标流程图

建设工程招标投标程序	装饰装修工程投标流程	工程项目投标工作流程

3.1.3　建设工程投标组织管理

进行建设工程投标，需要有专业的机构与人员对投标的全部活动过程加以组织和管理。实践证明，建立一个强有力的、内行的投标班子是投标获得成功的根本保证。投标组织一般由以下三种类型的人才组成：

（1）经营管理类人才。经营管理类人才是指制定和贯彻经营方针与规划、负责工作的全面筹划和安排、具有决策能力的人员，它包括经理、副经理、总工程师、总经济师等具有决策权的人员，以及其他管理人才。

（2）专业技术类人才。专业技术类人才是指建筑师、结构工程师、设备工程师等各类专业技术人员，他们应具备熟练的专业技能、丰富的专业知识，能从本公司的实际技术水平出发，制定投标用的专业实施方案。

（3）商务金融类人才。商务金融类人才是指概预算、财务、合同、金融、保函、保险等方面的人才，在国际工程投标竞争中这类人才的作用尤其重要。

投标机构的人员应精干、富有经验且受过良好培训，有娴熟的投标技巧和较强的应变能力。这些人应渠道广、信息灵、工作认真，纪律性强，尤其应对公司绝对忠诚。投标机构的人员不宜过多，特别是最后决策阶段，参与的人数应严格控制，以确保投标报价的机密。

3.1.4　建设工程投标过程

在整个工程投标过程中，投标人一般需要完成从准备和填制资格预审资料开始，到将正式投标文件递交业主为止所进行的全部工作。

1. 资格预审

资格预审就是由招标人根据一定的标准和程序审查确定申请投标资格预审的申请人是否有能力承担招标项目，履行相应的合同义务。其审查的内容和重点在于：申请人的基本情况、经验、过去完成类似合同的情况、人员、设备、综合施工能力、财务状况、银行资信、代理资质等。招标人应单独或在招标公告或投标邀请函中公示资格预审的标准和程序，并对所有的申请人一视同仁，包括给出较为宽裕的时间范围。

《标准施工招标资格预审文件》

在工程招标投标活动中，投标人应充分做好资格预审工作。投标人平时要注意相关资料的整理和积累，以便按时、符合要求地填制资料预审申请资料。资格预审资料填制时至少应做好以下工作：

(1)注意资格预审有关资料的积累工作；

(2)加强资格预审文件的分析；

(3)做好递交资格预审申请后的跟踪工作。

2. 投标前调查与施工现场考察

投标人在投标决策的前期阶段应对拟投标项目所在的地区进行较为深入、全面的调查研究。

现场踏勘主要是指去工地现场进行考察，招标单位一般在招标文件中要注明现场考察的时间和地点，在文件发出后就应安排投标者进行现场考察的准备工作。招标人也可不组织现场踏勘。

施工现场考察是投标者必须经过的投标程序。按照国际惯例，投标者提出的报价单一般被认为是在现场考察的基础上编制的。一旦报价单提出之后，投标者就无权因为现场勘察不周、情况了解不细或因素考虑不全而提出修改投标、调整报价或补偿等要求。

3. 分析招标文件、核算工程量、编制施工规划

(1)分析招标文件。分析招标文件，重点应该放在投标者须知、合同条件、设计图纸、工程范围，以及工程量清单上。作为一名有经验的专家，施工投标中要注意将招标文件中的各项规定和过去承担过的项目合同逐一进行比较，发现其规定上的差异，并逐条做好记录。如技术规范中的质量标准和过去合同中的规定相比有什么提高，合同条款中关于各种风险的规定与过去相比有什么差异等。

(2)核算工程量。招标文件中的工程量清单是投标价的主要依据。工程量清单中的工程量只是一个暂估数量，只作为投标人编制综合单价的量。合同实施结算时，应按照实际发生并经招标人、监理机构的工程师签认的实际工程量进行决算。但投标人投标前对工程量的核对，可以预先知晓在实际施工时会增加的分部分项工程项目，为不平衡报价做好铺垫。

(3)编制施工规划。由于施工规划对于投标报价影响很大，因此，在投标活动中，投标人必须编制施工规划。施工规划的内容一般包括施工方案和施工方法、施工进度计划、施工机械计划、材料设备计划和劳动力计划，以及临时生产、生活设施。制定施工规划的依据是设计图纸、执行的规范、经复核的工程量、招标文件要求的开竣工日期，以及对市场材料、设备、劳动力价格的调查。编制的原则是在保证工期和工程质量的前提下，如何使成本最低、利润最大。

4. 投标报价的计算

投标报价是投标人承包项目工程的总报价。对一般项目合同而言，在能够满足招标文件实质性要求的前提下，招标人以投标人报价作为主要标准来选择中标人。所以，投标成败的关键就是确定一个合适的投标报价。

为了规范建设工程投标报价的计价行为，统一建设工程工程量清单的编制和计价方法，维护招标人（业主）和投标人（承包商）的合法权益，促进建筑市场的市场化进程，根据《招标投标法》《建筑工程施工发包与承包计价管理办法》《建设工程工程量清单计价规范》（GB 50500—2013）等规定，我国建设工程招标投标中的投标报价活动，全面推进建设工程工程量清单计价的报价方法。

工程投标报价的计算

招标人（业主）必须按照计价规范的规定编制建设工程工程量清单，并列入招标文件中提供给投标人（承包商）；投标人（承包商）必须按照规范的要求填报工程量清单计价表并据此进行投标报价，投标报价文件（即工程量清单计价表）的填报编制是以招标文件、合同条件、工程量清单、施工设计图纸、国家技术和经济规范及标准、投标人确定的施工组织设计或施工方案为依据，根据省、市、区等现行的建筑工程消耗量定额、企业定额及市场信息价格，并结合企业的技术水平和管理水平等自主确定。

5. 编制投标文件

确定投标报价后，投标人应按招标文件规定的要求编制投标文件，一般不能带有任何附加条件，否则可能导致废标。

6. 编制备忘录提要

招标文件中一般都明确规定，不允许投标者对招标文件的各项要求进行随意取舍、修改或提出保留。但是在投标过程中，投标者对招标文件反复深入地进行研究后，往往会发现很多问题，具体可归纳为以下几个方面：

工程投标书主要内容

（1）对投标者有利的，可以在投标时加以利用或在以后提出索赔要求的，这类问题投标者一般在投标时是不提的。

（2）发现的错误明显对投标者不利的，如总价包干合同工程项目漏项或是工程量偏低，这类问题投标者应及时向业主提出质询，要求业主更正。

（3）投标者企图通过修改某些招标文件的条款或是希望补充某些规定，以使自己在合同实施时能处于主动地位的问题。

7. 投标文件的递送

投标人完成投标文件的编制后，应按照招标文件规定的地点、时间送交投标文件，办理招标人签收手续。递送投标文件前，要认真检查投标文件，不能遗漏签名、盖章，保证投标文件形式与招标文件要求一致，确认无误后进行封装。

投标人在招标截止日期前可以修改、补充已经递送的投标文件，更改的内容须以正式函件的方式通知招标人，变更内容将视为已经递送的投标文件的组成部分。投标人的投标文件在投标截止日期以后送达的，将被招标人拒收。

2013 年 9 月 25 日，某市地震局要建设一栋地震监测预报大楼，大楼建筑面积为 4 000 m²，连体附属 3 层停车楼一座，总造价为 2 100 万元。工程采用招标方式进行发包。由于地震监测大楼在设计上要求比较复杂，根据当地建设局的建议并经建设单位常委会研究决定，对参加投标单位的主体要求是最低不得低于二级资质。经过公开招标，由 A 和 B 参加了投标，两个投标单位在施工资质、施工力量、施工工艺和水平以及社会信誉上都相差不大，地震局的领导以及招标工作领导小组的成员对究竟选择哪一家作为中标单位也是存在分歧。

正在局领导犹豫不决时，有单位 C 参与其中，C 单位的法定代表人是地震局某主要领导的亲戚，但是其施工资质却是三级，经 C 单位的法定代表人的私下活动，局常委会同意让 C 与 A 联合承包工程，并明确向 A 暗示，如果不接受这个投标方案，则该工程的中标将授予 B 单位。A 为了获得该项工程，同意了与 C 联合承包该工程，并同意将停车楼交给 C 单位施工。于是 A 和 C 联合投标获得成功。A 与地震局签订了《建设工程施工合同》，A 与 C 也签订了联合承包工程的协议。

[问题]：

1. 在上述招标过程中，地震局作为该项目的建设单位其行为是否合法？

2. 从上述背景资料来看，A 和 C 组成的投标联合体是否有效？为什么？

3. 通常情况下，招标人和投标人串通投标的行为有哪些表现形式？

[问题分析]：

问题 1：不合法。地震局作为该项目的建设单位，为了照顾某些个人关系，指使 A 和 C 强行联合，并最终排斥了 B 可能中标的机会，构成了不正当竞争，违反了《中华人民共和国招标投标法》(以下简称《招标投标法》)中关于不得强制投标人组成联合体共同投标，不得限制投标人之间的竞争的强制性规定。

问题 2：A 和 C 组成的投标联合体无效。根据《招标投标法》第三十一条的规定，两个以上法人或者其他组织可以组成一个联合体，以一个投标人的身份共同投标。联合体各方均应当具备承担招标项目的相应能力；国家有关规定或者招标文件对投标人资格条件有规定的，联合体各方均应当具备规定的相应资格条件。由同一专业的单位组成的联合体，按照资质等级较低的单位确定资质等级。本案例中，A 和 C 组成的投标联合体不符合对投标单位主体资格条件的要求，所以是无效的。

问题 3：招标人与投标人串通投标的行为表现如下：

(1)招标人在开标前开启投标文件，并将投标情况告知其他投标人，或者协助投标人撤换投标文件，更改报价；

(2)招标人向投标人泄露标底；

(3)招标人与投标人商定，投标时压低或抬高标价，中标后再给投标人或招标人额外补偿；

(4)招标人预先内定中标人；

(5)其他串通投标行为。

任务拓展　　　　　　　　　　联合体投标

工程建设联合体投标是指两个或两个以上法人或者其他组织组成一个临时的工程建设

联合体组织，以一个投标人的身份共同投标的行为，联合体投标涉及诸多法律问题，如联合体的法律性质，投标联合体主体单位及各方的权利与义务，投标联合体的内外部关系和责任，招标人是否有权对联合体各方间的内部关系作出要求，招标人是否有权拒绝联合体投标等。

目前，建设市场全球化程度越来越高，工程建设项目投资规模越来越大，对专业技术水平的要求也越来越高，数家建筑企业组成联合体，以联合体的名义对某一工程进行投标，有利于填补企业资源和技术缺口、提高企业竞争力以及分散、降低企业经营风险，适应当前市场环境。

1. 工程建设联合体的法律性质

《招标投标法》第三十一条第一款规定"两个以上的法人或者其他组织可以组成一个联合体，以一个投标人的身份共同投标。"《工程建设项目施工招标投标办法》第四十二条第一款、《工程建设项目货物招标投标办法》第三十八条第一款作了相同的规定。《中华人民共和国建筑法》(以下简称《建筑法》)第二十七条则从承包的角度规定"大型建筑工程或者结构复杂的建筑工程，可以由两个以上承包单位联合共同承包。"在具体项目操作过程中，如果工程建设联合体中标，联合投标就转化成联合承包。

2. 工程建设联合体的法律特征

(1)主体的有条件性。《招标投标法》规定，联合体各方均应具备承担招标项目的相应能力；国家有关规定或者招标文件对投标人资格条件有规定的，联合体各方均应当具备规定的相应资格条件。法律或招标人对投标人的资格提出了明确要求，有兴趣的法人或其他组织应根据自身具备的资格、实力、专长，依据优势互补的原则，成立投标联合体，争取投标成功，联合体的成立应当满足一定的条件。

(2)组成的自主性。联合体应根据自主的原则组成，其行为属于各方自愿的、共同的法律行为，法律也没有赋予招标人强制要求投标人组成联合体的权利，是否组成联合体由联合体各方自己决定。《招标投标法》第三十一条第四款明确规定："招标人不得强制投标人组成联合体共同投标，不得限制投标人之间的竞争。"

(3)组织的临时性。工程建设联合体投标一般适用于大型建设项目和结构复杂的建设项目，在开标、评标、定标之后，如果联合体未中标，则联合体即解散；如果联合体中标，则联合体依照联合体协议确定的各方在招标项目中承担相应的工作和责任，在完成招标项目并经有关方面验收后解散，所以，联合体是一个临时性的组织，不具有法人资格。

3. 工程建设联合体主体单位及各成员方的权利、义务

(1)主体单位的权利、义务。工程建设联合体应当选择联合体一方为主体单位(或牵头单位)，主体单位的具体权利和义务内容因为招标工程项目以及联合体各方的千差万别而不可能由法律统一规定。通常情况下，主体单位可能享有以下几种权利：

1)主要的组织与管理权。此种权利的行使可能通过几种方式，如主体单位就招标的工程项目对其他各方直接行使组织与管理权，或者通过成立专门的组织管理机构而行使。

2)沟通与协调权。既包括与招标人的沟通与协调，也包括与联合体内部各方的沟通与协调。

3)收益权。这是指主体单位因其承担的组织、管理、沟通、协调等工作而较其他各方有更多的支出和成本而应得到的相应收益。

与其所享有的权利相对应，主体单位也应承担相应的义务：

1)承担投标联合体内部的组织管理和沟通协调工作的义务。

2)负担管理工作中的开支的主要部分或全部。

3)就招标的工程项目对招标人承担主要责任。

(2)各成员方的权利、义务。各成员方在完成工程建设任务过程中均应享有的权利包括：项目监督权、知情权、有关招标项目的信息共享权、收益权、项目分工中的协调权、损失追偿权、参与项目管理权等。

各方应承担的义务有：按期合格地完成所承担的项目任务并交付相应成果的义务。及时向主体单位及其他各方通报所承担的项目任务的进展和实施情况并送达必要文书的义务，支持和配合投标联合体各方顺利完成所承担的项目任务的义务、服从主体单位或组织管理机构统一协调和合理调配的义务、保密义务。

4. 工程建设联合体与招标人之间的外部关系和责任

工程建设联合体中标后，联合体各方共同就中标项目向招标人承担连带责任，即招标人有权要求联合体的任何一方履行全部合同义务，联合体的任何一方均不得以其内部联合体协议的约定来对抗招标人。工程建设联合体的合伙性决定了联合体各方对招标人就招标项目必须承担连带责任，这有利于联合体各方增强责任感，既要依据联合体内部协议完成自己的工作职责，又要互相监督协调，保证整体工程项目的合格。对于招标人而言，一旦招标的工程项目出现应由联合体承担的责任问题，他可以选择联合体中的任何一方或多方要求其承担部分或全部责任。

5. 工程建设联合体各方之间的内部关系和责任

联合体各方是由联合体协议联结在一起的合伙合同关系，联合体内部之间权利、义务、责任的承担等问题需要以联合体各方订立的协议为依据，按照协议的约定分享权利、分担义务。中标之前，联合体各成员之间有一个标前的共同投标协议，该协议作为投标文件附件一并提交给投标人；中标以后，联合体成员之间还可能制订更详细的联合体协议书，对将来可能出现的问题及处理原则一并写明。联合体内部事务均以依据共同签订的联合体协议加以解决，如果联合体一方对从招标人处取得的利益超过联合体协议约定的他方应得的利益，则该方有义务向联合体他方返还；如果联合体一方对招标人履行的义务超过联合体协议约定的他方应负的义务，则该方有权向联合体他方追偿。此时，外部连带债权债务关系消失，内部按份债权债务关系随之产生。

6. 招标人对工程建设联合体各方间内部关系的要求

工程建设联合体就其法律性质来说是联合体各方组成的合伙组织，而合伙组织成员间的权利义务关系是合伙组织的内部事务，由合伙协议来确定，一般来说，第三方无权对合伙组织成员之间的权利和义务关系作出要求。但工程建设投标联合体有其特殊性，其成立的有条件性和组织的临时性特点，本身就要求其自身的组成应当满足招标人对投标人的基本资格要求，同时也决定了该联合体是专为招标人招标的某项工程而设立，其内部的组成关系与其是否能正确完成工程建设有着密切的关系。因而实践中，招标人是否有权对联合体成员之间的内部关系提出要求不能一概而论。法律规定，由相同资质类别的单位组成的工程建设联合体应当按资质等级低的单位的业务许可或范围承揽工作，也就是说中标各单位都具备独立承担中标工程建设任务的能力，因而在这种情况下，招标人没有必要对联合体成员之间的任务分担作出要求；由资质类别不同的单位组成的联合体，应当各自按资质类别及等级的许可范围承担工作，在这种情况下从招标人的角度讲，一般会对各成员单位应当承担的工作按不同的资质类别及等级，要求在其联合体协议中明确约定下来。

7. 关于工程建设联合体参与投标的说明

对招标人是否有权拒绝联合体投标，法律未作规定，实践中部分招标公告明确规定"本工程不接受联合体投标"。招标人拒绝联合体投标的做法不太妥当。第一，强强联合可以使参与投标各方降低风险和成本，增加竞争力，而拒绝联合体投标则会使一些潜在投标人的竞争力下降，降低其中标的机会；第二，从法律法规的措辞来看，使用"可以组成一个联合体""可以联合共同承包"的表述，说明是否组成联合体是联合各参加方的权利；第三，两个以上资质类别相同但资质等级不同的单位组成的联合体，应当按照资质等级较低的单位确定联合体的资质等级，两个以上资质类别不同的单位组成的联合体，应当按照联合体的内部分工，各自按资质类别及等级的许可范围承担工作，联合只会提高中标人的履约能力，不会损害招标人的利益。

任务 3.2　建设工程投标决策

任务目标

通过本任务的学习，了解建设工程投标决策的概念及影响因素；熟悉建设工程投标策略分析；掌握建设工程投标技巧。

任务准备

3.2.1　投标决策的概念

决策是指为实现一定的目标，运用科学的方法，在若干可行方案中满意的行动方案的过程。投标决策即是寻找满意的投标方案的过程。工程投标决策是指建设工程承包商为实现其生产经营目标，针对建设工程招标项目，而寻求并实现最优化的投标行动方案的活动。

3.2.2　影响投标决策的因素

影响投标决策的因素主要包括企业内部因素和企业外部因素两个方面。

1. 企业内部因素

投标人自己的条件，是投标决策的决定性因素，主要从技术、经济、管理、企业信誉等方面去衡量，是否达到招标文件的要求，能否在竞争中取胜。影响投标决策的企业内部因素主要包括技术方面的实力、经济方面的实力、管理方面的实力和信誉方面的实力。

影响投标决策
的主要和典型因素

（1）技术方面的实力。

1）由精通本行业的估算师、建筑师、工程师、会计师和管理专家组成的组织机构。

2）有工程项目设计、施工专业特长，能解决技术难度大的问题和各类工程施工中的技术难题的能力。

3）具有同类工程的施工经验。

4）有一定技术实力的合作伙伴，如实力强的分包商、合营伙伴和代理人等。

技术实力是实现较低价格、较短工期、优良工程质量的保证，直接关系到企业投标中的竞争能力。

（2）经济方面的实力。

1）具有一定的垫付资金的能力。

2）具有一定的固定资产和机具设备并能投入所需资金。

3）具有一定的资金周转用来支付施工用款。因为，对已完成的工程量需要监理工程师确认并经过一定手续、一定时间后，才能将工程款拨入。

4）承担国际工程需筹集承包工程所需的外汇。

5）具有支付各种担保的能力。

6）具有纳税和支付各种保险的能力。

7）由于不可抗力带来的风险。即使是属于业主的风险，承包商也会有损失；如果不属于业主的风险，则承包商损失更大。要有财力承担不可抗力带来的风险。

8）承担国际工程往往需要重金聘请有丰富经验或有较高地位的代理人，也需要承包商具有这方面的支付能力。

（3）管理方面的实力。具有高素质的项目管理人员，特别是懂技术、会经营、善管理的项目经理人选。能够根据合同的要求，高效率地完成项目管理的各项目标，通过项目管理活动为企业创造较好的经济效益和社会效益。

（4）信誉方面的实力。承包商一定要有良好的信誉，这是投标中标的一条重要标准。要建立良好的信誉，就必须遵守法律和行政法规或按国际惯例办事。同时，要认真履约，保证工程的施工安全、工期和质量，而且各方面的实力要雄厚。

2. 企业外部因素

（1）业主和监理工程师的情况。主要应考虑业主的合法地位、支付能力、履约信誉；监理工程师处理问题的公正性、合理性及与本企业之间的关系等。

（2）竞争对手和竞争形势。是否投标应注意竞争对手的实力、优势及投标环境的优劣情况。另外，竞争对手的在建工程情况也十分重要。如果对手的在建工程即将完工，可能急于获得新承包项目心切，投标报价不会很高；如果对手在建工程规模大、时间长，如仍参加投标，则标价可能很高。从总的竞争形势来看，大型公司的承包公司技术水平高，善于管理大公司承包的可能性大，而当地中小型公司在当地有自己熟悉的材料、劳动力供应渠道，管理人员相对比较少，有自己惯用的特殊施工方法等优势。

（3）法律、法规的情况。对于国内工程承包，自然适用本国的法律和法规，而且其法制环境基本相同。因为我国的法律、法规具有统一或基本统一的特点。如果是国际工程承包，则有一个法律适用问题。

（4）风险问题。工程承包特别是国际工程承包，由于影响因素众多，因而存在很大的风险性，从来源的角度看风险可分为政治风险、经济风险、技术风险、商务及公共关系风险和管理方面的风险等。投标决策中，对拟投标项目的各种风险要进行深入研究，进行风险因素辨识，以便有效地规避各种风险，避免或减少经济损失。

3.2.3　投标策略分析

投标策略是指承包商在投标竞争中的指导思想、系统工作部署及其参与投标竞争的方式和手段。承包商参加投标竞争，能否战胜对手而获得施工合同，在很大程度上取决于自身能否运用正确、灵活的投标策略来指导投标全过程的活动。

工程投标决策和投标策略

施工企业在参加工程投标前，应根据招标工程情况和企业自身的实力，组织有关投标人员进行投标策略分析，其中包括企业目前经营状况和自身实力分析、对手分析和机会利益分析等。

投标决策是投标活动的首要环节，科学的投标决策是承包商战胜竞争对手，并取得较好的经济效益与社会效益的前提。

通常情况下，投标策略有以下几种：

(1)靠经营管理水平高取胜。这主要靠做好施工组织设计，采取合理的施工技术和施工机械，精心采购材料、设备，选择可靠的分包单位，安排紧凑的施工进度，力求节省管理费用等，从而有效地降低工程成本而获得较高的利润。

(2)靠改进设计取胜。即仔细研究原设计图纸，发现有不合理之处，提出能降低造价的措施。

(3)靠缩短建设工期取胜。即采取有效措施，在招标文件要求的工期基础上，再提出若干个月或若干天完工，从而使工程早投产、早收益。这也是吸引业主的一种策略。

(4)低利政策。主要适用于承包商任务不足时，与其坐吃山空，不如以低利承包到一些工程，这还是有利的。另外，承包商初到一个新的地区，为了打入这个地区的承包市场，建立信誉，也往往采用这种策略。

(5)虽报价低，却着眼于施工索赔，从而得到高额利润。即利用图纸、技术说明书与合同条款中不明确之处寻找索赔机会。一般索赔金额可达标价的 $10\%\sim20\%$。但是这种策略并不是所有工程均适用的。

(6)着眼发展，为争取将来的优势，宁愿目前少赚钱。承包商为了掌握某些有发展前途的工程施工技术(如建造核电站的反应堆或海洋工程等)，就可能采用这种有远见的策略。

以上各种策略不是互相排斥的，需要根据具体情况，综合、灵活运用。作为投标决策者，要对各种投标信息，包括主观因素和客观因素，进行认真、科学的综合分析，在此基础上选择投标对象，确定投标策略。总的来说，要选择与企业的装备条件和管理水平相适应，技术先进，业主的资信条件及合作关系较好，施工所需的材料、劳动力、水电供应等有保障，盈利可能性大的工程项目去参加竞标。

3.2.4　建设工程投标技巧

投标技巧是指投标人在投标报价中采用一定的手法和技巧，使招标人可以接受且中标后能获取较高的利润的方法。影响报价的因素很多，往往难以做定量的测算，因此为达到成功中标的目的，就需要进行定性分析，巧妙采用各种投标技巧，报出合理的报价。常用的投标报价技巧有以下几种。

1. 增加方案报价法

有时，招标文件中规定，可以提一个建议方案，或对于一些招标文件，如果发现工程范围不是很明确、条款不清楚或很不公正，或技术规范要求过于苛刻时，则要在充分估计风险的基础上，按多方案报价法处理。即按原招标文件报一个价，然后提出如果某条款做某些变动，报价可降低的额度。这样可以降低总价，吸引发包人。

投标者这时应组织一批有经验的设计师和施工工程师，对原招标文件的设计和施工方案仔细研究，提出更理想的方案以吸引发包人，促成自己的方案中标。这种新的建议可以降低总造价或提前竣工，或使工程运用更合理。但需要注意的是，对原招标方案一定也要报价，以供发包人比较。

增加建议方案时，不要将方案写得太具体，保留方案的技术关键，防止发包人将此方案交给其他承包人，同时要强调的是，建议方案一定要比较成熟，或过去有这方面的实践经验。因为投标时间往往较短，如果仅为中标而匆忙提出一些没有把握的建议方案，则可能引起很多后患。

2. 不平衡报价法

不平衡报价是指在总价基本确定的前提下，如何调整内部各个子项的报价，以期既不影响总报价，又在中标后投标人可尽早收回垫支于工程中的资金和获取较好的经济效益。但要注意避免不正常的调高或压低现象，避免失去中标机会。通常采用的不平衡报价有以下几种情况：

(1)对能早期结账收回工程款的项目(如土方、基础等)的单价可报以较高价，以利于资金周转；对后期项目(如装饰、电气设备安装等)单价可适当降低。

(2)估计今后工程量可能增加的项目，其单价可提高；而工程量可能减少的项目，其单价可降低。

但上述两点要统筹考虑。对于工程量有错误的早期工程，如不可能完成工程量表中的数量，则不能盲目抬高单价，需要具体分析后再确定。

(3)图纸内容不明确或有错误，估计修改后工程量要增加的，其单价可提高；而工程内容不明确的，其单价可降低。

(4)暂定项目又称任意项目或选择项目，对这类项目要做具体分析，因这类项目要开工后由发包人研究决定是否实施，由哪一家承包人实施。如果工程不分标，只由一家承包人施工，则其中肯定要做的单价可高些，不一定要做的则应低些。如果工程分标，该暂定项目也可能由其他承包人施工时，则不宜报高价，以免抬高总报价。

(5)单价包干混合制合同中，发包人要求有些项目采用包干报价时，宜报高价。一则这类项目多半有风险；二则这类项目在完成后可全部按报价结账，即可以全部结算。而其余单价项目则可适当降低。

(6)有的招标文件要求投标者对工程量大的项目报"单价分析表"，投标时可将单价分析表中的人工费及机械设备费报得较高，而材料费算得较低。这主要是为了在今后补充项目报价时可以参考选用"单价分析表"中较高的人工费和机构设备费，而材料费则往往采用市场价，因而可获得较高的收益。

(7)在议价时，承包人一般都要压低标价。这时应首先压低工程量小的单价，这样即使压低了很多个单价，总的标价也不会降低很多，而给发包人的感觉却是工程量清单上的单价大幅度下降，承包人很有让利的诚意。

(8)如果是单纯报计日工或计台班机械单价，可以高些，以便在日后发包人用工或使用机械时可多盈利。但如果计日工表中有一个假定的"名义工程量"时，则需要具体分析是否报高价，以免抬高总报价。总之，要分析发包人在开工后可能使用的计日工数量，然后确定报价技巧。

不平衡报价一定要建立在对工程量表中工程量风险仔细核对的基础上，特别是对于报低单价的项目，如工程量一旦增多，将造成承包人的重大损失。同时，一定要控制在合理幅度内(一般可在10%左右)，以免引起发包人反对，甚至导致废标。如果不注意这一点，有时发包人会挑选出报价过高的项目，要求投标者进行单价分析，而围绕单价分析中过高的内容压价，以致承包人得不偿失。

3. 突然袭击法

由于投标竞争激烈，为迷惑对方，有意泄露一些假情报，如不打算参加投标或准备投高标，表现出无利可图不干等假象，到投标截止之前几个小时，突然前往投标，并压低投标价，从而使对手措手不及而败北。

4. 先亏后盈法

对大型分期建设工程，在第一期工程投标时，可以将部分间接费分摊到第二期工程中去，少计算利润以争取中标。这样，在第二期工程投标时，凭借第一期工程的经验、临时设施，以及创立的信誉，比较容易拿到第二期工程。但第二期工程遥遥无期时，则不宜这样考虑，以免承担过高的风险。

5. 低投标价夺标法

低投标价夺标法是非常情况下采用的非常手段。例如，企业大量窝工，为减少亏损；或为打入某一建筑市场；或为挤走竞争对手保住自己的地盘，于是制定了严重亏损标，力争夺标。若企业无经济实力，信誉不佳，此法也不一定会有效。

6. 开标升级法

把报价视为协商过程，把工程中某项造价高的特殊工作内容从报价中减掉，使报价成为竞争对手无法相比的"低价"。利用这种"低价"来吸引发包人，从而取得与发包人进一步商谈的机会，在商谈过程中逐步提高价格。当发包人明白过来当初的"低价"实际上是个钓饵时，往往已经在时间上处于谈判弱势，丧失了与其他承包人谈判的机会。

任务实施

某投标单位参与某商用办公楼项目投标，为了既不影响中标又能在中标后取得良好的收益，决定采用不平衡报价法对原估价做适当调整，具体报价情况如下：

调整前后报价表　　　　　　　　　　　　　　　　　　万元

分部工程	桩基围护工程	主体结构工程	装饰工程	总价
调整前(投标估价)	1 480	6 600	7 200	15 280
调整后(正式报价)	1 600	7 200	6 480	15 280

现假设基础工程、主体结构工程和装饰工程的工期分别为 4 个月、12 个月和 8 个月，

贷款月利率为1%，各分部工程每月完成的工程量相同并能按月度及时拨付工程款。

现值系数表

n	4	8	12	16
$(P/A,1\%,n)$	3.902 0	7.651 7	11.255 1	14.717 9
$(P/F,1\%,n)$	0.961 0	0.923 5	0.887 4	0.852 8

[问题]：

1. 上述报价方案的调整是否合理？

2. 计算调价前后的工程款现值？

[问题分析]：

问题1：本案例中，投标人将前期的桩基围护工程和主体结构工程报价调高，而将后期的装饰工程报价调低，可以在施工的早期阶段收到较多的工程款，从而提高其所得工程款现值；而且调整幅度均为超过±10%，在合理范围之内，因此，该报价方案调整合理。

问题2：调整前：

桩基围护工程每月工程款 $A_1=1\,480/4=370$（万元）

主体结构工程每月工程款 $A_2=6\,600/12=550$（万元）

装饰工程每月工程款 $A_3=7\,200/8=900$（万元）

调整后的工程款现值：

$$PV_0=A_1(P/A,1\%,4)+A_2(P/A,1\%,12)(P/F,1\%,4)+A_3(P/A,1\%,8)$$
$$(P/F,1\%,16)$$
$$=370\times3.902\,0+550\times11.255\,1\times0.961\,0+900\times7.651\,7\times0.852\,8$$
$$=1\,443.74+5\,948.88+5\,872.83$$
$$=13\,265.45（万元）$$

调整后：

桩基围护工程每月工程款 $A_1'=1\,600/4=400$（万元）

主体结构工程每月工程款 $A_2'=7\,200/12=600$（万元）

装饰工程每月工程款 $A_3'=6\,480/8=810$（万元）

调整前的工程款现值：

$$PV=A_1'(P/A,1\%,4)+A_2'(P/A,1\%,12)(P/F,1\%,4)+A_3'(P/A,1\%,8)$$
$$(P/F,1\%,16)$$
$$=400\times3.902\,0+600\times11.255\,1\times0.961\,0+810\times7.651\,7\times0.852\,8$$
$$=1\,560.80+64\,898.69+5\,285.55$$
$$=13\,336.04（万元）$$

$$PV-PV_0=13\,336.04-13\,265.45=70.59（万元）$$

因此，投标人采用不平衡报价法后所得工程款现值差额为70.59万元。

任务拓展 　　　　　　扩大标价法与无利润投标法

1. 扩大标价法

扩大标价法是投标人针对招标项目中的某些要求不明确、工程量出入较大等有可能承担重大风险的部分提高报价,从而规避意外损失的一种投标技巧。例如,在建设工程施工投标中,校核工程量清单时发现某些分部分项工程的工程量,图纸与工程量清单有较大的差异,并且业主不同意调整,而投标人也不愿意让利的情况下,就可对有差异部分采用扩大标价法报价,其余部分仍按原定策略报价。

2. 无利润投标法

无利润投标法常用于以下几种情况:

(1)对于分期建设的项目,先以低价获得首期项目,而后赢得机会创造第二期工程中的竞争优势,并在以后的实施中赚得利润。

(2)某些施工企业其投标的目的不在于从当前的工程上获利,而是着眼于长远的发展。如为了开辟市场、掌握某种有发展前途的工程施工技术等。韩国 LG 电梯为了进入大连市场,在大连广电中心的电梯投标报价中,赠送建设单位四部电梯,可以说是"零报价"。

(3)在一定的时期内,施工单位没有在建的工程,如果再不得标,就难以维护生存。所以,在报价中可能只要一定的管理费用,以维持公司的日常运转,渡过暂时的难关后,再图发展。

任务 3.3 建设工程投标报价

> **任务目标**
>
> 通过本任务的学习,了解建设工程投标报价的一般规定;熟悉建设工程投标报价的主要依据及原则;掌握建设工程投标报价的内容、编制方法及审核。

任务准备

投标报价是投标书的核心组成部分,招标人往往将投标人的报价作为主要标准来选择中标人,同时,也是招标人与中标人就工程标价进行谈判的基础。

3.3.1 建设工程投标报价的一般规定

(1)投标价应由投标人或受其委托具有相应资质的工程造价咨询人编制。

(2)投标人应依据《建设工程工程量清单计价规范》(GB 50500—2013)的规定自主确定投标报价。

(3)投标报价不得低于工程成本。

(4)投标人必须按招标工程量清单填报价格。项目编码、项目名称、项目特征、计量单位、工程量必须与招标工程量清单一致。

(5)投标人的投标报价高于招标控制价的应予废标。

投标报价的概念
和编制原则

投标报价管理规定

3.3.2　建设工程投标报价的依据

(1)《建设工程工程量清单计价规范》(GB 50500—2013);

(2)国家或省级、行业建设主管部门颁发的计价办法;

(3)企业定额，国家或省级、行业建设主管部门颁发的计价定额和计价办法;

(4)招标文件、招标工程量清单及其补充通知、答疑纪要;

(5)建设工程设计文件及相关资料;

(6)施工现场情况、工程特点及投标时拟定的施工组织设计或施工方案;

(7)与建设项目相关的标准、规范等技术资料;

(8)市场价格信息或工程造价管理机构发布的工程造价信息;

(9)其他的相关资料。

3.3.3　建设工程投标报价的步骤

做好投标报价工作，需充分了解招标文件的全部含义，采用已熟悉的投标报价程序和方法。应对招标文件有一个系统而完整的理解，从合同条件到技术规范、工程设计图纸，从工程量清单到具体投标书和报价单的要求，都要严肃、认真对待。其步骤一般如下：

(1)熟悉招标文件，对工程项目进行调查与现场考察。

(2)结合工程项目的特点、竞争对手的实力和本企业的自身状况、经验、习惯，制定投标策略。

(3)核算招标项目实际工程量。

(4)编制施工组织设计。

(5)考虑工程承包市场的行情，以及人工、机械及材料供应的费用，计算分项工程直接费。

(6)分摊项目费用，编制单价分析表。

(7)计算投标基础价。

(8)根据企业的施工管理水平、工程经验与信誉、技术能力与机械装备能力、财务应变能力、抵御风险能力、降低工程成本增加经济效益的能力等进行获胜分析、盈亏分析。

(9)提出备选投标报价方案。

(10)编制出合理的报价，以争取中标。

3.3.4　建设工程投标报价的编制方法

目前，常用的投标报价方式有两种：一是按工程预算的方法编制，即投标人按照预算编制规定先计算工程量，再以政府主管部门批准的各种定额为依据计算直接费、间接费、利润和税金等费用，最后考虑一定的浮动率，确定总价；二是工程量清单报价法，即投标人针对招标人提供的工程量清单填报工程的单价、合价和总价。采用不同的报价方法，投标报价的组成和计算也有所不同。

投标报价决策

1. 按工程预算的方法编制

按工程预算的方法编制投标报价，是国内招标工程投标比较流行的做法。采用这种方法编制的投标报价，在费用组成上与工程预算文件中的费用构成基本一致。但严格来讲，投标报价和工程预算并不是一回事。一是工程预算的内容比较规范，其中各种费用都要按规定的费率和定额进行计算，不能随意变更，而投标报价则可根据承包商的实际情况进行计算，可以考虑承包中的风险，在工程预算基础上浮动，此时的定额是参考要素之一；二是工程预算文件编制完成后，主要用于对投资的控制，而投标报价只用于投标，二者的性质和用途完全不同。

按工程预算的方法编制的投标报价，其费用由人工费、材料(包含工程设备)费、施工机具使用费、企业管理费、利润、规费和税金组成。

(1)人工费。人工费是指按工资总额构成规定，支付给从事建筑安装工程施工的生产工人和附属生产单位工人的各项费用。其内容包括：

1)计时工资或计件工资。

2)奖金。

3)津贴补贴。

4)加班加点工资。

5)特殊情况下支付的工资。

(2)材料费。材料费是指施工过程中耗费的原材料、辅助材料、构配件、零件、半成品或成品、工程设备的费用。其内容包括：

1)材料原价。

2)运杂费。

3)运输损耗费。

4)采购及保管费。

(3)施工机具使用费。施工机具使用费是指施工作业所发生的施工机械使用费、仪器仪表使用费或其租赁费。

1)施工机械使用费以施工机械台班耗用量乘以施工机械台班单价表示，施工机械台班单价应由下列七项费用组成：

①折旧费。

②大修理费。

③经常修理费。

④安拆费及场外运费。

⑤人工费。

⑥燃料动力费。

⑦税费。

2)仪器仪表使用费是指工程施工所需使用的仪器仪表的摊销及维修费用。

(4)企业管理费。企业管理费是指建筑安装企业组织施工生产和经营管理所需的费用。其内容包括：

1)管理人员工资。

2)办公费。

3)差旅交通费。

4)固定资产使用费。

5)工具用具使用费。

6)劳动保险和职工福利费。

7)劳动保护费。

8)检验试验费。

9)工会经费。

10)职工教育经费。

11)财产保险费。

12)财务费。

13)税金。

14)其他。

(5)利润。利润是指施工企业完成所承包工程获得的盈利。

(6)规费。规费是指按国家法律、法规规定，由省级政府和省级有关权力部门规定必须缴纳或计取的费用。其内容包括：

1)社会保险费。包括养老保险费、失业保险费、医疗保险费、生育保险费、工伤保险费。

2)住房公积金，是指企业按规定标准为职工缴纳的住房公积金。

3)工程排污费，是指按规定缴纳的施工现场工程排污费。

其他应列而未列入的规费，按实际发生计取。

(7)税金。税金是指按照国家税法规定的应计入建筑安装工程造价内的增值税额，按税前造价乘以增值税税率确定。当采用一般计税方法时，建筑业增值税税率为11％。计算公式为

$$增值税＝税前造价×11％$$

税前造价为人工费、材料费、施工机具使用费、企业管理费、利润和规费之和，各费用项目均以不包含增值税可抵扣进项税额的价格计算。

2. 工程量清单报价法

在工程量清单报价法中，除《建设工程工程量清单计价规范》(GB 50500—2013)的强制性规定外，投标价由投标人自主确定，但不得低于成本价。

投标人应按招标人提供的工程量清单填报价格。填写的项目编码、项目名称、项目特征、计量单位、工程量必须与招标人提供的一致。

采用工程量清单报价法编制的投标总价，应当与分部分项工程费、措施项目费、其他

项目费和规费、税金的合计金额一致。

采用工程量清单计价，工程总价由分部分项工程费、措施项目费、其他项目费、规费和税金组成。

（1）分部分项工程费。分部分项工程费应依据《建设工程工程量清单计价规范》（GB 50500—2013）第2.0.8条综合单价的组成内容，按招标文件中分部分项工程量清单项目的特征描述确定综合单价计算。

招标文件中提供了暂估单价的材料，按暂估的单价计入综合单价。

投标报价编制说明

（2）措施项目费。措施项目清单必须根据相关工程现行国家计量规范的规定编制；措施项目清单应根据拟建工程的实际情况列项。

措施项目费应按招标文件中的措施项目清单及投标拟定的施工组织设计或施工方案按相关规定自主确定。

（3）其他项目费。其他项目费应按下列规定报价：

1）暂列金额应按招标人在其他项目清单中列出的金额填写；

2）材料暂估价应按招标人在其他项目清单中列出的单价计入综合单价；专业工程暂估价应按招标人在其他项目清单中列出的金额填写；

3）计日工按招标人在其他项目清单中列出的项目和数量，自主确定综合单价并计算计日工费用；

4）总包服务费根据招标文件中列出的内容和提出的要求自主确定。

（4）规费和税金。规费是指根据省级政府或省级有关权力部门规定必须缴纳的应计入建筑安装工程造价的费用；税金是指按国家税法规定的应计入建筑按照工程造价内的增值税、城市维护建设税以及教育费附加等。在招标报价时必须按照国家或省级、行业建设主管部门的规定计算税金。规费和税金按相关规定来确定。

任务实施

2012年2月，A房地产开发有限公司对其开发的某小区项目"金花米黄"等五大类石材采购进行了公开招标。A房地产公司对石材采购的种类、数量及质量要求在招标文件中作了明确的要求，要求通过投标资格审查的投标单位进行现场竞价，竞价采用降价竞价方式，按价低者得的原则确定中标人，同时招标文件规定确定中标人后，中标人须在现场与招标人签订《中标确认书》，中标人须在签订《中标确认书》次日起7日内与招标人签订《采购合同书》。

2012年3月2日，5家投标单位参加了石材的投标。B石业有限公司初始报价4 571 500元，经现场几轮竞价，B公司最终以1 410 000元报价成为所有投标单位中最低报价单位。经过评比，A房地产公司认为B公司的报价最低，初步决定让B公司中标，但现场没有签发中标通知书。随后，A公司办理内部投标文件及合同签订等审批事宜，法律顾问在审核B公司的报价资料时发现：B公司其中一项"金花米黄"石材初始报价为480元/平方米，供应数量2 800平方米，总价1 344 000元，而最后一轮报价仅为10元/平方米，供应数量不变，总价仅为28 000元，前后报价相差近98%。

法律顾问随即提出质疑并出具法律意见：根据《招标投标法》第三十三条，供货人若以低于成本价与采购人签订采购合同违反了法律规定，签订的合同有显失公平之嫌并可能导致合同无效，若按此价格履约，供货人在最后结算时有可能通过司法程序申请该项价格结算的约定无效，并要求专业机构对供货价格进行重新鉴定从而要求采购方按定额价或市场价进行重新核算。

A 公司随即向 B 公司提出要求：要求 B 公司提供书面材料证明其投标报价符合《招标投标法》第三十三条的规定，如 B 公司不能提供充分的证据证明其报价不低于社会平均成本，则 A 公司将依法重新选定符合法律规定的中标人。B 公司认为其总报价符合 A 的中标要求，其全部供货的平均价格不低于成本，另根据最高人民法院《关于适用〈中华人民共和国合同法〉若干问题的解释(二)》，即使 A 不与其签订书面合同，双方的合同关系也已成立，若 A 不同意 B 公司供货，B 将追究 A 公司的违约责任。

由此，双方形成争议，合同迟迟没有签订，A 公司单方宣布本次招标无效，另行招标。

[问题]：

1. 法律为什么要禁止投标人以低于成本的报价竞争？

2. 低于成本的报价中标后可能产生什么法律后果？

3. 如何防范供货商低于成本的报价竞争？

4. 中标通知书的相关法律问题有哪些？

5. 招标人过失行为有哪些法律责任及问题？

6. 缺陷招标有哪些含义？本案有怎样的意义？

问题 1：《招标投标法》中第三十三条规定："投标人不得以低于成本的报价竞标。"这里所讲的低于成本，是指低于投标人的为完成投标项目所需支出的个别成本。由于每个投标人的管理水平、技术能力与条件不同，即使完成同样的招标项目，其个别成本也不可能完全相同，管理水平高、技术先进的投标人，生产、经营成本低，有条件以较低的报价参加投标竞争，这是其竞争实力强的表现。实行招标采购的目的，正是为了通过投标人之间的竞争，特别在投标报价方面的竞争，择优选择中标者，因此，只要投标人的报价不低于自身的个别成本，即使是低于行业平均成本，也是完全可以的。但是，按照《招标投标法》第三十三条的规定，禁止投标人以低于其自身完成投标项目所需的成本的报价进行投标竞争。法律作出这一规定的主要目的有二：一是为了避免出现投标人在以低于成本的报价中标后，再以粗制滥造、偷工减料等违法手段不正当地降低成本，挽回其低价中标的损失，给工程质量造成危害；二是为了维护正常的投标竞争秩序，防止产生投标人以低于其成本的报价进行不正当竞争，损害其他以合理报价进行竞争的投标人的利益。至于对"低于成本的报价"的判定，在实践中是比较复杂的问题，需要根据每个投标人的不同情况加以确定。

从竞争的角度来看，以低于成本价的报价投标，似乎也有不正当竞争之嫌。《中华人民共和国反不正当竞争法》第十一条规定："经营者不得以排挤竞争对手为目的，以低于成本的价格销售商品。"这里所说的销售商品，指的是销售有形的商品，但施工企业提供工程建设服务，"销售"的虽然是无形的商品(施工服务工作)，但适用本条处理类似纠纷仍不失妥当。

问题 2：根据《招标投标法》第三十三条，供货人若以低于成本价与采购人签订采购合同则违反了法律规定，签订的合同有显失公平之嫌并可能导致合同无效，供货人还可通过司法部门申请专业机构对供货价格进行重新鉴定从而要求采购方按定额价或市场价进行结算。

问题 3：成本报价要考虑社会的平均成本和企业个别成本，这是判定投标报价是否合理的基本依据。成本是构成价格的主要部分，是投标商估算投标价格的依据和最低的经济界限，在考察投标人的投标价是否低于成本，必须以社会平均成本和企业个别成本来计算，而不能以单个投标商的成本来作为标准。如对方不能提供充分的证据证明其报价高于社会平均成本，则可终止与其合作。

招标前请专门的评审单位对工程造价进行评估，把这个评估价作为标准价（或成本价）供评标时参考，并且严格保密，直到评标开始后才能公开。评标时，若有供应商的投标报价低于标准价（成本价）的10%（或15%），即被评委宣布废标，当然，这必须在招标文件中予以约定，供应商前来投标即视为接受约定。

也可在招标文件中约定，去掉最高价和最低价后所有报价的平均值为参考标准价（成本价），评标时，若有供应商的投标报价低于标准价（成本价）的10%（或15%），即被评委宣布废标，当然，这也必须在招标文件中予以约定，供应商前来投标即视为接受约定。

问题4：《招标投标法》第四十五条规定，中标人确定后，招标人应当向中标人发出中标通知书，并同时将中标结果通知所有未中标的投标人。中标通知书对招标人和中标人具有法律效力。中标通知发出后，招标人改变中标结果的，或者中标人放弃中标项目的，应当依法承担法律责任。

问题5：建设工程招标投标实践中，因招标人原因导致招标工作失败，给投标人造成损失的，招标人是否赔偿损失？如果要赔偿，如何赔偿？如果不赔偿那么因招标人设置不恰当招标条件或不恰当评标标准、方法，给投标人造成损失的，招标人是否赔偿损失？

问题6：在正常情况下，合同的内容都应当在招标文件和投标文件中体现出来。但是，在这一过程中，招标人处于主动地位，投标人只是按照招标文件的要求编制投标文件。如果投标文件不符合招标文件的要求，则应当是废标。因此，一旦出现招标文件和投标文件都没有约定合同内容的情况，应当属于招标文件的缺陷。

工程投标报价计算

任务拓展 《建设工程工程量清单计价规范》（GB 50500—2013）简介

本规范是为规范建设工程造价计价行为，统一建设工程计价文件的编制原则和计价方法，根据《中华人民共和国建筑法》《中华人民共和国合同法》《中华人民共和国招标投标法》等法律以及最高人民法院《关于审理建设工程施工合同纠纷案件适用法律问题的解释》（法释〔2004〕14号），按照我国工程造价管理改革的总体目标，本着国家宏观调控、市场竞争形成价格的原则制定的。

本规范总结了《建设工程工程量清单计价规范》（GB 50500—2008）实施以来的经验，针对执行中存在的问题，特别是清理拖欠工程款工作中普遍反映的，在工程实施阶段中，有关工程价款调整、支付、结算等方面缺乏依据的问题，主要修编了原规范正文中不尽合理、可操作性不强的条款及表格格式，特别增加了采用工程量清单计价如何编制工程量清单和招标控制价、投标报价、合同价款约定以及工程计量与价款支付、工程价款调整、索赔、竣工结算、工程计价争议处理等内容，并增加了条文说明。

任务 3.4　建设工程投标文件的编制

　　通过本任务的学习，熟悉建设工程投标文件的组成及编制要求；掌握建设工程投标文件编制步骤及注意事项；了解建设工程投标文件的递交。

任务准备

　　编制投标书是投标工作的主要内容。一般业主出售标书以后，会很快召开由投标单位参加的标前会议并组织现场考查，以解答投标单位对标书及施工现场的疑问。所以，投标单位在购买标书后要抓紧时间认真阅读、反复研究招标文件，列出需要业主解答的问题清单和需要在工地现场调查了解的项目清单。

　　现场考查后要立即制订编标计划，明确人员分工，使整个编标过程按计划进行，以免造成前松后紧、粗制滥造。投标书的主要内容是工程预算标价和施工组织设计。

　　编制预算要注意如下问题：

　　(1)采用的定额要正确，业主没指定的，一般采用同行业国家最新定额。

　　(2)各项预算单价要考虑施工期间价格浮动因素。

　　(3)工程量以业主给定的工程量清单为准，即使发现有明显的错误，未经业主书面批准不得自行调整。

　　(4)预算编制完成后要经他人复核审查，不可有误。

　　(5)预备费、监理费、暂定金额等其他项目费用要按照招标文件要求列计。

　　(6)注意工程预算与施工组织设计相统一，施工方案是预算编制的必要依据，预算反过来又指导调整施工方案，两者是相互联系的统一体，不可分开单独编制。

3.4.1　建设工程投标文件的组成

　　建设工程投标文件是由一系列书面资料组成的。一般来说投标文件由下列内容组成：

　　(1)投标函及投标函附录。

　　(2)法定代表人身份证明或附有法定代表人身份证明的授权委托书。

　　(3)联合体协议书(如有)。

　　(4)投标保证金或保函。

　　(5)已标价工程量清单。

　　(6)施工组织设计。

　　(7)项目管理机构。

　　(8)拟分包项目情况表。

投标文件的组成及
资格审查资料范本

(9)资格审查资料。

(10)投标人须知前附表规定的其他材料。

3.4.2　建设工程投标文件的编制要求

(1)投标文件应按招标文件和《中华人民共和国标准施工招标文件(2007年版)》"投标文件格式"进行编写,如有必要,可以增加附页,作为投标文件的组成部分。其中,投标函附录在满足招标文件实质性要求的基础上,可以提出比招标文件要求更有利于招标人的承诺。

(2)投标文件应当对招标文件中有关工期、投标有效期、质量要求、技术标准和要求、招标范围等的实质性内容作出响应。

投标文件的编制办法

(3)投标文件应用不褪色的材料书写或打印,并由投标人的法定代表人或其委托代理人签字或盖单位章。委托代理人签字的,投标文件应附法定代表人签署的授权委托书。投标文件应尽量避免涂改、行间插字或删除。如果出现上述情况,改动之处应加盖单位章或由投标人的法定代表人或其授权的代理人签字确认。签字或盖章的具体要求见投标人须知前附表。

(4)投标文件正本一份,副本份数见投标人须知前附表。正本和副本的封面上应清楚地标记"正本"或"副本"的字样。当副本和正本不一致时,以正本为准。

(5)投标文件的正本与副本应分别装订成册,并编制目录,具体装订要求见投标人须知前附表。

3.4.3　建设工程投标文件的编制步骤

投标人在领取招标文件以后,就要进行投标文件的编制工作。编制投标文件的一般步骤如下:

(1)熟悉招标文件、图纸、资料,对图纸、资料有不清楚、不理解的地方时,可以书面或口头方式向招标人询问、澄清;

(2)参加招标人施工现场情况介绍和答疑会;

(3)调查当地材料的供应和价格情况;

(4)了解交通运输条件和有关事项;

(5)编制施工组织设计,复查、计算图纸工程量;

(6)编制或套用投标单价;

(7)计算取费标准或确定采用取费标准;

(8)计算投标造价;

(9)核对调整投标造价;

(10)确定投标报价。

3.4.4　建设工程投标文件编制的注意事项

(1)针对性。在评标过程中,有时会发现为了使标书比较"上规模",以体现投标人的水平，投标人把技术标做得很厚。而其中的内容往往都是对规范标准的成篇引用，或对其他项目标书的成篇抄袭，因而使标书毫无针对性。该有的内容没有，不必有的内容却充斥标书。这样的标书容易引起评标专家的反感，最终导致技术标严重失分。

（2）全面性。对技术标的评分标准一般都分为许多项目，这些项目都分别被赋予一定的评分分值。这就意味着这些项目不能发生缺项，一旦发生缺项，该项目就可能被评为零分，这样中标概率将会大大降低。

（3）先进性。技术标要获得高分，一般来说也不容易。没有技术亮点，没有特别吸引招标人的技术方案，是不大可能得高分的。因此，编制标书时，投标人应仔细分析招标人的热衷点，在这些点上采用先进的技术、设备、材料或工艺，使标书对招标人和评标专家产生更大的吸引力。

（4）可行性。技术标的内容最终都是要付诸实施的，因此，技术标应有较强的可行性。为了突出技术标的先进性，盲目提出不切实际的施工方案、设备计划，会给今后的具体实施带来困难，甚至导致建设单位或监理工程师提出违约指控。

（5）经济性。投标人参加投标承揽业务的最终目的都是获取最大的经济利益，而施工方案的经济性，直接关系到投标人的效益，因此必须十分慎重。另外，施工方案也是投标报价的一个重要影响因素，经济、合理的施工方案能降低投标报价，使报价更具竞争力。

3.4.5 建设工程投标文件的递交

递送投标文件也称递标，是指投标商在规定的投标截止日期之前，将准备妥的所有投标文件密封递送到招标单位的行为。

所有的投标文件必须经反复校核，审查并签字盖章，特别是投标授权书要由具有法人地位的公司总经理或董事长签署、盖章；投标保函在保证银行行长签字盖章后，还要由投标人签字确认。然后，按投标须知要求，认真、细致地分装密封包装起来，由投标人亲自在截标之前送交招标的收标单位；或者通过邮寄递交。邮寄递交要考虑路途的时间，并且注意投标文件的完整性，一次递交，以防因迟交或文件不完整而作废。

有许多工程项目的截止收标时间和开标时间几乎同时进行，交标后立即组织当场开标。迟交的标书即宣布为无效。因此，无论采用什么方法送交标书，一定要保证准时送达。对于已送出的标书若发现有错误要修改，可致函、发紧急电报或电传通知招标单位、修改或撤销投标书的通知不得迟于招标文件规定的截标时间。总而言之，要避免因为细节的疏忽与技术上的缺陷使投标文件失效或无利中标。

至于招标者，在收到投标商的投标文件后，应签收或通知投标商已收到其投标文件，并记录收到日期和时间；同时，在收到投标文件到开标之前，所有投标文件均不得启封，并应采取措施确保投标文件的安全。

3.4.6 建设工程施工投标文件格式

在建设工程施工投标过程中，应根据投标文件范本及工程实际编制投标文件。下面节选了某工程施工投标文件的部分内容，供学习和编写招标文件时参考。

_____（项目名称）_____标段施工招标

投 标 文 件

投标人：_____（盖单位章）
法定代表人或其委托代理人：_____（签字）
_____年_____月_____日

目　录

一、投标函及投标函附录

（一）投标函

致_____（招标人名称）：

1. 我方已仔细研究了_____（项目名称）_____标段施工招标文件的全部内容，愿意以人民币（大写）_____元（￥_____）的投标总报价，工期_____日历天，按合同约定实施和完成承包工程，修补工程中的任何缺陷，工程质量达到_____。

2. 我方承诺在投标有效期内不修改、撤销投标文件。

3. 随同本投标函提交投标保证金一份，金额为人民币（大写）_____元（￥_____）。

4．如我方中标：

(1)我方承诺在收到中标通知书后，在中标通知书规定的期限内与你方签订合同。

(2)随同本投标函递交的投标函附录属于合同文件的组成部分。

(3)我方承诺按照招标文件规定向你方递交履约担保。

(4)我方承诺在合同约定的期限内完成并移交全部合同工程。

5．_____(其他补充说明)。

投标人：_____(盖单位章)

法定代表人或其委托代理人：_____(签字)

地址：_____

网址：_____

电话：_____

传真：_____

邮政编码：_____

_____年_____月_____日

(二)投标函附录

序号	条款名称	合同条款号	约定内容	备注
1	项目经理	1.1.2.4	姓名：	
2	工期	1.1.4.3	天数：_____日历天	
3	缺陷责任期	1.1.4.5		
4	分包	4.3.4		
5	价格调整的差额计算	16.1.1	见价格指数权重表	
……	……	……		
……	……	……		

注：投标人投标时填入相应内容作承诺之用，应依据招标文件合同条款结合自己公司实力填写；或按照上述格式进行承诺。

投标人：_____(盖单位章)

法定代表人或委托代理人：_____(签字)

日期：_____年_____月_____日

二、法定代表人身份证明

投标人名称：_____

单位性质：_____

地址：_____

成立时间：_____年_____月_____日

经营期限：_____

姓名：_____性别：_____年龄：_____职务：_____

系_____(投标人名称)的法定代表人。

特此证明。
附：法定代表人身份证复印件

投标人：_____(盖单位章)

_____年_____月_____日

三、授权委托书

本人_____(姓名)系_____(投标人名称)的法定代表人，现委托_____(姓名)为我方代理人。代理人根据授权，以我方名义签署、澄清、说明、补正、递交、撤回、修改_____(项目名称)_____标段施工投标文件、签订合同和处理有关事宜，其法律后果由我方承担。

委托期限：_____

代理人无转委托权。

附：法定代表人身份证明

投标人：_____(盖单位章)

法定代表人：_____(签字)

身份证号码：_____

委托代理人：_____(签字)

身份证号码：_____

_____年_____月_____日

四、投标保证金

_____(招标人名称)：

本投标人自愿参加_____(项目名称)_____标段施工的投标，并按招标文件要求交纳投标保证金，金额为人民币(大写)_____元(¥_____)。

本投标人承诺所交纳投标保证金是从本公司基本账户以转账方式交纳的，若有虚假，由此引起的一切责任均由我公司承担。

附：(1)收据(招标人开具给投标人)复印件
(2)银行给投标人的转账回单复印件
(3)人民银行颁发的基本存款账户开户许可证复印件

投标人：_____(盖单位章)

法定代表人或其委托代理人：_____(签字)

_____年_____月_____日

五、已标价工程量清单(略)

六、施工组织设计

1. 编制依据

1.1　工程设计施工图纸及总平面图

1.2 对现场和周边环境的调查

1.3 现行国家和××省各种相关的施工操作规程、施工规范和施工质量验收标准

1.4 现行国家和××省关于建设工程施工安装技术法规和安装技术标准

1.5 国家工期定额和建设单位对本工程提出的施工工期及质量要求

1.6 本公司 ISO9002 国际质量体系标准，质量手册体系运行程序等

1.7 本公司有关施工技术、施工质量、安全生产技术管理、文明施工、环境保护等文件

1.8 工程规模、工程特点、各节点部位的技术要求、施工要点、类似工程的施工经验及公司的技术力量和机械装备

1.9 公司对本工程确立的施工质量、工期、安全生产、文明施工的管理目标

2. 工程概况

2.1 工程地点及地貌

工程紧靠南龙公路，交通十分便利，"三通一平"已经完成，场地比较开阔。

2.2 建筑形式

平面几何形状为"角尺"形，东西向长度为 40.27 m，南北向长度为 38.08 m；东侧面房为框架结构，西侧面房为混合结构，共计层数为五层。框架部分层高为 3.8 m，混合结构部分层高为 3.2 m，室内外高差为 0.6 m，总高度为 89 m（室外地坪至檐口标高）；建筑面积为 7 899.78 m^2。

2.3 工程结构

本工程分为东侧房和西侧房两部分，东侧房为四层框架结构，西侧房为五层混合结构，设计抗震设防烈度为 7 级，建筑场地类别按三类。

2.3.1 地基基础及地下室

基础采用震动沉管灌注桩（桩基施工已有专业施工单位完成）东侧房基础桩下为钢筋混凝土独立桩承台，桩承台之间有钢筋混凝土地梁连接，西侧房基础为条形有筋桩承台，基础承台及梁下均铺 100 厚素混凝土垫层，混凝土强度等级，基础垫层为 C10，±0.000 以下基础采用 C20 混凝土，砖基础为 MU10 标准砖，砂浆为 M7.5 水泥砂浆。

2.3.2 主体结构

该工程设计为框架填充墙与砖混结构两种结构形式。

(1)框架填充结构混凝土柱、梁均采用 C30，现浇板采用 C25，填充内外墙均采用 MU100 标准砖，M5.0 混合砂浆砌筑，柱与砌体连接处须沿墙高每隔 500 mm 设 2ϕ6 的拉结筋。

(2)混合结构混凝土构造柱，圈梁及现浇梁、板均采用 C20 混凝土。砖为 MU100 标准砖，M7.5 混合砂浆。

(3)沉降观察点设置：观察点作法参见相关标准图集。

2.4 工程装饰

2.4.1 屋面工程

(1)所有平屋面做法：20 厚 1∶2.5 水泥砂浆粉面且抹光，挤塑保温 25 厚，高分子卷材一层，20 厚 1∶2.5 水泥砂浆找平，高分子涂膜，20 厚水泥砂浆找平层。

(2)坡屋面做法：红色小型波形，20 厚 1∶3∶9 混合砂浆，15 厚 1∶2.5 水泥砂浆找平。

2.5 附表

2.5.1 拟投入本标段的主要施工设备表，见表3-1。

表 3-1 拟投入本标段的主要施工设备表

序号	设备名称	型号规格	数量	国别产地	制造年份	额定功率/kW	生产能力	用于施工部位	备注
1	反铲挖掘机	WZ—100	1	上海	2002				
2	卷扬机	1 T	1	杭州	2009	3			
3	对焊机	Un—100	1	上海	2006	100			
4	电焊机	Qz250	2	上海	2001	16			
5	钢筋弯曲机	WJ40—1	1	河南	2010	2.8			
6	钢筋切割机	Qj40—1	1	河南	2009	5.5			
7	混凝土搅拌机	Jz350	1	杭州	2003	5.5			
8	砂浆机	Vj200	1	杭州	2002	5.5			
9	插入式振动机	Z70x—4w	1	金华	2001	1.2			
10	木工圆锯机	Mj104	1	金华	2010	1.2			
11	刨板机	Mb1043	2	安徽	2009	1.2			
12	水泵	Qy15	2	安徽	2008	2.2			

注：最高用电量为 259 kW。

2.5.2 劳动力计划表，表3-2。

表 3-2 劳动力计划表   人

工种	按工程施工阶段投入劳动力情况		
	前期	中期	后期
泥工	3	3	0
木工	3	3	5
钢筋工	3	1	0
架子工	2	0	2
机械工	3	3	1
管道工	2	2	0
电工	2	2	2
油漆工	0	0	3
普工	2	2	2
合计	20	16	15

2.5.3 临时用地表，见表 3-3。

表 3-3　临时用地表

序号	用途	面积/平方米	位置	需用时间
1	二层现场办公室	75		
2	木工棚	75		
3	钢筋工棚	100		
4	门卫	16		
5	钢筋模板堆场	50		
6	砂石堆场	100		
7	砖堆场	100		
8	水泥仓库	50		
9	临时用电	16		

七、项目管理机构

1. 项目管理机构组成表，见表 3-4。

表 3-4　项目管理机构组成表

职务	姓名	职称	执业或职业资格证明					备注
			证书名称	级别	证号	专业	养老保险	

2. 主要人员简历表，见表 3-5。

表 3-5　主要人员简历表

姓名		年龄		学历		
职称		职务		拟在本合同任职		
毕业学校	年毕业于		学校	专业		
主要工作经历						
时间	参加过的类似项目		担任职务		发包人及联系电话	

注：1. "主要人员简历表"中的项目经理应附项目经理证、身份证、职称证、学历证、养老保险复印件，管理过的项目业绩须附合同协议书复印件；技术负责人应附身份证、职称证、学历证、养老保险复印件，管理过的项目业绩须附证明其所任技术职务的企业文件或用户证明；其他主要人员应附职称证(执业证或上岗证书)、养老保险复印件。如不实，属于弄虚作假，取消中标资格。
2. 主要人员的养老保险是指主要人员在该投标人单位的养老保险缴纳凭证或由社保部门出具的主要人员在该投标人单位参保的证明。

八、拟分包项目情况表

拟分包项目情况表，见表 3-6(本项目不适用，投标人在投标时可不附此表)。

表 3-6　拟分包项目情况表

分包人名称		地址		
法定代表人		电话		
营业执照号码		资质等级		
拟分包的工程项目	主要内容	预计造价/万元	已经做过的类似工程	

注：附分包人的营业执照副本、资质证书副本复印件。

九、资格审查资料

1. 投标人基本情况表(表 3-7)。

表 3-7　投标人基本情况表

投标人名称					
注册地址				邮政编码	
联系方式	联系人			电话	
	传真			网址	
组织结构					
法定代表人	姓名		技术职称		电话
技术负责人	姓名		技术职称		电话
成立时间			员工总人数:		
企业资质等级		其中	项目经理		
营业执照号			高级职称人员		
注册资金			中级职称人员		
开户银行			初级职称人员		
账号			技工		
经营范围					
备注					

2. 近 3 个年度财务状况表

(1)开户银行情况,见表 3-8。

表 3-8　开户银行情况

开户银行	名称:	
	地址:	
	电话:	联系人及职务:
	传真:	电传:

(2)近三年每年的财务情况,见表 3-9。

表 3-9　近三年每年的财务情况　　　　　　　　　　　　元

财务状况	近三年		
	2012 年	2013 年	2014 年
1 总资产			
2 流动资产			
3 总负债			
4 流动负债			
5 税前利润			
6 税后利润			

3. 近 3 年完成的类似项目情况表（表 3-10）。

表 3-10　近 3 年完成的类似项目情况表

项目名称	
项目所在地	
发包人名称	
发包人地址	
发包人电话	
合同价格	
开工日期	
竣工日期	
承担的工作	
工程质量	
项目负责人	
技术负责人	
总监理工程师及电话	
项目描述	
备注	

4. 正在施工和新承接的项目情况表（表 3-11）。

表 3-11　正在施工和新承接的项目情况表

项目名称	
项目所在地	
发包人名称	
发包人地址	
发包人电话	
签约合同价	
开工日期	
计划竣工日期	
承担的工作	
工程质量	
项目负责人	
技术负责人	
总监理工程师及电话	
项目描述	
备注	

5. 近 3 年发生的诉讼及仲裁情况(表 3-12)。

表 3-12　近 3 年发生的诉讼及仲裁情况

序号	案由	双方当事人名称	处理结果或进展情况

注：(1)本表为调查表。不得因投标人发生过诉讼及仲裁事项作为废标处理或作为量化因素或评分因素，除非其中的内容涉及其他规定的评标标准，或导致中标后合同不能履行。

(2)诉讼及仲裁情况是指发生于工程建设项目招投标和中标合同履行过程中发生的诉讼及仲裁事项，以及投标人认为对其生产经营活动产生重大影响的其他诉讼及仲裁事项。

(3)诉讼包括民事诉讼和行政诉讼；仲裁是指争议双方的当事人自愿将他们之间的纠纷提交仲裁机构，由仲裁机构以第三者的身份进行裁决。

(4)"案由"是事情的缘由、名称、由来，当事人争议法律关系的类别，或诉讼仲裁情况的内容提要。如"工程款结算纠纷"。

(5)"双方当事人名称"是指投标人在诉讼、仲裁中原告(申请人)、被告(被申请人)或第三人的单位名称。

(6)诉讼、仲裁的起算时间为提起诉讼、仲裁被受理的时间，或收到法院、仲裁机构诉讼、仲裁文书的时间。

(7)诉讼、仲裁已有处理结果的，应附材料见第二章"投标人须知"3.5.5；还没有处理结果，应说明进展情况，如某某人民法院于某年某月某日已经受理。

(8)如近 3 年没有发生的诉讼及仲裁情况，投标人在编制投标文件时，删除表格，另声明："经本投标人认真核查，本投标人近 3 年没有发生诉讼及仲裁纠纷，如不实，构成虚假，自愿承担由此引起的法律责任。特此声明。"

6. 近 3 年向招投标行政监督部门提起的投诉情况(表 3-13)。

表 3-13 近 3 年向招投标行政监督部门提起的投诉情况

序号	投诉事由	受理机关及受理时间	处理结果或进展情况

注：(1)本表为调查表。不得因投标人提起过招投标投诉而作为废标处理或作为量化因素或评分因素，除非其中的内容涉及其他规定的评标标准，或导致中标后合同不能履行。

(2)按照《中华人民共和国招标投标法》的规定，投标人和其他利害关系人认为招标投标活动不符合本法有关规定的，有权向招标人提出异议或者依法向有关行政监督部门投诉。按照有关规定，任何单位和个人都可对包括招投标在内的违法违规问题反映情况，有关部门依职权进行查处。本项情况调查表只针对投标人和其他利害关系人依据《工程建设项目招标投标活动投诉处理办法》(国家发展改革委等 7 部委令 2004 年第 11 号)提起的投诉。

(3)招投标投诉的起算时间为招投标投诉被行政机关受理的时间。

(4)投诉已有处理结果的，应附投诉处理结果的文书复印件；还没有处理结果，应说明进展情况，如某某机关于某年某月某日已经受理。

(5)如近 3 年没有发生投标人向招投标行政监督部门投诉，投标人在编制投标文件时，删除表格，另声明：
"经本投标人认真核查，本投标人近 3 年在招投标活动中，没有发生过向招投标行政监督部门投诉的情况，如不实，构成虚假，自愿承担由此引起的法律责任。特此声明。"

十、其他材料

（一）……

（二）……

……

注：（1）招标人在编制招标文件时，除以上九项外，招标人还可以要求投标人提供其他材料，但不得与以上九项的内容及本招标文件列出的选择项中招标人没有选择的项重复和抵触。

（2）招标人不得要求与本项目招投标和履行合同无关的材料。

（3）招标人在招标文件中没有要求的材料，投标人不需要提供。投标文件不得夹带宣传性材料。

任务实施

某投资公司建设一幢办公楼，采用公开招标方式选择施工单位，投标保证金有效期时间同投标有效期。提交投标文件截止时间为 2014 年 5 月 30 日。该公司于 2014 年 3 月 6 日发出招标公告，后有 A、B、C、D、E 5 家建筑施工单位参加了投标，E 单位由于工作人员疏忽于 2014 年 6 月 2 日提交投标保证金。开标会于 2014 年 6 月 3 日由该省建委主持，D 单位在开标前向投资公司要求撤回投标文件。经过综合评选，最终确定 B 单位中标。双方按规定签订了施工承包合同。

［问题］：

1. E 单位的投标文件按要求应如何处理？为什么？

2. 对 D 单位撤回投标文件的要求应当如何处理？为什么？

3. 上述招标投标程序中，有哪些不妥之处？请说明理由。

［问题分析］：

问题1：E 单位的投标文件应当被认为是无效投标而拒收。投标保证金作为投标文件的有效组成部分，应在招标文件规定的时间内（不得晚于投标文件递交截止时间）提交给招标人，因此，E 单位迟交投标保证金应属于未响应招标文件的实质性要求，其投标文件将被拒绝。

问题2：D 单位的行为将被没收投标保证金。因为投标文件相当于要约，在递交截止时间后就生效了，因此，在开标前撤回投标文件将构成要约的撤销，相关法规明确规定，在投标有效期内撤销要约其投标保证金将不予退还。

问题3：开标应由招标人或其委托的招标代理机构组织，由省建委主持召开不妥。省建委作为行政管理机关只能监督招投标的活动，不能作为开标会的主持人。

开标时间应为递交投标文件截止时间的同一时间，5 月 30 日截止递交投标文件，6 月 3 日才进行开标，明显不符合招标投标法规定，所以不妥。

任务拓展　　　　　　　联合体协议书

牵头人名称：＿＿＿＿＿＿＿＿＿＿＿

法定代表人：＿＿＿＿＿＿＿＿＿＿＿

成员名称：＿＿＿＿＿＿＿＿＿＿＿

法定代表人：＿＿＿＿＿＿＿＿＿＿＿

鉴于上述各成员单位经过友好协商，自愿组成＿＿＿＿＿＿＿（联合体名称）联合体，共同参加_____(招标人名称)_____(项目名称)标段(以下简称本工程)的施工投标并争取赢得本工程施工承包合同。现就有关事宜签订协议如下:

　　1._____(某成员单位名称)为_____(联合体名称)联合体牵头人,_____(成员单位名称)为联合体成员。

　　2.联合体有关规定如下:

　　(1)联合体牵头人。对联合体各成员的资料统一汇总并提交给招标人,联合体牵头人所提交的资料已代表了联合体各成员的真实情况。

　　(2)投标工作将由联合体牵头人负责;联合体牵头人代表联合体提交并签署投标文件,联合体牵头人在投标文件中的承诺均代表了联合体各成员。

　　(3)联合体将严格按照招标文件各项要求,递交投标文件。

　　(4)如中标,联合体将遵守以下规定:

　　1)联合体牵头人和成员共同与业主签订合同书,并就中标项目向业主承担合同规定的联合或各自的义务、责任和风险;

　　2)联合体牵头人代表联合体成员承担责任和接受业主的指令、指示和通知,并且在整个合同实施过程的全部事宜均由联合体牵头人负责。

　　3.本协议书自签署之日起生效,在合同书规定的期限之后自行失效。

　　4.本协议书一式_____份。其中:正本_____份,送业主一份,联合体牵头人及成员各_____份;副本_____份,联合体牵头人及成员各执_____份。

牵头人名称:_____(全称)(盖单位章)
法定代表人(或其委托代理人):_____(签字)
成员名称:_____(全称)(盖单位章)
法定代表人(或其委托代理人):_____(签字)
日　期:____年____月____日

　　注:1.联合投标时需签本协议,联合体各方成员应在本协议上共同盖章确认。
　　2.本协议内容不得擅自修改。此协议将作为签订合同的附件之一。

项目梳理

　　建设工程投标是投标单位针对招标单位的要约邀请,以明确的价格、期限、质量等具体条件,向招标单位发出要约,通过竞争获得经营业务的活动。工程投标决策是指建设工程承包商为实现其生产经营目标,针对建设工程招标项目,而寻求并实现最优化的投标行动方案的活动。投标报价是投标书的核心组成部分,招标人往往将投标人的报价作为主要标准来选择中标人,同时,也是招标人与中标人就工程标价进行谈判的基础。编制投标书是投标工作的主要内容。一般业主出售标书以后,会很快召开由投标单位参加的标前会并组织现场考查,以解答投标单位对标书及施工现场的疑问。所以,投标单位在购买标书后要抓紧时间认真阅读、反复研究招标文件,列出需要业主解答的问题清单和需要在工地现场调查了解的项目清单。

一、单项选择题

1. 工程量清单计价的投标报价构成不包括( )。

    A. 分部分项工程费   B. 人工费

    C. 措施项目费   D. 其他项目费

2. 不平衡报价一定要控制在合理幅度内，一般可在( )左右，以免引起发包人反对，甚至导致废标。

    A. 5%   B. 10%

    C. 20%   D. 30%

3. 建设工程项目投标文件一般应包括投标函、投标报价、施工组织设计和( )等内容。

    A. 资格预审文件   B. 政府法律文件

    C. 商务和技术偏差表   D. 评标方法

二、多项选择题

1. 采用工程量清单报价法编制的投标报价，主要由( )几部分构成。

    A. 分部分项工程费

    B. 其他项目费

    C. 措施项目费

    D. 规费和税金

    E. 间接费

2. 下列属于影响投标决策的企业内部因素的有( )。

    A. 技术方面的实力

    B. 规模方面的实力

    C. 经济方面的实力

    D. 管理方面的实力

    E. 信誉方面的实力

3. 在工程量清单计价模式中，投标人编制建设工程投标报价的依据包括( )。

    A. 国家或省级、行业建设主管部门颁发的计价办法

    B. 建设工程设计文件及相关资料

    C. 工程造价指数

    D. 与建设项目相关的标准、规范等技术资料

    E. 工市场价格信息或工程造价管理机构发布的工程造价信息

三、简答题

1. 试述建设工程投标文件的组成。

2. 简述建设工程投标文件的一般编制步骤。

四、实务题

某承包商通过资格预审后,对招标文件进行了仔细分析,发现业主招标文件中所提出的施工方案对工期要求过于苛刻,且合同条款中规定每拖延1天工期罚合同价的1‰。若要保证实现该工期要求,必须采取特殊措施,从而大大增加成本;还发现原结构设计方案采用框架-剪力墙结构过于保守。因此,该承包商在投标文件中说明业主的工期要求难以实现,因而按自己认为的合理工期(比业主要求的工期增加6个月)编制施工进度计划并据此报价;还建议将框架-剪力墙体系改为框架体系,并对这两种结构体系进行了技术经济分析和比较,证明框架体系不仅能保证工程结构的可靠性和安全性、增加使用面积、提高空间利用的灵活性,而且可降低造价的3‰。该承包商将技术标和商务标分别封装,在封口处加盖本单位公章和项目经理签字后,在投标截止日期前1天上午将投标文件报送业主。次日(即投标截止日当天)下午,在规定的开标时间前1小时,该承包商又递交了一份补充材料,其中声明将原报价降低4‰。但是,招标单位的有关工作人员认为,根据国际上"一标一投"的惯例,一个承包商不得递交两份投标文件,因而拒收承包商的补充材料。

开标会由市招标投标办的工作人员主持,市公证处有关人员到会。各投标单位代表均到场。开标前,市公证处人员对各投标单位的资质进行审查,并对所有投标文件进行审查,确认所有投标文件均有效后,正式开标。主持人宣读投标单位名称、投标价格、投标工期和有关投标文件的重要说明。

[问题]:

1. 该承包商运用了哪几种报价技巧?其运用是否得当?请逐一加以说明。

2. 从所介绍的背景资料来看,在该项目招标程序中存在哪些问题?请分别作简单说明。

[问题分析]:

问题1:该承包商运用了三种报价技巧,即多方案报价法、增加方案法和突然降价法。其中,多方案报价法运用不当,因为运用该报价技巧时,必须对原方案(本案例指业主的工期要求)报价,而该承包商在投标时仅说明了该工期要求难以实现,却并未报出相应的投标价。

增加建议方案法运用得当,通过对两个结构体系方案的技术经济分析和比较(这意味着对两方案均报了价),论证了建议方案(框架体系)的技术可行性和经济合理性,对业主有很强的说服力。

突然降价法也运用得当,原投标文件的递交时间比规定的投标截止时间仅提前1天多,这既是符合常理的,又为竞争对手调整、确定最终报价留有一定的时间,起到了迷惑竞争对手的作用。若提前时间太多,会引起竞争对手的怀疑,而在开标前1小时突然递交一份补充文件,这时竞争对手已不可能再调整报价了。

问题2:该项目招标程序中存在以下问题:

(1)招标单位的有关工作人员不应拒收承包商的补充文件,因为承包商在投标截止时间之前所递交的任何正式书面文件都是有效文件,都是投标文件的有效组成部分,也就是说,补充文件与原投标文件共同构成一份投标文件,而不是两份相互独立的投标文件。

（2）根据《招标投标法》，应由招标人（招标单位）主持开标会，并宣读投标单位名称、投标价格等内容，而不应由市招标办工作人员主持和宣读。

（3）资格审查应在投标之前进行（背景资料说明了承包商已通过资格预审），公证处人员无权对承包商资格进行审查，其到场的作用在于确认开标的公正性和合法性（包括投标文件的合法性）。

（4）公证处人员确认所有投标文件均为有效标书是错误的，因为该承包商的投标文件仅有单位公章和项目经理的签字，而无法定代表人或其代理人的印鉴，应作为废标处理，即使该承包商的法定代表人赋予该项目经理有合同签字权，且有正式的委托，该投标文件仍应作废标处理。

项目4 建设工程开标、评标与定标

知识目标

熟悉建设工程开标的概念和程序；熟悉建设工程评标的重要原则与评标组织设立的条件；掌握工程评标的方法与评标的工作程序；了解建设工程定标的基本概念；熟悉建设工程中标人的确定程序和合同签订的规定；熟悉工程从商谈、决标到签订合同中需注意的问题。

能力目标

具备对具体建设工程项目组织开标、评标和实际定标的能力。

项目导入

开标是指招标单位在规定的时间、地点内，在有投标人出席的情况下，当众公开拆开投标资料(包括投标函件)，宣布投标人(或单位)的名称、投标价格以及投标价格的修改的过程。评标是指按照规定的评标标准和方法，对各投标人的投标文件进行评价比较和分析，从中选出最佳投标人的过程。定标也即授予合同，是采购机构决定中标人的行为。定标是采购机构的单独行为，但需由使用机构或其他人一起进行裁决。通过本项目的学习，对建设工程开标、评标与定标应有一个初步的了解。

任务 4.1 建设工程开标

任务目标

通过本任务的学习，了解建设工程项目开标的概念、参加人员、主要工作内容；熟悉建设工程项目开标的程序；掌握建设工程项目开标的注意事项。

4.1.1 开标概述

1. 开标的概念

开标是指在规定的日期、时间、地点当众宣布所有投标人的名称和报价，使全体投标人了解各家投标价和自己在其中的顺序，是向所有投标人和公众保证其招标程序公平合理的最佳方式。

在没有特殊原因的情况下，开标应于招标文件确定的投标截止日的当天或次日举行。开标地点及时间都应在招标文件中预先确定。若变更开标日期和地点，应提前三天通知投标企业和有关单位。

2. 开标的参加人员

建设工程施工开标、
评标与定标

开标由招标人或招标代理机构主持，邀请评标委员会成员、投标人代表、公证部门代表和有关单位代表参加。招标人要事先以各种有效的方式通知投标人参加开标，不得以任何理由拒绝任何一个投标人代表参加开标。投标人或其代表应按时赴约定地点参加开标。

3. 开标的主要工作内容

开标时应当众打开在规定时间内收到的所有标书，宣读无效标和弃权标的规定，核查投标人提交的各种证件、资料，检查标书密封情况，当众宣读并记录投标人名称以及报价（包括投标人报价内容及备选方案报价），公布评标原则和评标办法等。

4.1.2 建设工程开标的程序

1. 招标人签收投标人递交的投标文件

招标人应委托专人负责签收投标人递交的投标文件。对提前递交的投标文件应当办理签收手续，由招标人携带至开标现场。在开标当日且在开标地点递交的投标文件，应当填写投标文件报送签收一览表。

对未按规定日期寄到的投标书，原则上均应视为废标而予以原封退回，但如果迟到日期不长，且延误并非由于投标人的过失（如邮政、罢工等原因），招标单位也可以考虑接受迟到的投标书。

建设工程开标会程序

开标程序

开标流程

2. 投标人出席开标会的代表签到

投标人授权出席开标会的代表填写开标会签到表，招标人委托专人负责核对签到人员身份，此应与签到的内容一致。

3. 开标会主持人介绍主要与会人员

主要与会人员包括到会的招标人代表、招标代理机构代表、各投标人代表、公证机构公证人员、见证人员及监督人员等。

4. 主持人检验投标企业法定代表人或其指定代理人身份证件、授权委托书

主持人要当众核查投标人的授权代表的授权委托书和有效身份证件，确认授权代表的有效性，并留存授权委托书和身份证件的复印件。招标文件中一般还会要求开标时投标人提交如下证件：营业执照（副本原件）、资质等级证书（副本原件）、建筑企业施工安全证书（原件）、建筑施工企业项目经理资质证书（副本原件）。法定代表人或受委托人必须携带本人身份证，有些招标人可能还要求投标人提供企业已获得的奖励证书。

5. 主持人重申招标文件要点，宣布评标办法

主要介绍招标文件的组成部分，同时强调主要条款和招标文件中的实质性要求。为了体现公平竞争，还应当公布评标原则和方法。

6. 主持人当众检验启封投标书

(1)投标文件有下列情形之一的，招标人应当拒收：

1)逾期送达；

2)未按招标文件要求密封。

(2)有下列情形之一的，评标委员会应当否决其投标：

1)投标文件未经投标单位盖章和单位负责人签字；

2)投标联合体没有提交共同投标协议；

3)投标人不符合国家或者招标文件规定的资格条件；

4)同一投标人提交两个以上不同的投标文件或者投标报价，但招标文件要求提交备选投标的除外；

5)投标报价低于成本或者高于招标文件设定的最高投标限价；

6)投标文件没有对招标文件的实质性要求和条件作出响应；

7)投标人有串通投标、弄虚作假、行贿等违法行为。

7. 开标、唱标

一般按标书送达时间或以抽签方式排列投标企业开标、唱标顺序。开标由开标主持人在监督人员及与会代表的监督下当众拆封，拆封后应当检查投标文件的组成情况并记入开标会记录。

主持人按顺序宣读各家投标书。唱标内容一般包括投标报价、工期和质量标准、质量奖项等方面的承诺、替代方案报价、投标保证金、主要人员等；对投标截止时间前收到的投标人递交的对投标文件的补充、修改文件也应同时宣布；对投标截止时间前，投标人要求撤回其投标的投标文件不再唱标，但须在开标会上说明。

8. 当众启封并公布标底（设有标底的情况下）

招标人设有标底的，标底必须公布。

9. 开标会记录签字确认

招标人应指定专人监督唱标，并做好开标会记录（工程开标汇总表）。开标会记录应当如实记录开标过程中的重要事项，包括开标时间、开标地点、出席开标会的各单位及人员、唱标记录、开标会程序、开标过程中出现的需要评标委员会评审的情况，有公证机构出席公证的还应记录公证结果，投标人的授权代表应当在开标会记录上签字确认。对记录内容有异议的可以注明，但必须对没有异议的部分签字确认。

开标记录一般应记载档案号、招标项目的名称及数量摘要、投标人的名称、投标报价、开标日期、其他必要的事项，由主持人和其他工作人员签字确认。

一旦开标，任何投标人均不得更改其投标内容和报价，也不允许再增加优惠条件，但在业主需要时可以作一般性说明和疑点澄清。

实行议标方式的，由招标单位和投标单位分别协商，不需公开开标，但仍应邀请有关部门参加。

4.1.3　建设工程开标的注意事项

（1）开标前，首先由投标人或推选的代表检查投标文件密封情况（一般要求密封纸尽量少接缝或按统一包装格式进行，所有接缝加盖企业公章），确认投标文件完好。也可以由投标人委托的公证机构检查并公证。

（2）检查投标书封面是否符合要求。

（3）经确认密封及封面无误后，由开标主持人以招标文件递交的先后顺序当众拆封、宣读。

（4）开标主持人在开标时，要高声朗读每个投标人的名称、投标报价、工期等主要内容。

（5）在宣读的同时，对所读的每一项内容要记录在案，以存档备查，最后由主持人和其他工作人员签字确认。

任务实施

某房地产公司计划在北京开发某住宅项目，采用公开招标的形式，有 A、B、C、D、E、F 六家施工单位领取了招标文件。本工程招标文件规定：2014 年 10 月 20 日 17 时 30 分为投标文件接收终止时间。在提交投标文件的同时，需投标单位提供投标保证金 20 万元。

在 2014 年 10 月 20 日，A、B、C、D、E 五家投标单位在 17 时 30 分前将投标文件送达，F 单位在次日上午 8 时送达。各单位均按招标文件的规定提供了投标保证金。

在 10 月 20 日上午 10 时 25 分，B 单位向招标人递交了一份投标价格下降 5% 的书面说明。

开标时，由招标人检查投标文件的密封情况，确认无误后，由工作人员当众拆封，并宣读了 A、B、C、D、E 五家承包商的名称、投标价格、工期和其他主要内容。

在开标过程中，招标人发现 C 单位的标袋密封处仅有投标单位公章，没有法定代表人印章或签字。

[问题]：

1. 在开标后，招标人应对 C 单位的投标书作何处理？为什么？

2. 投标书在哪些情况下可作为废标处理？

3. 招标人对 F 单位的投标书作废标处理是否正确？请说明理由。

[问题分析]：

问题 1：在开标后，招标人应对 C 单位的投标书作废标处理。

因为 C 单位投标书只有单位公章，没有法定代表人印章或签字，不符合《中华人民共和国招标投标法》的要求。

问题 2：投标书在下列情况下，可作废标处理：

(1) 逾期送达的或者未送达指定地点的。

(2) 未按招标文件要求密封的。

(3) 无单位盖章并无法定代表人签字或盖章的。

(4) 未按规定格式填写，内容不全或关键字迹模糊、无法辨认的。

(5) 投标人递交两份或多份内容不同的投标文件，或在一份投标文件中对同一招标项目报有两个或多个报价，且未声明哪一个有效的(按招标文件规定提交备选投标方案的除外)。

(6) 投标人名称或组织机构与资格预审时不一致的。

(7) 未按招标文件要求提交投标保证金的。

(8) 联合体投标未附联合体各方共同投标协议的。

问题 3：招标对 F 单位的投标书作废标处理是正确的。因为 F 单位未能在投标截止时间前送达投标文件。

🔊 **任务拓展**　　　　　　　**建设工程开标记录**

建设工程开标过程应做记录，并存档备查。

招标主持人应在宣读投标人名称、投标价格和投标文件的其他主要内容时，针对公开开标所读的每一项，按照开标时间的先后顺序进行记录。开标机构应事先准备好开标记录的登记表册，开标填写后作为正式的记录，并将其保存于开标的机构。

建设工程开标记录的内容包括：建设工程项目名称、招标号、刊登招标公告的日期、发售招标文件的日期、购买招标文件的单位名称、投标人的名称及报价，截标后收到投标文件的处理情况等。

任务 4.2　　建设工程评标

任务目标

通过本任务的学习，了解建设工程项目评标的概念；熟悉建设工程项目评标原则及评标委员会的组成；掌握建设工程项目评标程序、内容及评标方法。

建设工程项目评标是指按照规定的评标标准和方法，对各投标人递交的投标文件进行评价、比较和分析，以最终确定中标人的全过程。评标是招标投标活动的重要环节，是招标能否成功的关键，是确定中标人的必要前提。评标必须在招标投标管理机构的监督下，由招标人依法组建的评标委员会进行。

4.2.1 建设工程评标原则

评标工作具有严肃性、科学性和合理性，评标活动应遵循公平、公正、科学、择优的原则，依法进行，任何单位和个人不得非法干预或者影响评标过程和结果。招标文件中规定的评标标准和评标方法应当合理，对投标文件的评价、比较和分析，要客观公正，不得含有倾向或者排斥潜在投标人的内容，不得妨碍或者限制投标人之间的竞争，遵守评标纪律，严守保密原则，遵循合理中标原则，维护招投标双方的合法权益。

施工评标定标的主要原则包括：标价合理，工期适当，施工方案科学合理，施工技术先进，质量、工期、安全保证措施切实可行，有良好的施工业绩和社会信誉。

开标、评标与定标

开标、评标与定标
细则与注意事项

4.2.2 评标组织的设立

评标组织由招标人的代表和有关经济、技术等方面的专家组成，其具体形式为评标委员会，也有是评标小组的，这与工程规模、结构、类型、招标方式等有关系。评标委员会由招标人负责组建，评标委员会成员名单一般应于开标前确定。

《评标委员会和评标方法暂行规定》规定：依法必须进行施工招标的工程，其评标委员会由招标人的代表和有关技术、经济等方面的专家组成，成员人数为 5 人以上单数，其中招标人、招标代理机构以外的技术、经济等方面专家不得少于成员总数的三分之二。

评标原则和中标标准

评标委员会的专家成员，应当由招标人从建设行政主管部门及其他有关政府部门确定的专家名册或者工程招标代理机构的专家库内相关专业的专家名单中确定。一般招标项目采取随机抽取的方式，特殊招标项目可以由招标人直接确定。与投标人有利害关系的人不得进入相关工程的评标委员会。评标委员会成员名单在中标结果确定前应当保密。

评标专家应符合下列条件：

（1）从事相关专业领域工作满八年并具有高级技术职称或同等专业水平。

（2）熟悉有关招标投标法律法规，并具有与招标项目相关的实践经验。

（3）能够认真、公正、诚实、廉洁地履行职责。

有下列情形之一的，不得担任评标委员会成员：

（1）投标人或投标人的主要负责人的近亲属。

（2）项目主管部门或行政监督部门的人员。

（3）与投标人有经济利益关系，可能影响对投标公正评审的。

（4）曾因在招标、评标以及其他与招标投标有关活动中有违法行为而受过行政处罚或刑事处罚的。

4.2.3　建设工程评标程序与内容

评标的过程由招标文件中的评标办法决定，通常要经过投标文件的符合性鉴定、技术评审、商务评审、投标文件澄清与答辩、综合评审、资格后审等几个步骤。

评标详细程序

1. 投标文件的符合性鉴定

评标委员会应对投标文件进行符合性鉴定，核查审查投标人是否与资格预审名单一致；投标文件是否按照招标文件的规定和要求编制；签署投标文件正副本之间的内容是否一致；投标文件是否有重大漏项、缺项；是否提出了招标人不能接受的保留条件；投标文件是否实质上响应招标文件的要求等。

所谓实质上响应招标文件的要求，就是其投标文件应该与招标文件的所有条款、条件和规定相符，无显著差异或保留。显著差异或保留是指对工程的发包范围、质量标准、工期、计价标准、合同条件及权利义务产生实质性的影响；如果投标文件实质上不响应招标文件的要求或不符合招标文件的要求，将被确认为无效标。

在检验投标文件的符合性时首先应剔除法律法规所提出的废标，投标文件有下述情形之一的，属重大投标偏差，或被认为没有对招标文件作出实质性响应，作为废标处理。

（1）在评标过程中，评标委员会发现投标人的报价明显低于其他投标报价或者在设有标底时明显低于标底，使得其投标报价可能低于其个别成本的，应当要求该投标人作出书面说明并提供相关证明材料。投标人不能合理说明或者不能提供相关证明材料的，由评标委员会认定该投标人以低于成本报价竞标，其投标应作废标处理。

（2）投标人资格条件不符合国家有关规定和招标文件要求的，或者拒不按照要求对投标文件进行澄清、说明或者补正的，评标委员会可以否决其投标。

（3）评标委员会应当审查每一投标文件是否对招标文件提出的所有实质性要求和条件作出响应。未能在实质上响应的投标，应作废标处理。

评标委员会应当根据招标文件，审查并逐项列出投标文件的全部投标偏差。投标文件存在重大偏差，按废标处理，下列情况属于重大偏差：

1）没有按照招标文件要求提供投标担保或者所提供的投标担保有瑕疵。

2）投标文件没有投标人授权代表签字和加盖公章。

3）投标文件载明的招标项目完成期限超过招标文件规定的期限。

4)明显不符合技术规格、技术标准的要求。

5)投标文件载明的货物包装方式、检验标准和方法等不符合招标文件的要求。

6)投标文件附有招标人不能接受的条件。

7)不符合招标文件中规定的其他实质性要求。

招标文件对重大偏差另有规定的，遵从其规定。经过审查，只有合格的标书才有资格进入下一轮的详评。

2. 技术评审

对投标人的技术评审主要内容是评审施工方案或施工组织设计、施工进度计划的合理性，施工技术管理人员和施工机械设备的配备，关键工序、劳动力、材料计划、材料来源、临时用地、临时设施布置是否合理可行，施工现场周围环境污染的保护措施、投标人的综合施工技术能力、质量控制措施、以往履约能力、业绩和分包情况等。具体内容如下：

(1)施工总体布置。着重评审布置的合理性。对分阶段实施还应评审各阶段之间的衔接方式是否合适，以及如何避免与其他承包商之间(如果有的话)发生作业干扰。

(2)施工进度计划。首先要看进度计划是否满足招标要求，进而再评价其是否科学和严谨，以及是否切实可行。业主有阶段工期要求的工程项目对里程碑工期的实现也要进行评价。评审时要依据施工方案中计划配置的施工设备、生产能力、材料供应、劳务安排、自然条件、工程量大小等诸因素，将重点放在审查作业循环和施工组织是否满足施工高峰月的强度要求，从而确定其总进度计划是否建立在可靠的基础上。

(3)施工方法和技术措施。主要评审各单项工程所采取的方法、程序技术与组织措施。包括所配备的施工设备性能是否合适、数量是否充分；采用的施工方法是否既能保证工程质量，又能加快进度并减少干扰；安全保证措施是否可靠等。

(4)材料和设备。规定由承包商提供或采购的材料和设备，是否在质量和性能方面满足设计要求和招标文件中的标准。必要时可要求投标人进一步报送主要材料和设备的样本，技术说明书或型号、规格、地址等资料。评审人员可以从这些材料中审查和判断其技术性能是否可靠和达到设计要求。

(5)技术建议和替代方案。对投标书中提出的技术建议和可供选择的替代方案，评标委员会应进行认真细致的研究，评定该方案是否会影响工程的技术性能和质量，在分析建议或替代方案的可行性和技术经济价值后，考虑是否可以全部采纳或部分采纳。

3. 商务评审

评标委员会对确定为实质上响应招标文件要求的投标进行商务评审，主要审查内容包括以下几点：

(1)投标报价是否按招标文件要求的计价依据进行报价。

(2)是否擅自修改了工程量清单数据。

(3)报价构成是否合理性，是否低于工程成本等。

(4)报价数据是否有计算上或累计上的算术错误等。

对工程量清单表中的单价和合计进行校核，如有计算或累计上的算术错误，按修正错误的方法调整投标报价，经投标人代表确认同意后，调整后的投标报价对投标人起约束作用。如果投标人不接受修正后的投标报价，投标将被拒绝。

通常修正错误的方法是：如果用数字表示的数额与用文字表示的数额不一致时，以文字数额为准；当单价与工程量的乘积和合计价之间不一致时，通常以标出的单价为准，除非评标组织认为有明显的小数点错位，此时应以标出的合计价为准，并修改单价。

4. 投标文件的澄清与答辩

为有助于投标文件的审查、评价和比较，必要时，评标委员会将要求投标人澄清其投标文件或进行答辩。

澄清的内容包括：要求投标人补充报送某些标价计算的细节资料；对具有某些特点的施工方案作出进一步的解释；补充说明其施工能力和经验，或对其提出的建议方案进行详细的说明等。在答辩会上，分别对投标人进行询问，投标人应给予解答，随后投标人应以书面形式予以确认。

澄清或答辩问题经招标人和投标人双方签字后，作为投标文件的组成部分，列为评标依据，但不得超出投标文件的范围或改变投标文件的实质性内容，不允许招标人和投标人变更或寻求变更价格、工期、质量等级等实质性内容。

开标后，投标人对价格、工期、质量等级等实质性内容提出的任何修正声明或者附加优惠条件，一律不得作为评标组织评标的依据。

5. 综合评审

综合评审是在以上工作的基础上，根据事先拟定好的评标原则、评价指标和评标办法，按照平等竞争、公正合理的原则，对实质性响应招标文件要求投标文件的报价、工期、质量、主要材料用量、施工方案或组织设计、以往业绩和履行合同的情况、社会信誉、优惠条件等进行综合评价和比较，并与标底进行对比分析，通过进一步澄清、答辩和评审，公正合理地择优选定中标候选人。

6. 资格后审（如有）

未进行资格后审的招标项目，在确定中标候选人前，评标委员会须对投标人的资格进行审查；投标人只有符合招标文件要求的资质条件时，方可被确定为中标候选人或中标人。

进行资格预审的招标项目，评标委员会应就投标人资格预审所报的有关内容是否改变进行审查。如有改变，审查是否按照招标文件的规定将所改变的内容随投标文件递交；内容发生变化后是否仍符合招标文件要求的资质条件。资质条件符合招标文件要求的，方可被确定为中标候选人或中标人；否则，其投标将被拒绝。

4.2.4　建设工程评标方法

评标方法包括经评审的最低投标价法、综合评估法或者法律、行政法规允许的其他评标方法。

建设工程评标办法

工程（施工）招标
评标办法和标准

1. 经评审的最低投标价法

经评审的最低投标价法一般适用于具有通用技术、性能标准或者招标人对其技术、性能没有特殊要求的招标项目。能够满足招标文件的实质性要求，并且经评审的最低投标价的投标，应当推荐为中标候选人。

经评审的最低投标价法是以评审价格作为衡量标准，选取最低评标价者作为推荐中标人。评标价并非投标价，它是将一些因素(不含投标文件的技术部分)折算为价格，然后再计算其评标价。评标价的折算因素主要包括：工期的提前量、投标书中的优惠及其幅度、技术建议导致的经济效益的提升等。

2. 综合评估法

不宜采用经评审的最低投标价法的招标项目，一般应当采取综合评估法进行评审。根据综合评估法，最大限度地满足招标文件中规定的各项综合评价标准的投标，应当推荐为中标候选人。

综合评估法是对价格、施工组织设计(或施工方案)、项目经理的资历和业绩、质量、工期、信誉和业绩等因素进行综合评价，从而确定最大限度地满足招标文件中规定的各项综合评价标准的投标为中标人的评标定标方法。它是适用最广泛的评标定标方法。

综合评估法需要综合考虑投标书的各项内容是否同招标文件所要求的各项文件、资料和技术要求相一致。不仅要对价格因素进行评议，还要对其他因素进行评议。主要包括：标价(即投标报价)、施工方案或施工组织设计、投入的技术及管理力量、质量、工期、信誉和业绩。

综合评估法按其具体分析方式的不同，又可分为定性综合评估法和定量综合评估法。

(1)定性综合评估法。定性综合评估法又称评议法，通常的做法是，由评标组织对工程报价、工期、质量、施工组织设计、主要材料消耗、安全保障措施、业绩、信誉等评审指标，分项进行定性比较分析，综合考虑，经过评议后，选择其中被大多数评标组织成员认为各项条件都比较优良的投标人为中标人，也可用记名或无记名投票表决的方式确定投标人。

定性综合评议法的优点是不量化各项评审指标。它是一种定性的优选法。采用定性综合评议法，一般要按从优到劣的顺序，对各投标人排列名次，排序第一名的即为中标人。

这种方法虽然能深入地听取各方面的意见，但由于没有进行量化评定和比较，评标的科学性较差。其优点是评标过程简单，较短时间内即可完成。一般适用于小型工程或规模较小的改扩建项目。

(2)定量综合评估法。定量综合评估法又称打分法、百分制计分评议法。通常的做法是，事先在招标文件或评标定标办法中将评标的内容进行分类，形成若干评价因素，并确定各项评价因素在百分率中占的比例和评分标准，开标后由评标组织中的每位成员按评标规则，采用无记名方式打分，最后统计投标人的得分，得分最高者(排序第一名)或次高者(排序第二名)为中标人。

这种方法的主要特点是，量化各评审因素对工程报价、工期、质量、施工组织设计、主要材料消耗、安全保障措施、业绩、信誉等评审指标，确定科学的评分及权重分配，充分体现整体素质和综合实力，符合公平、公正的竞争法则使质量好、信誉高、价格合理、技术强、方案优的企业能中标。

3. 由上述两种评标方法演变出的其他类似方法

如两阶段低价评标法、综合指数合理低价法、商务报价合理低价法和综合定量评价法等。

招标人设有标底的，标底应当保密，并在评标时作为参考。标底不得作为评标的唯一依据。在评标过程中，评标委员会发现投标人的报价明显低于其他投标报价或者明显低于标底，使得其投标报价可能低于其个别成本的，应当要求该投标人作出书面说明并提供相关证明材料。

4.2.5　建设工程评标报告

评标委员会完成评标后，应当向招标人提出书面评标报告，并抄送有关行政监督部门。评标报告应当如实记载以下内容：

（1）基本情况和数据表；

（2）评标委员会成员名单；

（3）开标记录；

（4）符合要求的投标一览表；

（5）废标情况说明；

（6）评标标准、评标方法或者评标因素一览表；

（7）经评审的价格或者评分比较一览表；

（8）经评审的投标人排序；

（9）推荐的中标候选人名单与签订合同前要处理的事宜；

（10）澄清、说明、补正事项纪要。

工程评标报告范本

评标报告由评标委员会全体成员签字。对评标结论持有异议的评标委员会成员可以书面方式阐述其不同意见和理由。评标委员会成员拒绝在评标报告上签字且不陈述其不同意见和理由的，视为同意评标结论。评标委员会应当对此作出书面说明并记录在案。

向招标人提交书面评标报告后，评标委员会即告解散。评标过程中使用的文件、表格以及其他资料应当及时归还招标人。

任务实施

某依法必须招标的大型工程建设项目，施工招标采用工程量清单计价和综合评估法评标，其招标文件规定评标程序为：初步评审；详细评审；澄清、说明和补正；完成评标报告。

开标后有八家投标人的投标文件进入评标。招标人代表在评标时提出，该项目急于开工，当天须完成评标，评标委员会其他成员无不同意见。

评标专家 A 在初步评审时，发现投标人甲的外保温子目的单价明显高于正常的市场价格水平，与其他投标人的该子目平均价格相比，高出 8 倍多，基于该投标人投标总价与其他投标人投标报价相比，处于平均偏低的水平，建议对该投标人投标报价进行详细分析，同时分工对其他投标人的投标报价进行分析，并视情况要求相关投标人澄清、说明和补正。

招标人代表认为，对投标价格进行必要的分析是评标工作内容，但是投标人有八家，如果评标时开展该项工作并进行澄清、说明和补正，时间上不允许，建议由招标人在签订合同前针对中标人一家，进行分析及必要的澄清、说明和补正。其他评标委员会成员对该意见均不持异议。评标报告中推荐投标人甲为排名第一的中标候选人，同时建议招标人在签订合同前对中标人的投标价格进行详细分析和必要的澄清、说明和补正。

签订合同前，招标人和中标人协商达成口头一致，先签订合同，以尽快办理开工手续，施工过程中再协商解决投标价格中存在的问题。

直到工程结算时，双方才就投标价格中的问题进行协商。招标人提出，外保温子目价格应当按投标报价时的市场价格水平进行结算，中标人提出，可以按招标人要求进行调整，但是认为，其之所以能够中标，是由于其投标总价水平是相对合理和有竞争力的，因此，应当按照保持签约合同价不变的原则，同时对其标价的工程量清单中低于市场价格水平的子目价格进行调整。招标人以审计单位不同意为由，坚持只对外保温子目单价进行调整。双方陷入纠纷。

[问题]：

1. 指出评标过程的不妥之处？逐一说明理由。

2. 招标人和投标人的观点是否正确？说明理由。

3. 评标阶段如何避免给合同履行造成纠纷隐患？

[问题分析]：

问题1：(1)评标委员会应按照招标文件规定的评标标准和方法评标，不能事先确定时间，所以招标人代表提出当天须完成评标，评标委员会默许不妥。

(2)评标委员会应按照招标文件规定的评标程序进行评标：初步评审；详细评审；澄清、说明和补正；完成评标报告。而评标委员会未按照规定的程序评标。

(3)评标委员会成员独立评审，具有同等表决权，评标专家A建议分工负责对各投标人投标报价进行详细分析不妥。

(4)根据评标程序，澄清、说明和补正属于评标委员会应在评标阶段完成的工作，招标人代表建议在签订合同前进行澄清、说明和补正不妥，评标报告中据此建议不妥。

问题2：《招标投标法》第四十六条规定：招标人和中标人应当自中标通知书发出之日起30日内，按照招标文件和中标人的投标文件订立书面合同。招标人和中标人不得再行订立背离合同实质性内容的其他协议。所以签订合同前，双方就投标价格中的问题协商并达成在履约过程中再协商的做法违背了这一规定；工程结算时双方协商调整价格不妥，合同订立后合同双方应当信守合同，诚信履约。

问题3：《招标投标法》第三十九条规定："评标委员会可以要求投标人对投标文件中含义不明确的内容作必要的澄清或者说明，但是澄清或者说明不得超出投标文件的范围或者改变投标文件的实质性内容。"招标人应当将合理确定评标时间的权利交予评标委员会，以保证能够严格按照评标办法规定的程序完成评标工作，确保评标质量。

《招标投标法》指出："投标人不得相互串通投标报价，不得排挤其他投标人的公平竞争，损害招标人或者其他投标人的合法权益。投标人不得与招标人串通投标，损害国家利益、社会公共利益或者他人的合法权益。禁止投标人以向招标人或者评标委员会成员行贿的手段谋取中标。投标人不得以低于成本的报价竞标，也不得以他人名义投标或者以其他方式弄虚作假，骗取中标。"

《工程建设项目施工招标投标办法》指出，下列行为均属招标人与投标人串通投标：

(1)招标人在开标前开启投标文件并将有关信息泄露给其他投标人，或者授意投标人撤换、修改投标文件；

(2)招标人向投标人泄露标底、评标委员会成员等信息；

(3)招标人明示或者暗示投标人压低或抬高投标报价；

(4)招标人明示或者暗示投标人为特定投标人中标提供方便；

(5)招标人与投标人为谋求特定中标人中标而采取的其他串通行为。

任务 4.3　　建设工程定标

任务目标

通过本任务的学习，了解建设工程项目定标的概念；熟悉建设工程项目中标人的确定程序；掌握建设工程项目合同签订的规定。

任务准备

评标委员会完成评标后，应当向招标人提出书面评标报告，阐明评标委员会对各投标文件的评审和比较意见，并按照招标文件中规定的评标方法，推荐不超过 3 名有排序的合格的中标候选人。招标人根据评标委员会提出的书面评标报告和推荐的中标候选人确定中标人。招标人也可以授权评标委员会直接确定中标人，定标应当择优。

4.3.1　确定中标人

中标人的投标应当符合且能够最大限度满足招标文件中规定的各项综合评价标准或是能够满足招标文件的实质性要求，并且经评审的投标价格最低的（但是投标价格低于成本的除外）才能中标。

在确定中标人之前，招标人不得与投标人就投标价格、投标方案等实质性内容进行谈判。

依法必须进行招标的项目，招标人应当确定排名第一的中标候选人为中标人，排名第一的中标候选人放弃中标、因不可抗力提出不能履行合同，或者招标文件规定应当提交履约保证金而在规定的期限内未能提交的，招标人可以确定排名第二的中标候选人为中标人；排名第二的中标候选人因前述规定的同样原因不能签订合同的，招标人可以确定排名第三的中标候选人为中标人；招标人可以授权评标委员会直接确定中标人。

4.3.2　发出中标通知书

确定中标人后，招标人应当向中标人发出中标通知书，同时将中标结果通知未中标的投标人。中标通知书和中标结果通知书的格式见表 4-1 和表 4-2。

中标通知书
及其法律效力

表 4-1　中标通知书格式

_____（中标人名称）：

你方于_____年_____月_____日所递交的_____（项目名称）_____施工投标文件已被我方接受，被确定为中标人。

中标价：_____元；

工期：_____日历天；

工程质量：_____标准；

项目经理：_____（姓名）；

请你方在接到本通知书后的_____日内到_____（指定地点）与我方签订施工承包合同，在此之前按招标文件"投标人须知"规定向我方提交履约担保。

特此通知。

招标人：_____（盖单位章）

法定代表人：_____（签字）

_____年_____月_____日

表 4-2 中标结果通知书格式(范本)

_____(未中标人名称)：

我方已接受_____(中标人名称)于_____(投标日期)所递交的_____(项目名称)_____施工投标文件，确定_____(中标人名称)为中标人。

感谢你单位对我们工作的大力支持！

招标人：_____(盖单位章)

法定代表人：_____(签字)

_____年_____月_____日

4.3.3 签订合同

评标委员会作出授标决定后，招标人应当向中标人发出中标通知书，并同时将中标结果通知所有未中标的投标人。中标通知书应经招标投标管理机构核准和公示，无问题后方可发出，中标通知书对招标人和中标人具有法律效力。中标通知书发出后，招标人改变中标结果或者中标人放弃中标的，应当承担法律责任。

中标人收到中标通知书后，应当自中标通知书发出之日起 30 天内，与招标单位以招标文件和中标内容为依据，签订书面合同。通常招标人要事先与中标人进行合同谈判。合同谈判以招标文件为基础，各方提出的修改补充意见在经对方同意后，均应作为合同协议书的补遗并成为正式的合同文件。

双方在合同协议书上签字，同时承包商应提交履约保证，才算正式决定了中标人，至此招标工作方告一段落。招标人与中标人签订合同后 5 个工作日内，应当向中标人和未中标的投标人退还投标保证金，这是法律规定的投标保证金的期限。

任务实施

某省中央财政投资的大型基础设施建设项目，总投资超过 10 亿，该项目法人委托一家符合资质条件的工程招标代理公司进行招标代理全程办理。

事件一：在评标过程中，发现投标人 D 的投标文件中没有投标人授权代表签字；投标人 H 的单价与总价不一致，单价与工程量乘积大于投标文件（注：投标函）的总价，招标文件中没有约定此类情况为重大偏差。

事件二：在评标过程中，评标委员会发现其中 G 投标人的投标报价低于原标底的30%，询标时，G 投标人发来书面更改函，承认原报价存在遗漏，将报价整体上调至接近于标底的99%。

事件三：在评标过程中，投标人 A 发来书面更改函，对施工组织设计中存在的笔误进行了勘误，同时对其投标文件中，超过招标文件计划工期的投标工期限调整为在招标文件约定计划工期基础上提前十日竣工。

事件四：经评审，各投标人综合得分的排序依次是 H、E、G、A、F、C、B、D。评标委员会李某对此结果有异议，拒绝在评标报告上签字，但又不提出书面意见。

事件五：确定中标人 H 后，中标人 H 认为工程施工合同过分袒护招标人，需要对招标文件中的合同条件进行调整，特别是当事人双方的权利与义务；招标人同时提出，在中标价的基础上降低10%的要求，否则招标人不签订施工合同。

[问题]：

1. 事件一至五如何处理？并简要陈述理由。

2. 评标委员会应推荐哪三个投标人为中标候选人？

[问题分析]：

问题1：

事件一：投标人 D 的投标文件中没有投标人授权代表签字，此类情况属于投标人对招标文件规定要求发生了重大偏差，属于废标情况。投标人 H 的投标总价与其报价文件中总价不一致，招标文件约定此类情形属于细微偏差，故应以投标函中的投标报价为其中标价，在评标过程中，应对报价文件中的偏差，按照大写金额与小写金额不一致时，以大写金额为准，总价与单价金额不一致时，以单价金额为准修改总价的原则确定投标人 H 的评标价，进行评标。

事件二：该投标人 G 的投标报价明显低于合理报价或标底，使得其投标报价可能低于个别成本，评标人在询标时应要求该单位作出书面说明并提供相关证明材料。投标人如果不能合理说明或不能提供相关证明材料，评标委员会可认定该投标人的投标报价低于成本报价竞标，其投标应作废标处理。但 G 单位在应标时，不但没有提供相应的证明材料和合理说明，反而对其报价做了修改，这种做法是不可以的（注：相当两次报价）。根据评标规定，投标人可以对投标文件中含义不明确，对同类问题表述不一致或者文字和计算错误的内容作必要的澄清、说明或补正，但不能超出投标文件的范围或者改变投标文件的实质性内容。G 单位的做法实际上是二次报价，明显地改变了原投标文件的实质内容，该行为无效，G 单位投标文件为废标。

事件三：在评标过程中，投标人 A 发来书面更改函，对施工组织设计中存在的笔误进行了勘误，同时对超过招标规定的施工期限调整至低于规定的期限。询标时，投标人 A 对施工设计中存在的笔误进行勘误是可行的，但提出投标工期的修改，属于对实质性的内容进行修改，该行为无效。由于该投标人投标文件载明的招标项目完成期限超过了招标文件规定的期限，属于重大偏差，投标人 A 投标文件为废标。

事件四：评标报告应由评标委员会全体成员签字，对评标结果持有异议的评标委员会成员可以书面方式阐述其不同意见和理由，评标委员会成员拒绝在评标报告上签字，且不陈述其不同意见或理由的，视为同意评标结论。评标委员会应当对此作出书面说明并记录在案。

事件五：中标人在接到中标通知书后，应在规定的时间内按照招标文件和其投标文件与招标人签订施工承包合同，在这一过程中，招标人和中标人只能就招标投标过程中的一些细微偏差进行谈判，对招标文件中合同条款进行细化，但不得有实质性修改。中标人认为合同条件过分袒护招标人，提出需要修改招标文件主要合同条款违反法律规定。如果中标人 H 坚持修改合同主要条款，否则不与招标人签订合同，招标人可以视其行为为放弃中标合同，没收其投标保证金，并申请解除与 H 的合同关系，并重新确定中标人。

在合同谈判过程中，招标人提出在中标价的基础上再次降价 10% 的做法是不正确的，违反了法律规定。如果招标人坚持降低中标价 10% 的话，中标人可以拒绝签订合同，并要求招标人承担由此造成的损失及其他违约责任，退还投标保证金。

问题 2：评标委员会应推荐 H、E、F 分别为第一中标、第二中标、第三中标候选人。

评标委员会根据招标文件中的评标办法，经过对投标申请文件进行全面、认真、系统的评审、比较后，确定能够最大限度满足招标文件的实质性要求，确定不超过 3 名的有排序的合格的中标候选人，供招标人最终确定中标人。

🔊 任务拓展　履约担保、付款担保、投标保证金的退还及合同备案

（1）履约担保。是指招标人在招标文件中规定要求中标人提交保证履行合同义务的担保。履约担保除可以采用履约保证金这种形式以外，还可以采用银行、保险公司或者担保公司出具履约保函的形式。履约担保的金额取决于招标项目的类型和规模，但能大体上保证中标人违约时补偿招标人所受损失，通常为建设工程合同金额的 10% 左右。《中华人民共和国招标投标法实施条例》第五十八条指出：招标文件要求中标人提交履约保证金的，中标人应当按照招标文件的要求提交。履约保证金不得超过中标合同金额的 10%。

提供履约担保是针对中标人而言的，招标文件要求中标人提交履约保证金的，中标人应当提交。招标人应当在招标文件中对提交履约担保的方式及金额作出规定，中标人应当按照招标文件中的规定提交履约担保。中标人不能按照招标文件的规定提交履约担保的，将失去订立合同的资格，同时，其提交的投标保证金将不予退还。

（2）付款担保。提供付款担保是专门针对招标人而设定的。招标文件要求中标人提交履约担保的，中标人应当提交。招标人应当同时向中标人提供工程款支付担保。

建设工程合同中设立付款担保条款是国际工程的惯例。其目的是保证招标人（发包人）按合同约定向中标人（承包人）支付工程款，保障工程建设的顺利进行，维护中标人（承包人）的合法权益。这一规定对现实工程实践中工程款拖欠屡禁不止的现象无疑是一剂良方。

（3）投标保证金的退还。招标人与中标人签订合同后 5 个工作日内，应当向中标人和未中标的投标人退还投标保证金。

（4）工程施工合同备案。订立合同后 7 日内，中标人应当将合同送工程所在地的县级以上地方人民政府建设行政主管部门备案。

开标是指招标人将所有投标人的投标文件当众公开启封揭晓。开标会议应当在招标通告约定的地点，招标文件确定的提交投标文件截止时间的同一时间公开进行。通过评标活动，对各投标人的投标文件进行评价比较和分析，从中选出最佳投标人。评标结束后，评标委员会应写出评标报告，提出中标单位的建议，交招标人审核。招标人根据评标委员会提供的评标报告，对评标委员会所推荐的中标候选人进行比较确定中标人。招标人和中标人应当依照招标投标法和招标投标法实施条例的规定签订书面合同，合同的标的、价款、质量、履行期限等主要条款应当与招标文件和中标人的投标文件的内容一致。招标人和中标人不得再行订立背离合同实质性内容的其他协议。

项 目 检 测

一、单项选择题

1. 关于评标的说法，下列不正确是（　　）。

    A. 评标委员会成员名单一般应于开标前确定，且该名单在中标结果确定前应当保密

    B. 评标委员会必须由技术、经济方面的专家组成，其人数为五人以上的单数

    C. 评标委员会成员应当是从事相关专业领域工作满八年并具有高级职称或者同等专业水平

    D. 评标委员会成员不得与任何投标人进行私人接触

2. 评标委员会中技术、经济等方面的专家不得少于成员总数的（　　）。

    A. 1/4   B. 1/3   C. 1/2   D. 2/3

3. 招标人与中标人签订合同后（　　）个工作日内，应当向中标人和未中标的投标人退还投标保证金，这是法律规定的投标保证金的期限。

    A. 4   B. 5   C. 6   D. 7

4. 中标人收到中标通知书后，应当自中标通知书发出之日起（　　）天内，与招标单位以招标文件和中标内容为依据，签订书面合同。

    A. 10   B. 15   C. 20   D. 30

5. 有下列情形之一的，不得担任评标委员会成员，应当回避的是指（　　）。

    A. 招标单位的主要负责人

    B. 招标代理机构相关业务的代表

    C. 与招标单位有经济利益关系，可能影响对投标公正评审的

    D. 项目主管部门或者行政监督部门的人员

二、多项选择题

1. 评标文件存在的下列偏差中，属于重大偏差。应作为废标处理的是（　　）。
   A. 没有按照招标文件要求提供投标担保或者所提供的投标担保有瑕疵
   B. 投标文件没有投标人授权代表签字和加盖公章
   C. 投标文件载明的招标项目完成期限超过招标文件规定的期限
   D. 投标文件载明的货物包装方式、检验标准和方法等不符合招标文件的要求
   E. 投标文件非实质性内容字迹不清

2. 下列属于评标专家成员的条件的是（　　）。
   A. 从事相关专业领域工作满八年并具有高级技术职称或同等专业水平
   B. 熟悉有关招标投标法律法规，并具有与招标项目相关的实践经验
   C. 能够认真、公正、诚实、廉洁地履行职责
   D. 投标人或投标人的主要负责人的近亲属
   E. 项目主管部门或行政监督部门的人员

3. 下列行为属于招标人与投标人串通投标的是（　　）。
   A. 招标人在开标前开启投标文件并将有关信息泄露给其他投标人，或者授意投标人撤换、修改投标文件
   B. 招标人向投标人泄露标底、评标委员会成员等信息
   C. 招标人明示或者暗示投标人压低或抬高投标报价
   D. 招标人明示或者暗示投标人为特定投标人中标提供方便
   E. 招标人与投标人为谋求特定中标人中标而采取的其他串通行为

4. 有下列（　　）情形之一的，不得担任评标委员会成员。
   A. 投标人或投标人的主要负责人的近亲属
   B. 项目主管部门或行政监督部门的人员
   C. 与投标人有经济利益关系，可能影响对投标公正评审的
   D. 曾因在招标、评标以及其他与招标投标有关活动中有违法行为而受过行政处罚或刑事处罚的

三、简答题

1. 什么是开标？试论述开标的程序。
2. 什么是评标？评标的原则有哪些？
3. 作为一名评标专家应具备什么要求？
4. 什么是定标？通常情况下应如何确定中标人？
5. 招标人在什么情况下可考虑所有投标为废标？

四、实务题

某重点工程项目计划于 2012 年 12 月 28 日开工，由于工程复杂，技术难度高，一般施工队伍难以胜任，业主自行决定采取邀请招标方式并于 2012 年 9 月 8 日向通过资格预审的 A、B、C、D、E 五家施工承包企业发出了投标邀请书。该五家企业均接受了邀请，并于规定时间 9 月 20～22 日购买了招标文件。招标文件中规定，10 月 18 日下午 4 时是招标文件规定的投标截止时间，11 月 10 日发出中标通知书。

在投标截止时间之前，A、B、D、E四家企业提交了投标文件，但C企业于10月18日下午5时才送达，原因是中途堵车；10月21日下午由当地招投标监督管理办公室主持进行了公开开标。

评标委员会成员共有7人组成，其中当地招投标监督管理办公室1人，公证处1人，招标人1人，技术经济方面专家4人。评标时发现E企业投标文件虽无法定代表人签字和委托人授权书，但投标文件均已有项目经理签字并加盖了公章。评标委员会于10月28日提出了评标报告。B、A企业分别综合得分第一、第二名。由于B企业投标报价高于A企业，11月10日招标人向A企业发出了中标通知书，并于12月12日签订了书面合同。

[问题]：

(1)企业自行决定采取邀请招标方式的做法是否妥当？说明理由。

(2)C企业和E企业投标文件是否有效？说明理由。

(3)请指出开标工作的不妥之处，说明理由。

(4)请指出评标委员会成员组成的不妥之处，说明理由。

项目5　建设工程施工合同

知识目标

了解建设工程施工合同的基本概念；熟悉建设工程施工合同签订形式和过程的基本规定；熟悉建设工程中的主要合同关系及注意事项；掌握建设工程施工合同概述；掌握《建设工程施工合同（示范文本）》的组成和内容。

能力目标

具备掌握建设工程主要合同关系的注意事项从而进行合同风险防范和违约责任的合理规避。会使用《建设工程施工合同（示范文本）》进行合同编制。

项目导入

在传统民法上，建设工程施工合同属于承揽合同的一种，是承包人进行工程建设，发包人支付价款的合同。一般分为工程勘察合同、设计合同、施工合同等。

任务5.1　建设工程施工合同概述

任务目标

通过本任务的学习，了解建设工程施工合同的基本概念；熟悉合同在建设工程中的作用；掌握建设工程中的主要合同关系的组成和内容。

任务准备

5.1.1　合同概述

1. 合同的定义及法律特征

合同是平等主体的自然人、法人、其他组织之间设立、变更、终止民事权利和义务关系的协议。各国的合同法规范的都是债权合同，它是市场经济条件下规范财产流转关系的基本依据，因此，合同是市场经济中广泛进行的法律行为。而广义的合同还应包括婚姻、收养、监护等有关身份关系的协议，以及劳动合同等，这些合同由其他法律进行规范，不属于合同法中规范的合同。

在市场经济中，财产的流转主要依靠合同。特别是工程项目，标的大、履行时间长、协调关系多，合同尤为重要。因此，建筑市场中的各方主体，包括建设单位、勘察设计单位、施工单位、咨询单位、监理单位、材料设备供应单位等都要依靠合同确立相互之间的关系。

建设工程施工合同的
定义、作用和内容

合同作为一种协议，其本质是一种合意，必须是两个以上意思表示一致的民事法律行为。因此，合同的缔结必须由双方当事人协商一致才能成立。合同当事人作出的意思表示必须合法．这样才能具有法律约束力。

在各类合同当中，建设工程施工合同是承包人进行工程建设，发包人支付价款的合同。通常包括建设工程勘察、设计、施工合同。在传统民法上，建设工程施工合同属承揽合同的一种。

建设工程施工合同概述

合同中所确立的权利和义务，必须是当事人依法可以享有的权利和能够承担的义务，这是合同具有法律效力的前提。

合同具有以下法律特征：

（1）合同是一种民事法律行为。合同是合同当事人意思表示的结果，是以设立、变更、终止财产性的民事权利与义务为目的，且合同的内容即合同当事人之间的权利和义务是由意思表示的内容来确定的。因而，合同是一种民事法律行为。

（2）合同是一种双方或多方或共同的民事法律行为。首先，合同的成立须有两个或两个以上的当事人；其次，合同的各方当事人须互相或平行作出意思表示；再次，各方当事人的意思表示须达成一致，即达成合意或协议，且这种合意或协议是当事人平等、自愿协商的结果。因而，合同是一种双方、多方或共同的民事法律行为。

建设工程施工合同的
特点、作用及种类

（3）合同是以在当事人之间设立、变更、终止财产性的民事权利和义务为目的。首先，合同当事人签订合同的目的是各自的经济利益或共同的经济利益，因而，合同的内容为当事人之间财产性的民事权利和义务；其次，合同当事人为了实现或保证各自的经济利益或共同的经济利益，以合同的方式来设立、变更、终止财产性的民事权利和义务关系。

（4）订立、履行合同，应当遵守法律、行政法规。这其中包括：合同的主体必须合法，订立合同的程序必须合法，合同的形式必须合法，合同的内容必须合法，合同的履行必须合法，合同的变更、解除必须合法等。

建设工程施工合同的
概念和特征及主要条款

（5）合同依法成立，即具有法律约束力。所谓法律约束力，是指合同的当事人必须遵守合同的规定，如果违反，就要承担相应的法律责任。

2. 合同的订立原则

合同的订立，应当遵循平等原则、自愿原则、公平原则、诚实信用原则、合法原则等。

(1)平等原则。《中华人民共和国合同法》（以下简称《合同法》）规定，合同当事人的法律地位平等，一方不得将自己的意志强加给另一方。这一原则包括以下三方面的内容：

1)合同当事人的法律地位一律平等。不论所有制性质、单位大小和经济实力强弱，其法律地位都是平等的。

2)合同中的权利义务对等。也就是说，享有权利的同时就应当承担义务，而且彼此的权利、义务是对等的。

3)合同当事人必须就合同条款充分协商，在互利互惠基础上取得一致，合同方能成立。任何一方都不得将自己的意志强加给另一方，更不得以强迫命令、胁迫等手段签订合同。

(2)自愿原则。《合同法》规定，当事人依法享有自愿订立合同的权利，任何单位和个人不得非法干预。

自愿原则体现了民事活动的基本特征，是民事法律关系区别于行政法律关系、刑事法律关系的特有原则。自愿原则贯穿于合同活动的全过程，包括是否订立合同自愿，与谁订立合同自愿，合同内容由当事人在不违法的情况下自愿约定，在合同履行过程中当事人可以协议补充、协议变更有关内容，双方也可以协议解除合同，可以约定违约责任，以及自愿选择解决争议的方式。总之，只要不违背法律、行政法规强制性的规定，合同当事人有权自愿决定，任何单位和个人不得非法干预。

(3)公平原则。《合同法》规定，当事人应当遵循公平原则确定各方的权利和义务。公平原则主要包括：

1)订立合同时，要根据公平原则确定双方的权利和义务，不得欺诈，不得假借订立合同恶意进行磋商。

2)根据公平原则确定风险的合理分配。

3)根据公平原则确定违约责任。

公平原则作为合同当事人的行为准则，可以防止当事人滥用权利，保护当事人的合法权益，维护和平衡当事人之间的利益。

(4)诚实信用原则。《合同法》规定，当事人行使权利、履行义务应当遵循诚实信用原则。诚实信用原则主要包括：

1)订立合同时，不得有欺诈或其他违背诚实信用的行为。

2)履行合同义务时，当事人应当根据合同的性质、目的和交易习惯，履行及时通知、协助、提供必要条件、防止损失扩大、保密等义务。

3)合同终止后，当事人应当根据交易习惯，履行通知、协助、保密等义务，也称为后契约义务。

(5)合法原则。《合同法》规定，当事人订立、履行合同，应当遵守法律、行政法规，尊重社会公德，不得扰乱社会经济秩序，损害社会公共利益。

一般来讲，合同的订立和履行，属于合同当事人之间的民事权利和义务关系，只要当事人的意思不与法律规范、社会公共利益和社会公德相抵触即承认合同的法律效力。但是，合同绝不仅仅是当事人之间的问题，有时可能会涉及社会公共利益、社会公德和经济秩序。为此，对于损害社会公共利益、扰乱社会经济秩序的行为，国家应当予以干预，但这种干预要依法进行，由法律、行政法规作出规定。

3. 合同的分类

合同的分类是指按照一定的标准，将合同划分成不同的类型。合同的分类，有利于当事人找到能达到自己交易目的的合同类型，订立符合自己愿望的合同条款，便于合同的履行，也有助于司法机关在处理合同纠纷时准确地适用法律，正确处理合同纠纷。

（1）有名合同与无名合同。根据法律是否明文规定了一定合同的名称，可以将合同分为有名合同与无名合同。

1）有名合同（又称典型合同），是指法律上已经确定了一定的名称及具体规则的合同。《合同法》中所规定的 15 类合同，都属于有名合同，如建设工程施工合同等。

2）无名合同（又称非典型合同），是指法律上尚未确定一定的名称与规则的合同。合同当事人可以自由决定合同的内容，即使当事人订立的合同不属于有名合同的范围，只要不违背法律的禁止性规定和社会公共利益，仍然是有效的。

有名合同与无名合同的区分意义，主要在于两者适用的法律规则不同。对于有名合同，应当直接适用《合同法》的相关规定，如建设工程施工合同直接适用《合同法》第十六章的规定。对于无名合同，《合同法》规定："本法分则或其他法律没有明确规定的合同，适用本法总则的规定，并可以参照本法分则或其他法律最相类似的规定。"因此，无名合同首先应当适用《合同法》的一般规则，然后可比照最相类似的有名合同的规则，确定合同效力、当事人权利和义务等。

（2）双务合同与单务合同。根据合同当事人是否互相负有给付义务，可以将合同分为双务合同和单务合同。

1）双务合同，是指当事人双方互负对待给付义务的合同，即双方当事人互享债权、互负债务，一方的合同权利正好是对方的合同义务，彼此形成对价关系。例如，建设工程施工合同中，承包人有获得工程价款的权利，而发包人则有按约支付工程价款的义务。大部分合同都是双务合同。

2）单务合同，是指合同当事人中仅有一方负担义务，而另一方只享有合同权利的合同。例如，在赠与合同中，受赠人享有接受赠与物的权利，但不负担任何义务。无偿委托合同、无偿保管合同均属于单务合同。

（3）诺成合同与实践合同。根据合同的成立是否需要交付标的物，可以将合同分为诺成合同和实践合同。

1）诺成合同（又称不要物合同），是指当事人双方意思表示一致就可以成立的合同。大多数的合同都属于诺成合同，如建设工程施工合同、买卖合同、租赁合同等。

2）实践合同（又称要物合同），是指除当事人双方意思表示一致以外，尚须交付标的物才能成立的合同，如保管合同。

（4）要式合同与不要式合同。根据法律对合同的形式是否有特定要求，可以将合同分为要式合同与不要式合同。

1）要式合同，是指根据法律规定必须采取特定形式的合同。如《合同法》规定，建设工程施工合同应当采用书面形式。

2）不要式合同，是指当事人订立的合同依法并不需要采取特定的形式，当事人可以采取口头方式，也可以采取书面形式或其他形式。

要式合同与不要式合同的区别，实际上是一个关于合同成立与生效的条件问题。如果法律规定某种合同必须经过批准或登记才能生效，则合同未经批准或登记便不生效；如果法律规定某种合同必须采用书面形式才成立，则当事人未采用书面形式时合同便不成立。

(5)有偿合同与无偿合同。根据合同当事人之间的权利和义务是否存在对价关系，可以将合同分为有偿合同与无偿合同。

1)有偿合同，是指一方通过履行合同义务而给对方某种利益，对方要得到该利益必须支付相应代价的合同，如建设工程施工合同等。

2)无偿合同，是指一方给付对方某种利益，对方取得该利益时并不支付任何代价的合同，如赠与合同等。

(6)主合同与从合同。根据合同相互间的主从关系，可以将合同分为主合同与从合同。

主合同是指能够独立存在的合同；依附于主合同方能存在的合同为从合同。例如，发包人与承包人签订的建设工程施工合同为主合同，为确保该主合同的履行，发包人与承包人签订的履约保证合同为从合同。

4. 合同的要约与承诺

(1)要约。

1)要约的定义。要约是希望和他人订立合同的意思表示。发出要约的人称为要约人，接受要约的人称为受要约人或承诺人。

要约的构成要件有以下几项：

①内容具体确定。"具体"是指要约的内容必须具有足以使合同成立的主要条款。合同的主要条款应当根据合同的性质和内容来加以判断。"确定"是指要约的内容必须明确，而不能含糊不清。根据《联合国国际货物销售合同公约》第十四条的规定，买卖合同应该具备三个最基本的条款，即应当载明货物的名称；应当明示或默示地规定货物的数量或规定如何确定数量的方法；应当明示或默示地规定货物的价格或规定如何确定价格的方法。

②要约必须向受要约人发出，原则上应向一个或数个特定人发出。但法律在某些特定情况下允许向不特定的人发出要约的提议具有要约的效力，如悬赏广告。《合同法》第十五条第二款也规定，商业广告的内容符合要约规定的，视为要约。

③表明经受要约人承诺，要约人即受该意思表示约束。

2)要约和要约邀请的区别。要约邀请是指希望他人向自己发出要约以订立合同的意思表示。《合同法》第十五条举例说明要约邀请的形式有寄送的价目表、拍卖公告、招标公告、招股说明书、商业广告等。

要约和要约邀请的区别主要有以下几项：

①要约是希望和他人订立合同的意思表示，以订立合同为目的；要约邀请是希望他人向自己发出要约的意思表示，以促成对方向自己发出要约为目的。

②要约一般针对特定的相对人，往往采用对话方式或信函方式，而要约邀请一般针对不特定多数人的，往往通过广播、电视、报刊等媒介。

③要约的内容具体确定；要约邀请的内容一般不确定，仅表达希望对方向自己发出要约的意思。

3)要约的生效。要约生效后即表示要约人需受要约的法律约束。确定要约生效的时间，我国采用"受信主义"原则，即要约到达受要约人时生效。

以书面形式作出的要约，当要约送达到受要约人的住所或能控制的范围内即为送达，不要求实际送到受要约人手中。其中，《合同法》第十六条第二款还规定，采用数据电文形式订立合同，收件人指定特定系统接收数据电文的，该数据电文进入该特定系统的时间，视为到达时间；未指定特定系统的，该数据电文进入收件人的任何系统的首次时间，视为到达时间。

以口头形式或其他形式作出的要约，在受要约人了解要约内容时生效。

4) 要约的撤回与撤销。依据《合同法》的规定，要约可以撤回，也可以撤销。二者的区别在于作为的时间不同，撤回要约的通知应当在要约到达受要约人之前或者与要约同时到达受要约人，即要约的撤回是在要约生效之前；撤销要约的通知应当在受要约人发出承诺通知之前到达受要约人，即要约可在要约生效后、承诺生效前撤销。

要约的撤销有例外情况，在要约人确定了承诺期限或者以其他形式明示要约不可撤销以及受要约人有理由认为要约是不可撤销的并已经为履行合同作了准备工作两种情况下，要约是不可撤销的。

5) 要约失效的情形。《合同法》第二十条规定："有下列情形之一的，要约失效：拒绝要约的通知到达要约人；要约人依法撤销要约；承诺期限届满，受要约人未作出承诺；受要约人对要约的内容作出实质性变更。"

（2）承诺。

1) 承诺的定义。承诺是指受要约人同意要约的条件、愿意同要约人建立合同关系的意思表示。

2) 承诺的方式。《合同法》第二十二条规定："承诺应当以通知的方式作出，但根据交易习惯或者要约表明可以通过行为作出承诺的除外。"据此，承诺一般应以口头形式、书面形式作出，或者根据交易习惯或要约的要求以行为作出。对于沉默或不作为是否可以是承诺的方式，法律未作规定，但通常认为，如果当事人有特别约定或交易习惯允许以沉默或不作为的方式作出承诺的，法律应承认承诺的效力。

3) 承诺的期限。承诺的期限分以下两种情况：

①要约确定了承诺期限的，承诺应在要约确定的期限内到达要约人。

②要约未确定承诺期限的，又分两种情况：要约以对话方式作出的，应当即时作出承诺，除非当事人另有约定；要约以非对话方式作出的，承诺应当在合理期限内到达。其中，"合理期限"应根据交易的性质、习惯以及要约采用的传递方式予以确定。

4) 承诺期限的起算时间。要约以信件作出的，承诺期限自信件载明的日期开始计算；信件未载明日期的，自投寄该信件的邮戳日期开始计算。

要约以电报作出的，承诺期限自电报交发之日开始计算。

要约以电话、传真等快速通信方式作出的，承诺期限自要约到达受要约人时开始计算。

5) 承诺的生效时间。

①以通知作出的承诺，承诺在通知到达要约人的时候生效。其中，以数据电文形式订立合同的承诺的生效时间，适用《合同法》第十六条第二款的规定，即"采用数据电文形式订立合同，收件人指定特定系统接收数据电文的，该数据电文进入该特定系统的时间，视为到达时间；未指定特定系统的，该数据电文进入收件人的任何系统的首次时间，视为到达时间。"

②根据交易习惯或者要约的要求以行为作出承诺的，作出行为的时候承诺生效。

6) 承诺的撤回。《合同法》第二十七条规定："承诺可以撤回。撤回承诺的通知应当在承诺通知到达要约人之前或者与承诺通知同时到达要约人。"

7) 逾期承诺的效力。通常，受要约人超过承诺期限发出的承诺无效，此意思表示应视为新要约。

逾期承诺仍有效的情况有两种：一是逾期承诺发出后要约人及时通知受要约人该承诺有效；二是受要约人在承诺期限内发出承诺，按照通常情形能够及时到达要约人，但因其他原因承诺到达要约人时超过承诺期限的，除要约人及时通知受要约人因承诺超过期限不接受该承诺的以外，该承诺有效。其中，"通常情形"应具体情况具体分析，结合具体的交易习惯来理解和认定；"其他原因"是指不是由于受要约人的主观过错造成的。

8)要约对承诺的变更。承诺的内容应当与要约的内容一致。但往往受要约人承诺时会对要约作出变更，这种变更可分为实质性变更和非实质性变更。

实质性变更是指有关合同标的、数量、质量、价款或者报酬、履行期限、履行地点和方式、违约责任和解决争议方法等的变更。受要约人对要约的内容作出实质性变更的，为新要约。

非实质性变更是指对不涉及属于实质性变更条款所做的变更。对要约的内容作出非实质性变更的承诺是有效的，合同的内容以承诺的内容为准。但在要约人及时表示反对和要约表明承诺不得对要约的内容作出任何变更这两种情况下，非实质性变更的承诺也无效。

5.1.2 合同在建设工程中的作用

1. 以合同来约束建设工程承包合同双方的责任

(1)承包方的责任认定和承担。

1)施工准备责任。施工场地的平整，施工界区以内的用水、用电、道路和临时设施的施工；编制施工组织设计（或施工方案），做好各项施工准备工作。

2)物资准备责任。按双方商定的分工范围，做好材料和设备的采购、供应和管理。

3)及时告知责任。及时向发包方提出开工通知书、施工进度计划表、施工平面布置图、隐蔽工程验收通知、竣工验收报告；提供月份施工作业计划、月份施工统计报表、工程事故报告以及提出应由发包方供应的材料、设备的供应计划。

4)工程质量责任。由于承包方的原因造成工程质量不符合合同规定的，承包方应负责无偿修理或返工，由此造成工程逾期交付的，应支付逾期违约金。

5)工程保管责任。已完工程的房屋、构筑物和安装的设备，承包方在交工前应负责保管，并清理好场地。

6)工程交付责任。承包方应按合同规定的时间如期完工和交付，由于承包方的原因造成工程逾期交付的，承包方应承担相应的违约责任。

7)竣工验收责任。承包方应按照有关规定提出竣工验收技术资料，办理竣工结算，参加竣工验收。

8)工程保修责任。在合同规定的保修期内，对属于承包方责任的工程质量问题，负责无偿修理。

9)防止损失扩大责任。因发包人的原因致使工程中途停建、缓建的，发包人应及时通知对方采取适当的措施防止损失扩大；承包人没有采取适当措施致使损失扩大的，不得就扩大的损失要求赔偿。

10)共同责任。共同承包单位、总分包单位、工程监理单位与承包方的连带责任。《中华人民共和国建筑法》第二十七条规定："大型建筑工程或者结构复杂的建筑工程，可以由两个以上的承包单位联合共同承包。共同承包的各方对承包合同的履行承担连带责任。两个以上不同资质等级的单位实行联合共同承包的，应当按照资质等级低的单位的业务许可范围承揽工程。"第二十九条第二款规定："建筑工程总承包单位按照总承包合同的约定对建设单位负责；分包单位按照分包合同的约定对总承包单位负责。总承包单位和分包单位就分包工程对建设单位承担连带责任。"第三十五条第二款规定："工程监理单位与承包单位串通，为承包单位牟取非法利益，给建设单位造成损失的，应当与承包单位承担连带赔偿责任。"

(2)发包方的责任认定和承担。

1)办证责任。办理正式工程和临时设施范围内的土地征用、租用、申请施工许可执照和占道、爆破以及临时铁道专用线接岔等的许可证。

2)工程定点责任。确定建筑物、道路、线路、上下水道的定位标桩、水准点和坐标控制点。

3)"三通一平"责任。开工前接通施工现场水源、电源和运输道路，拆迁现场内民房和障碍物(委托承包方承担的除外)。

4)物资保证责任。按双方协定的分工范围和要求，供应材料和设备。

5)经费保证责任。向经办银行提交拨款所需的文件(实行贷款或自筹的工程要保证资金供应人按时办理拨款和结算，不按合同规定时间拨付工程款，应支付逾期付款违约金)。

6)技术保证责任。发包方应组织有关单位对施工图等技术资料进行审定，按照合同规定的时间和份数交付给承包方。

7)施工监督责任。发包方应派驻工地代表，对工程进度、工程质量进行监督，检查隐蔽工程，办理中间交工工程验收手续，负责签证、解决应由发包方解决的问题，以及其他事宜。

8)误工赔偿责任。发包方由于中途停建、缓建或由于设计变更以及设计错误给承包方造成停工、窝工、返工、倒运、机械设备调迁、材料和构件积压等损失和实际费用的，应承担赔偿责任。

发包人未按建设工程施工合同约定支付工程进度款致使停工、窝工的，承包人可顺延工程日期，并有权要求赔偿停工、窝工损失。

承包人对发包人逾期支付工程进度款无异议并继续施工的，在发生纠纷后，承包人要求对方承担违约责任的，不予支持。

9)验收结算责任。发包方负责组织施工单位共同商定工程价款和竣工结算，负责组织工程竣工验收。逾期组织验收和办理竣工结算，应承担相应的违约责任。

隐蔽工程经双方验收认可后，承包人继续施工而发现隐蔽工程存在质量问题造成损失的，发包人应承担相应的过错责任；若设计单位和监理单位也有过错，应按过错大小各自承担相应的责任。

工程竣工后，合同约定的验收期限届满，发包人拒绝验收的，承包人可单方与有关部门组织验收，验收费用由双方对半承担。因发包人拒绝提供验收资料、文件，导致无法进行验收的，视为发包人对工程已验收合格。

10)发包人知道或应当知道承包人挂靠其他建筑企业仍与之签订建筑工程承包合同的，应对无效合同承担相应的过错责任。

2. 按合同进行物资采购和资金划拨

出卖人应当按照合同保质、保量、按期交付合同订购的材料、设备，买受人应当按照合同约定的条件接受货物并及时支付价款。买受人不得无偿取得财产的所有权。

合同内对工程进度款支付：在确认计量结果后 14 天内，发包人应向承包人支付工程款（进度款）。按约定时间发包人应扣回的预付款，与工程款（进度款）同期结算。

3. 通过合同进行计量和工程量确认

合同文件中规定的项目，只有符合合同文件规定的条件，才能给予计量。哪些项目该计量，哪些项目已含在相应项目中，哪些项目不计量，工程数量结算规则，采用何种计量方法、计量单位，要确保计量符合合同条件。

（1）单价合同的计量。工程计量时，若发现招标工程量清单中出现缺项、工程量偏差，或因工程变更引起工程量的增减，应按承包人在履行合同过程中实际完成的工程量计算。

承包人应当按照合同约定的计量周期和时间，向发包人提交当期已完工程量报告。发包人应在收到报告后 7 天内核实，并将核实计量结果通知承包人。发包人未在约定时间内进行核实的，则承包人提交的计量报告中所列的工程量视为承包人实际完成的工程量。

（2）总价合同的计量。总价合同项目的计量和支付应以总价为基础，发承包双方应在合同中约定工程计量的形象目标或时间节点。承包人实际完成的工程量，是进行工程目标管理和控制进度支付的依据。

承包人应在合同约定的每个计量周期内，对已完成的工程进行计量，并向发包人提交达到工程形象目标完成的工程量和有关计量资料的报告。

发包人应在收到报告后 7 天内对承包人提交的上述资料进行复核，以确定实际完成的工程量和工程形象目标。对其有异议的，应通知承包人进行共同复核。

4. 通过合同进行工期管理、质量管理以及奖罚索赔等

（1）按照合同进行工期管理。工期是建设工程施工合同的核心要素，对于施工合同的履行，发包人和承包人应当从以下方面加强对合同工期的管理：

1）按照合同及时办理与开工有关的手续，确定实际开工与竣工时间。发包人在工程建设过程中应当遵循法律规定的施工许可管理规定，办理有关施工许可手续。同时，工期作为合同的实质性内容，发包人在签订施工合同之后，不得随意调整工期。与此同时，对于依法必须实行监理的项目，发包人应当在监理合同中同时约定，监理人在发出开工通知时，应当征得发包人的同意，并且同样需要满足法律规定和合同约定的开工条件。发包人还应按照合同的约定，为承包人履行施工合同提供必要条件，如施工场地、施工需用的电、水、气、施工图纸等，如发包人不能按期为承包人提供施工条件的，则工期可以顺延，发包人还应向承包人赔偿损失。

2）按照合同及时确定施工组织设计方案，明确节点工期和施工过程的组织实施。承包人应当按照合同约定的时间提交详细的施工组织设计文件，明确施工条件和各项资源实施的计划。如有其他施工单位共同在一个施工现场施工，应当与发包人、其他施工单位签署现场统一管理协议，就现场统一管理的职责、权利和义务、费用计算与承担和违反义务的后果等方面约定明确。

3）按照合同约定正确处理延期事件，确保工程按期竣工。工期延误事件包括因发包人原因、因承包人原因和其他客观原因等方面造成的延误。发包人应当督促承包人按照施工进度计划进行施工，如承包人的施工进度严重滞后于进度计划，以至于发包人的缔约目的逾期无法实现的，发包人可要求承包人限期整改，如承包人的整改措施仍然不力的，发包人有权采用暂停施工、解除合同、重新选择承包人等方式解决工期的严重滞后问题，该种情形下，发包人有权要求承包人赔偿因解除合同所造成的损失。

（2）按照合同进行施工质量管理。

1）根据合同约定的质量标准进行全过程质量控制，以促进实现过程质量目标。如约定工程质量应达到"鲁班奖"标准的，则应当在施工过程中，监督控制工程设计指标、分部分项工程质量均满足"鲁班奖"的评定标准要求，以确保整体工程最终满足"鲁班奖"的评定条件。通常情况下，发包人作为投资人，一般不具备管理工程质量的能力，因此，委托监理机构对工程质量进行管控显得格外重要，故发包人应当在监理合同中明确监理工作的目标和要求，以落实工程质量管理的目标。

2）工程质量验收包括进场材料设备的验收、过程验收和竣工验收，其中竣工验收是工程合同履行的重要节点，工程通过竣工验收的，承包人有权获得发包人支付全部工程价款。为此，发包人应高度重视竣工验收，验收不合格的，应要求承包人整改，待整改后重新进行验收，并确保竣工验收合格后方可交付使用。

3）按照合同进行缺陷责任期和保修期内的工程质量维护管理。发包人在缺陷责任期和保修期内发现工程质量缺陷和问题的，应及时书面通知承包人，要求承包人予以维修，并对引起的维修费用进行清算。对于不属于承包人维修范围内的缺陷，发包人应及时委托第三方予以维修，避免缺陷扩大。

（3）按照合同进行索赔与反索赔。合同实施的索赔与反索赔管理对总承包商来说，合同索赔同样有两个方面：一是与业主的关系；二是与分包商的关系。合同管理贯穿工程实施的全过程和各个层面，而合同管理的重要组成部分就是施工索赔。施工索赔也同时贯穿于工程实施的全过程和各个层面。总承包商一方面要根据合同条件的变化，向业主提出索赔的要求，减少工程损失；另一方面利用分包合同中的有关条款，对分包商提出的索赔进行合理合法的分析，可能地减少分包商提出的索赔。对由于分包商自身原因拖延工期、不可弥补的质量缺陷及安全责任事故要按合同罚则进行反索赔。同时要按合同原则公平对待各方利益，坚持谁之过，谁赔偿。在索赔与反索赔过程中要注重客观性、合法性和合理性。

5.1.3　建设工程中的主要合同关系

同建设工程活动关系密切的相关合同，主要是承揽合同、买卖合同、借款合同、租赁合同、融资租赁合同、运输合同、委托合同等。

1. 承揽合同

承揽合同是日常生活中除买卖合同外较常见和普遍的合同，《合同法》第二百五十一条第一款对承揽合同所下定义为："承揽人按照定作人的要求完成工作，交付工作成果，定作人给付报酬的合同。"在承揽合同中，完成工作并交付工作成果的一方为承揽人；接受工作成果并支付报酬的一方称为定作人。在日常生活中，如果合同中没有以承揽人、定作人指称双方当事人，也不影响对其法律性质的认定。承揽合同的承揽人可以是一人，也可以是数人。在承揽人为数人时，数个承揽人即为共同承揽人，如无相反约定，共同承揽人对定作人负连带清偿责任。

建设工程施工合同体系

承揽合同是诺成、有偿、双务、非要式合同，具有以下特征：

(1)承揽合同以完成一定的工作并交付工作成果为标的。在承揽合同中，承揽人必须按照定作人的要求完成一定的工作，但定作人的目的不是工作过程，而是工作成果，这是与单纯的提供劳务的合同的不同之处。按照承揽合同所要完成的工作成果可以是体力劳动成果，也可以是脑力劳动成果；既可以是物，也可以是其他财产。

(2)承揽合同的标的物具有特定性。承揽合同是为了满足定作人的特殊要求而订立的，因而定作人对工作质量、数量、规格、形状等的要求使承揽标的物特定化，使它同市场上的物品有所区别，以满足定作人的特殊需要。

(3)承揽人工作具有独立性。承揽人以自己的设备、技术、劳力等完成工作任务，不受定作人的指挥管理，独立承担完成合同约定的质量、数量、期限等责任，在交付工作成果之前，对标的物意外灭失或工作条件意外恶化风险所造成的损失承担责任。故承揽人对完成工作有独立性，这种独立性受到限制时，其承受意外风险的责任亦可相应减免。

(4)承揽合同具有一定人身性质。承揽人一般必须以自己的设备、技术、劳动力等完成工作并对工作成果的完成承担风险。承揽人不得擅自将承揽的工作交给第三人完成，且对完成工作过程中遭受的意外风险负责。但是如果经过定作人的同意，承揽人可以将承揽的主要工作交由第三人，但需要注意的是工程成果承揽人还是要负责的人。

承揽合同具有多种多样的具体形式。按照《合同法》第二百五十一条第二款的规定，承揽包括加工、定作、修理、复制、测试、检验等工作，因而也就有相应类型的合同。

(5)承揽合同是诺成合同、有偿合同、双务合同。

(6)订立加工承揽合同的基本要求：承揽合同既然是以完成一定工作为内容的合同，在合同订立时，定作方不能预知工作成果的好坏，因此，应当考虑承揽方是否能胜任这项工作。为了促使合同顺利履行，当事人在订立合同时，定作方应明确提出定作物或项目数量、质量及其他特定要求，承揽方应当如实提供设备能力、技术条件、工艺水平等情况。

(7)关于定金和预付款。在承揽合同中，使用定金和预付款的情况比较多见。定金是合同担保的形式之一。当事人为了证明合同建立，保证合同履行，给付一定数额的价金。如果一方不履行合同便依法丧失定金或须双倍返还定金。预付款无担保作用，属于支援性质，当事人一方不履行合同的，在分清责任的基础上，承揽方商得定作方同意，可以在预付款中扣除违约金和赔偿金。双方有争执的，应由司法或执法部门解决。

(8)关于价款和酬金。价款和酬金统称"价金"，这是取得对方产品，完成工程、劳务或智力成果所支付的代价。价款一般是用来偿付对方产品和项目的价金。价款中包括原、辅材料的价金，以及劳务、技术、燃料动力，设备耗损等项价金。酬金是用来支付对方劳务或智力成果的价金。在加工承揽活动中，有以价款形式偿付对方产品的，如定作、复制物品，也有以酬金形式来支付对方劳务的，如来料加工、修理、测绘测试等。由于价款和酬金的区别，在违约金核定比例上，便有不同规定。以价款来计算违约金比率，一般都低于以酬金计算的比率，这是因为价款中包含着原材料、产成品或购进品的价值部分，其价值量远远大于给付追加劳动的酬金数量。在实际工作中应注意准确选定违约金计算的基数。

(9)责任划分。承揽合同不仅仅是承揽方完成工作，定作方接受成果、给付报酬的一般规定。在许多合同关系中，定作方除明确提出工作要求外，还应按时、按质、按量地提交原材料、技术资料，完成必要的辅助工作和准备工作，这里便有责任划分问题。如果定作方不能履行自己的责任，延误了工期或给对方造成损失，承揽方有权要求顺延期限，赔偿损失。承揽方没有对定作方提供的原材料或完成的准备工作和辅助工作进行检验，发生了问题承揽方要承担责任。

2. 买卖合同

买卖合同是一方转移标的物的所有权于另一方，另一方支付价款的合同。转移所有权的一方为出卖人或卖方，支付价款而取得所有权的一方为买受人或者买方。

买卖是商品交换最普遍的形式，也是典型的有偿合同。根据《合同法》第一百七十四条、第一百七十五条的规定，法律对其他有偿合同的事项未作规定时，参照买卖合同的规定；互易等转移标的物所有权的合同，也参照买卖合同的规定。

（1）买卖合同的特征。

1）买卖合同是有偿合同。买卖合同的实质是以等价有偿方式转让标的物的所有权，即出卖人移转标的物的所有权于买方，买方向出卖人支付价款。这是买卖合同的基本特征，也是使其与赠与合同相区别，是有偿民事法律行为。

2）买卖合同是双务合同。在买卖合同中，买方和卖方都享有一定的权利，承担一定的义务。而且，其权利和义务存在对应关系，即买方的权利就是卖方的义务，买方的义务就是卖方的权利。

3）买卖合同是诺成合同。买卖合同自双方当事人意思表示一致就可以成立，不以一方交付标的物为合同的成立要件，当事人交付标的物属于履行合同。

4）买卖合同一般是不要式合同。通常情况下，买卖合同的成立、有效并不需要具备一定的形式，但法律另有规定者除外。

5）买卖合同是双方民事法律行为。

（2）买卖合同的注意事项。签订买卖合同是日常市场交易中最常见的一种活动，对于合同签订过程中的一些细节和条款，要慎之又慎，以防合同欺诈，避免不必要的损失和纠纷。

1）合同主体资格的审核。确认主体是否具备订立合同的资格，同时核实签约方是否具有实际履行能力。

①主体是法人组织的。

a. 在订立合同时要求对方提供资格证明，如营业执照的原件，同时注意其证件复印件等非原件的证明材料的真实性，防止造假。

b. 注意审查营业执照是否有瑕疵，如被吊销、被暂扣等情况。

c. 可以通过当地的工商管理部门审查对方实际注册资本和资金，确保其有合同实际履行能力。

d. 确认买卖方必须是标的物的所有人或者有权处分该物的组织。

②主体是个人的。对其进行履约能力的审查可以通过对其单位及其同事、家庭、朋友、邻居等进行调查，以获取相关信息，最后综合判断其是否具有履约能力和信用程度。

2）合同当事人的名称或者姓名和住所。如果主体是法人组织的应以营业执照名称为准，如果主体是自然人应以居民身份证上的名字为准。

3）标的物名称、规格、型号、生产厂商、产地、数量及价款。

①合同标的物应全称具体，不能简写，注意标的物不得为法律禁止或限制流通物。

②品种、规格、型号、等级、花色等要写具体注明，必要时可通过附件说明标的的实际情况。

③数量、价款要明确，包括数额的计量单位，大多数事项应由双方协定，同时需要标

出标的物的单价、总价、币种、支付方式及程序等，各项须明确填写，不得含糊。

4）质量要求方面。产品质量应按照国家标准，没有国家标准的应按照行业标准或企业标准，也可以协商确定。买卖合同应对货物质量重点加以约定，以便于验收，避免纠纷。卖方应当按照约定的质量标准交付标的物，如果交付的标的物附有说明书的，交付的标的物应符合说明书上的质量要求。

5）产品的包装标准。货物的包装方式对于货物的完好至关重要，包装不到位就可能发生货损，引起纠纷。对于包装方式可以按约定的包装，无约定的应当按照通用的方式包装，没有通用方式的，应当采取足以保护标的物的包装方式。

6）履行的期限、地点、方式。

①履行期限可按照年度、季度、月、旬、日计算，要准确、具体、合理，不能用模棱两可的词语。

②履行地点指的是交货地点，要写清楚、具体、准确。

③履行方式指的是双方应约定交货、提货、运输方式和结算方式，要写得具体明确。

7）交货的时间、地点、方式。交货的时间、地点和方式是合同的关键内容，它涉及双方的利益实现和标的物毁损灭失风险承担问题。一般情况下，标的物的所有权自交付时转移，风险承担随之转移。因此，对交付的相关内容一定要在合同中予以明确。

8）检验标准、时间、方法。合同中应当约定检验的时间、地点、标准和方法、买方发现质量问题提出异议的时间及卖方答复的时间、发生质量争议的鉴定机构。买方收到标的物后应当在合同约定的检验期间内对标的物进行检验，如发现货物的数量或质量不符合约定应在检验期内通知卖方，买方怠于通知的，视为所交货物符合约定。合同没有约定检验期间的，买方应及时检验，并在发现问题的合理期间内通知卖方。

9）结算方式。结算方式应该具体、明确，对用支票进行支付应按规定程序检查，以免被套走标的物。针对虚开支票欺诈的，我们可以通过两种途径防范，一种是款到交货，根据支票转账所需时间，要求买方款到卖方账面后才交货，但这种方法一般很难使买方接受，除非货物供不应求；另一种是直接到出票人开户银行去持票入账，马上就能知道支票能否兑现，如能兑现可以即行转账，如被拒付可以立即停止发货，从而避免损失。

10）违约责任方面。违约责任的约定，应该具体可行。如果双方违反了应尽的义务，应当按照合同约定承担违约责任，合同没有约定的按照法律规定承担违约责任。对违约行为的惩处，合同双方应在合同违约责任条款中加以详细描述。

11）解决争议的方法。解决争议的方法，要明确、具体。此外，对于约定的争议处理机构和起诉法院不得超出地域管辖权。

12）其他注意事项。

①合同主体名称和签订人名字首尾须保持一致。出卖方应该注意买受方合同尾部的单位名称须与合同首部的单位名称一致，所加盖的公章或合同专用章上的单位名称须与书写的单位名称一致，法定代表人、委托代理人的名字是否与真实名字一致，不能有错字、别字、漏字或简称。

②对代理人签订合同的应对其代理权进行审查。对于对方业务员或经营管理人员代表其单位订立的合同，应注意了解对方的授权情况，包括授权范围、授权期限、介绍信的真实性，对非法定代表人的高级管理人员，如副总经理、副董事长等，应了解其是否具有代表权。才能避免无权代理的情形。

③防范合同恶意履行。合同恶意履行的情况比较复杂，但在订立合同时如能进行积极的事前防范将极大的减少合同风险。对对方资信有质疑的可以要求对方提供担保。另外，在合同履行中保留相关证据，出现纠纷时，积极行使诉权，通过人民法院保护自己的权利，以免因超过诉讼时效而蒙受损失。

④合同订立应采取书面形式并使用比较标准的合同范本。尽管《合同法》允许采用书面形式、口头形式等各种形式，但非书面形式在发生纠纷时不好确定双方责任，容易被人利用进行欺诈。因此，订立合同应尽量采用书面形式。同时，订立合同时应尽量参照工商行政管理机关颁布的有标准的合同范本，并结合具体交易情况可以适当调整合同部分条款内容，内容应尽量详尽、明确。

3. 借款合同

借款合同是当事人约定一方将一定种类和数额的货币所有权移转给他方，他方于一定期限内返还同种类、同数额货币的合同。其中，提供货币的一方称贷款人；受领货币的一方称借款人。

(1)借款合同的特征。

1)借款合同的标的物是金钱。借款合同的标的物是作为特殊种类物的金钱，因此，原则上只发生履行迟延，不发生履行不能。

2)借款合同是转让货币所有权的合同。当贷款人将借款即货币交给借款人后，货币的所有权移转给了借款人，借款人可以处分所得的货币。这是借款合同的目的决定的，也是货币这种特殊种类物作为其标的物的必然结果。

3)借款合同一般为有偿合同(有息借款)，也可以是无偿合同(无息借款)。

4)借款合同一般为要式合同，应当采用书面形式。自然人之间的借款合同的形式可以由当事人约定。

(2)借款合同的注意事项。

1)诉讼时效问题。需要注意：借款没有约定还款期限的，债权人可以随时提出还款主张，不受两年诉讼时效的限制，但提出还款主张后两年内没有继续主张的，视为超过诉讼时效，法律不予支持。

2)原告主张债权必须提供书面借据；无书面借据或无法提供的，应提供必要的事实根据或与自己无利害关系的两人以上的证人证言，来支持自己的主张。欠条或者借条在债务人之手时一般将被推定为该债务已经清偿。

3)民间借贷的利率可以高于银行利率，但最高不得超过银行利率的4倍(含利率本数)，但一定要明确约定，没有约定利息的，视为无息借款。约定超出银行同期利率4倍的，超出部分的利息依法不予保护。出借人不得将利息计入本金谋取高利，审理中发现借款人将利息计入本金计算复利的，只返还本金。

4)出借人明知是为了进行非法活动而借款的，典型的例子是赌债，其借贷关系不予保护。对双方的违法借贷行为，可按照有关法律予以制裁。

5)行为人以借款人的名义出具的借据代其借款，借款人不承认，行为人又不能证明的，由行为人承担民事责任。如借款是用于夫妻共同生活，则由夫妻双方共同偿还。

6)合伙经营期间，个人以合伙组织的名义借款，用于合伙经营的，由合伙人共同偿还；借款人不能证明借款用于合伙经营的，由借款人偿还。

7)借款的抵押如果涉及不动产，要到相关部门办理登记手续，才能对抗第三人。

8）债权文书如办理可强制执行的公证，则可不经法院审理，直接向法院申请强制执行。

9）还款期满后6个月内必须向担保人主张权利，如过期则担保人一般不承担担保责任。

10）为延长诉讼时效可以用邮政"特快专递"不断寄送追款函，邮件回执单必须明确注明寄送的内容，如"要求还款1万元的函""要求担保人承担担保责任的函"。

4. 租赁合同

租赁合同是指由出租方融通资金为承租方提供所需设备，承租方取得设备使用权并按期支付租金的协议。租赁合同是经济合同的一种，即出租人将租赁物交付承租人使用、收益，承租人支付租金的合同。

（1）租赁合同的基本特征。

1）租赁合同是转移租赁物使用收益权的合同。在租赁合同中，承租人的目的是取得租赁物的使用收益权，出租人也只转让租赁物的使用收益权，而不转让其所有权；租赁合同终止时，承租人须返还租赁物。这是租赁合同区别于买卖合同的根本特征。

2）租赁合同是双务、有偿合同。在租赁合同中，交付租金和转移租赁物的使用收益权之间存在着对价关系，交付租金是获取租赁物使用收益权的对价，而获取租金是出租人出租财产的目的。

3）租赁合同是诺成合同。租赁合同的成立不以租赁物的交付为要件，当事人只要依法达成协议合同即告成立。

（2）租赁合同签订注意事项。

1）承租方需要了解出租人和出租物的基本情况。

①作为承租方，应先审查租赁物是否存在法律法规禁止出租的情形，包括以下情形：未依法取得租赁物的相关证件；共有租赁物未取得共有人同意的；权属有争议的等。

②作为承租方，为了预防欺诈，在合同中约定，如果承租方是租赁物的所有人，必须提供相关的证明文件；如果承租方不是租赁物的所有人，必须具有转租权。

③为了避免争议，在合同中对租赁物的基本信息应进行明确约定，如租赁物的规格、质量、数量等。

2）租赁合同的租期条款。在合同中，约定租赁物的租赁期限，明确租赁的具体起止日期，如承租方超过租赁期使用租赁物，应支付给出租方超时使用的租金。

3）租赁合同的租金条款。

①在合同中，明确约定租金的支付方式，以现金支付或是通过银行转账的方式（采用银行转账需写上户名、银行账号），实行按月支付、按季还是年支付等。

②在合同中，明确约定租金支付时间，应于每月的具体日期支付租金。如果承租方在一定宽限期内没有按期支付，应支付迟延租金或违约金或出租方可解除合同。

4）租赁合同的保证金条款。在租赁物租赁合同订立时，合同双方当事人都尽量避免风险，预防欺诈，承租方应在合同订立前交给出租方一定的保证金或押金，应根据实际情况在租赁物价值范围内决定押金的数额。同时对于保证金退还的条件，应进行明确约定。

5）租赁合同的转租条款。在合同中明确约定承租方是否可以转租。

①作为承租方，经过出租方的同意，可以将租赁物转租给第三人，出租方和承租方原有的租赁关系不因转租而影响。

②承租方未经出租方同意，擅自将租赁物转租给第三人的，出租方可以解除租赁合同，因转租造成租赁物损坏的，承租方还应承担赔偿责任。

6）租赁合同的妥善保管责任条款。在合同中明确约定，承租方在租赁期间，应妥善保管租赁物，如果未尽妥善保管义务，造成租赁物及配套设施损毁、灭失的，应承担赔偿责任。例如，应爱护并合理使用租赁物，造成损坏的还应承担修复或赔偿责任。

7）租赁合同的维修责任条款。在合同中，对维修责任进行明确约定，出租方应确保租赁物符合约定用途，但也可以约定由承租方承担维修义务。

5. 融资租赁合同

融资租赁合同的主体为三方当事人，即出租人（买受人）、承租人和出卖人（供货商）。融资租赁要求出租人为其融资购买承租人所需的设备，然后由供货商直接将设备交给承租人。

（1）法律特征。

1）与买卖合同不同，融资合同的出卖人是向承租人履行交付标的物和瑕疵担保义务，而不是向买受人（出租人）履行义务，即承租人享有买受人的权利但不承担买受人的义务。

2）与租赁合同不同，融资租赁合同的出租人不负担租赁物的维修与瑕疵担保义务，但承租人须向出租人履行交付租金义务。

3）根据约定以及支付的价款数额，融资租赁合同的承租人有取得租赁物之所有权或返还租赁物的选择权，即如果承租人支付的是租赁物的对价，就可以取得租赁物之所有权，如果支付的仅是租金，则须于合同期间届满时将租赁物返还出租人。

（2）权利和义务。

1）出卖人的义务。

①向承租人交付租赁物；

②承租标的物之瑕疵担保义务和损害赔偿义务。

2）出租人的义务。相对于出卖人，出租人就是买受人，其主要义务有以下几项：

①向出卖人支付标的物的价金。

②在承租人向出卖人行使索赔权时，负有协助义务。

③不变更买卖合同中与承租人有关条款的不作为义务。

④取回权。"出租人享有租赁物的所有权。承租人破产的，租赁物不属于破产财产"。当承租人破产时，出租人可以取回；当租赁期间届满时，可以取回；当承租人重大违约出租人解除合同时，当然也可以取回。

⑤租赁物不符合租赁合同目的时的责任。《合同法》规定："租赁物不符合约定或者不符合使用目的的，出租人不承担责任，但承租人依赖出租人的技能确定租赁物或者出租人干预选择租赁物的除外"。

⑥权利瑕疵担保责任。"出租人应当保证承租人对租赁物的占有和使用"。这是《合同法》关于权利瑕疵担保责任的规定，即出租人担保标的物不被第三人（出卖人等）所追夺，不被第三人所主张任何权利（包括不被第三人主张知识产权）。

⑦对第三人造成侵害的免责。《合同法》规范"承租人占有租赁物期间，租赁物造成第三人的人身伤害或者财产损害的，出租人不承担责任"。

3）承租人的义务。

①根据约定，向出租人支付租金。

②妥善保管和使用租赁物并担负租赁物的维修义务。

③依约定支付租金，并于租赁期间届满时返还租赁物。

（3）租赁物的所有权。融资租赁期间，出租人享有租赁物的所有权。因此，承租人破产时，租赁物不属于破产财产。但与一般所有人不同的是，出租人并不承担租赁物的瑕疵担保责任，对承租人占有租赁承租人物期间租赁物造成第三人的人身或财产损害也不承担责任。

出租人与承租人可以约定租赁期间届满后租赁物的归属。对租赁物的归属没有约定或者约定不明确，按照《中华人民共和国合同法》第六十一条的规定仍不能确定的，租赁物的所有权归出租人。

6. 运输合同

运输合同是承运人将旅客或货物运到约定地点，旅客、托运人或收货人支付票款或运费的合同。其特征有：运输合同是有偿的、双务的合同；运输合同的客体是指承运人将一定的货物或旅客运送到约定的地点的运输行为；运输合同大多是格式条款合同。

（1）货物运输合同当事人权利与义务。

1）托运人的主要权利包括：要求承运人按合同约定的时间安全运输到约定的地点；在承运人将货物交付收货人前，托运人可以请求承运人中止运输、返还货物、变更到货地点或将货物交给其他收货人，但由此给承运人造成的损失应予赔偿。

2）托运人的主要义务包括：如实申报货运基本情况的义务；办理有关手续的义务；包装货物的义务；支付运费和其他有关费用的义务。

3）承运人的主要权利包括：收取运费及符合规定的其他费用；对逾期提货的，承运人有权收取逾期提货的保管费，对收货人不明或收货人拒绝受领货物的，承运人可以提存货物，不适合提存货物的，可以拍卖货物提存价款；对不支付运费、保管费及其他有关费用的，承运人可以对相应的运输货物享有留置权。

4）承运人的主要义务包括：按合同约定调配适当的运输工具和设备，接收承运的货物，按期将货物运到指定的地点；从接收货物时起至交付收货人之前，负有安全运输和妥善保管的义务；货物运到指定地点后，应及时通知收货人收货。

5）收货人的权利与义务。收货人的主要权利是：承运人将货物运到指定地点后，持凭证领取货物的权利；在发现货物短少或灭失时，有请求承运人赔偿的权利。收货人的主要义务是：检验货物的义务；及时提货的义务；支付托运人少交或未交的运费或其他费用的义务。

（2）违反货物运输合同的责任。

1）承运方的责任：

①不按运输合同规定的时间和要求配车（船）发运的，偿付托运方违约金。

②货物错运到货地点或接货人，应无偿运至合同规定的到货地点或接货人。如果货物运到逾期，偿付逾期交货的违约金。

③运输过程中货物灭失、短少、变质、污染、损坏，按货物的实际损失（包括包装费、运杂费）赔偿。

④联运的货物发生灭失、短少、变质、污染、损坏应由承运方承担赔偿责任的，由终点阶段的承运方按照规定赔偿，再由终点阶段的承运方向负有责任的其他承运方追偿。

⑤在符合法律和合同规定条件下的运输，由于下列原因造成货物灭失、短少、变质、污染、损坏的，承运方不承担违约责任：

a. 不可抗力；

b. 货物本身的自然性质；

c. 货物的合理损耗；

d. 托运方或收货方本身的过错。

2）托运方的责任：

①未按运输合同规定的时间和要求提供托运的货物，偿付承运方违约金。

②由于在普通货物中夹带、匿报危险货物，错报笨重货物重量等而招致吊具断裂、货物摔损、吊机倾翻、爆炸、腐蚀等事故，承担赔偿责任。

③由于货物包装缺陷产生破损，致使其他货物或运输工具、机械设备被污染腐蚀、损坏，造成人身伤亡的，承担赔偿责任。

④在托运方专用线或在港、站公用专用线、专用铁道自装的货物，在到站卸货时，发现货物损坏、短少，在车辆施封完好或无异状的情况下，应赔偿收货人的损失。

⑤罐车发运货物，因未随车附带规格质量证明或化验报告，造成收货方无法卸时，偿付承运方卸车等存费及违约金。

7. 委托合同

委托合同是指受托人为委托人办理委托事务，委托人支付约定报酬或不支付报酬的合同。其特征有：委托合同是典型的劳务合同；受托人以委托人的费用办理委托事务；委托合同具有人身性质，以当事人之间相互信任为前提；委托合同既可以是有偿合同，也可以是无偿合同；委托合同是诺成的、双务的合同。委托合同又称委任合同，是指委托人和受托人约定，由受托人处理委托事务的合同。

（1）委托人应当预付处理委托事务的费用。受托人为处理委托事务垫付的必要费用，委托人应当偿还该费用及其利息。受托人完成委托事务的，委托人应当向其支付报酬。

（2）有偿的委托合同，因受托人的过错给委托人造成损失的，委托人可以要求赔偿损失。无偿的委托合同，因受托人的故意或者重大过失给委托人造成损失的，委托人可以要求赔偿损失。受托人超越权限给委托人造成损失的，应当赔偿损失。

（3）委托人经受托人同意，可以在受托人之外委托第三人处理委托事务。因此给受托人造成损失的，受托人可以向委托人要求赔偿损失。

（4）受托人完成委托事务的，委托人应当向其支付报酬。因不可归责于受托人的事由，委托合同解除或者委托事务不能完成的，委托人应当向受托人支付相应的报酬。当事人另有约定的，按照其约定。

（5）受托人应当亲自处理委托事务。经委托人同意，受托人可以转委托。转委托经同意的，委托人可以就委托事务直接指示转委托的第三人，受托人仅就第三人的选任及其对第三人的指示承担责任。转委托未经同意的，受托人应当对转委托的第三人的行为承担责任，但在紧急情况下受托人为维护委托人的利益需要转委托的除外。

（6）委托人或者受托人可以随时解除委托合同。因解除合同给对方造成损失的，除不可归责于该当事人的事由以外，应当赔偿损失。

（7）法律特征。

1）建立在委托人与受托人的相互信任基础上。委托人之所以选定受托人为自己处理事务，是以他对受托人的办事能力和信誉的了解、信任为基础的；而受托人之所以接受委托，也是出于愿意为委托人服务，能够完成委托事务的自信，这也是其基于对委托人的了解和信任。因此，委托合同只能发生在双方相互信任的特定人之间。没有当事人双方相互的信任和自愿，委托合同关系就不能建立，即使建立了合同关系也难以巩固。因此，在委托合同中，受托人应当亲自处理受托的事务，不经委托人的同意，不能转托他人处理受托的事务。同时，在委托合同建立后，如果任何一方对他方产生了不信任，都可以随时终止委托合同。

2)标的是处理委托事务。委托合同是提供劳务类合同，其标的是为劳务，这种劳务体现为委托人为受托人处理委托事务。关于委托事务的范围，《合同法》并没有将委托事务限于法律行为，因而解释上应不限于法律行为。但是，应当指出，委托事务的范围也并不是没有任何限制的，委托事务必须是委托人有权实施的，且不违反法律或者社会公共利益、社会公德的行为。

3)受托人以委托人的名义和费用处理委托事务。受托人处理事务，除法律另有规定外，不是以自己的名义和费用，而是以委托人的名义和费用进行的。因此，委托合同的受托人处理受托事务的后果，直接由委托人承受。这是委托合同与行纪合同、承揽合同、居间合同等类似合同的重要区别。

4)委托合同可以是有偿的，也可以是无偿的。委托合同可以是有偿合同，也可以是无偿合同，委托合同是否有偿，由当事人双方约定。如约定收取报酬，则为有偿合同。如法律没有另外规定，当事人双方又没有约定给付受托人报酬的，则为无偿合同。

5)委托合同自双方达成一致的协议时即成立，不以物的交付或当事人实际履行行为作为合同成立的要件。因此，委托合同为诺成合同。委托合同为不要式合同，合同采用何种形式，由当事人双方自行约定。委托合同无论是否有偿，均为双务合同。在无偿的委托合同中，委托人虽没有支付报酬的义务，但其仍负有其他义务，如支付费用、接受委托事务的结果、赔偿损失等，这些义务与受托人的义务是相对应的。因此，无偿的委托合同也是双务合同。

(8)终止原因。委托合同终止的原因包括一般原因和特殊原因。一般原因是指一般合同所通存的终止原因。如委托事务处理完毕、委托合同履行已经不可能、委托合同的存续期间届满等；特殊原因是指导致委托合同终止特有的原因，主要有以下两种原因：

1)当事人一方解除委托合同。在委托合同中，合同的当事人双方均享有任意终止权，可以任意终止合同。无论是有偿委托合同还是无偿委托合同，也无论是定有期限的委托合同还是未确定期限的委托合同，也无论委托事务的处理进行到何种程度，当事人均有权终止委托合同。这是因为，委托合同是以当事人的相互信任为基础的，而信任关系属于主观信念的范畴，具有主观任意性，并无一定的规格和限制。如果当事人在信念上对对方当事人的信任有所动摇，就应不问有无确凿可信的理由，均允许其随时终止委托合同。否则，即使勉强维持双方之间的合同关系，也会影响委托合同订立目的的实现。《合同法》第四百一十条中规定：委托人或者受托人可以随时解除委托合同。

2)当事人一方死亡、丧失民事行为能力或破产。在发生当事人一方死亡、丧失民事行为能力或破产时，除当事人另有约定或根据委托事务的性质不宜终止的以外，委托合同终止。

委托合同因当事人一方死亡、丧失民事行为能力或破产而终止，这是一般原则。在特殊情况下，委托合同也可以不终止。这些特殊情况包括两种情况：一是合同另有约定。当事人可以在合同中约定即使当事人一方有死亡、丧失民事行为能力或破产的情形时，委托合同仍不终止。例如，委托律师进行诉讼，委托合同可以约定，不因委托人的死亡而终止代理诉讼。二是委托事务的性质不宜终止。《合同法》明确规定了因委托事务的性质不宜终止的委托合同不因当事人一方的死亡、丧失民事行为能力或破产而终止。

(9)终止后果。

1)当事人任意解除委托合同的后果。委托合同的任何一方当事人都有权随时解除委托合同。但是，如果因解除委托合同而给对方造成损失的，除不可归责于自己的事由外，解除合同的一方应当赔偿损失。例如，正当委托人昏迷不醒，无法另行安排委托事务的处理，而委托事务的处理又正处于关键阶段时，受托人终止合同，势必会给委托人带来损害，对此损害，受托人就应负责赔偿。当然，如果当事人一方因不可归责于自己的事由而解除合同时，则可不负赔偿责任。但在这种情况下，解除合同的当事人一方须负举证责任，证明不可归责于自己的事由的存在。关于解除委托合同的赔偿责任，《合同法》第四百一十条中规定："因解除合同给对方造成损失的，除不可归责于该当事人的事由以外，应当赔偿损失。"

2)因当事人一方的原因而终止委托合同的后果。因委托人的死亡、丧失民事行为能力或破产，致使委托合同终止将损害委托人利益时，在委托人的继承人、法定代理人或清算组织承受委托事务之前，受托人应继续处理委托事务。

因受托人的死亡、丧失民事行为能力或破产，致使委托合同终止的，受托人的继承人、法定代理人或清算组织应当及时通知委托人。因委托合同终止将损害委托人利益的，在委托人作出善后处理之前，受托人的继承人、法定代理人或清算组织应当采取必要的措施。

任务实施

2009年1月20日，某建筑公司向某钢铁厂购买了钢材2 000吨，每吨价款1 000元，并签订了一份钢材买卖合同。合同中约定由钢材厂于5月20日和10月30日分两批将2 000吨钢材送到该建筑公司在甲地的施工现场，货到后一个星期之内，该建筑公司支付货款。5月20日，该钢材厂将1 000吨钢材运到了该建筑公司在乙地的施工现场。建筑公司多次与该钢材厂协商，要求其将1 000吨钢材按合同中的约定运到甲地的施工现场，而此时，甲地的施工现场因其未能按期送货而导致工期推迟，损失了4万元。而钢材厂认为自己已经按合同中的约定履行了交付钢材的义务，而且乙地的施工现场也属于甲建筑公司，因此不同意支付额外的运输费再将该批钢材运至甲地，并要求该建筑公司支付该批钢材的货款100万元。而建筑公司认为钢材厂不按合同履行，因此拒绝支付货款。10月30日，钢材厂将另外1 000吨的钢材运送到该建筑公司在甲地的施工现场，而此时市场的钢材价格大幅降价，建筑公司以钢材厂不守信用为由拒绝受领。于是，建筑公司与钢材厂发生纠纷，双方均认为对方违约而诉至人民法院。

[问题]：

1. 钢材厂将第一批1 000吨的钢材运到建筑公司在乙地的施工现场，是否应承担违约责任？建筑公司损失的4万元应当由谁负责？请说明理由。

2. 建筑公司可否以钢材厂违约在先为由而拒绝受领第二批钢材？该行为是否构成了违约？为什么？

[问题分析]：

问题1：钢材厂应当依照双方合同的约定，全面、适当地履行合同义务。钢材厂无视合同关于履行地点约定，应当在甲工地交货，却在乙工地交货，属于违反合同的违约行为。

建筑公司多次与该钢材厂协商，要求其将1 000吨钢材按合同中的约定运到甲地的施工现场，而钢材厂认为自己已经按合同中的约定履行了交付钢材的义务，而且乙地的施工现场也属于甲建筑公司，因此不同意支付额外的运输费再将该批钢材运至甲地，这显然违反了诚实信用原则。

因此，建筑公司因为钢材厂的违约导致工期延误，所造成的损失，应当由钢材厂承担违约责任。

问题2：双方合同约定的交货义务分为两次履行，每次1 000吨。违反第一次履行义务是否导致合同目的不能实现，是否构成"根本违约"，这是守约方能否拒绝受领第二次钢材的关键所在。从案情看，第一次钢材的延迟带来4万元损失，可见，建筑公司的施工没有受到致命影响，不构成"根本违约"。

钢材公司第二次钢材在10月30日运至甲地，符合合同约定。可见，建筑公司应受领第二次的1 000吨钢材。问题还在于，10月30日市场的钢材价格大幅下降，建筑公司能否以市场上的低价受领这1 000吨钢材呢？不能，建筑公司应以合同约定的每吨1 000元，支付第二次1 000吨钢材的货款。

有观点认为，钢材公司履行迟延了，《合同法》规定，履行迟延有一个惩罚机制，即交货方迟延交货的，价格上涨的以原价结算，价格下跌的以市场价结算。收货方迟延受领的，价格上涨的以市场价结算，价格下跌的以原价结算。那么，钢材公司的第二次1 000吨是否构成迟延交货？事实上，第二次1 000吨交货完全符合合同的约定，建筑公司不应拒绝受领，否则建筑公司构成受领迟延，应承担违约责任。

也有观点认为，既然第一次的1 000吨没有到货，这个1 000吨应该算是第一次吧？这样的理解不公平。因为，第一次1 000吨构成违约，钢材公司承担违约责任了；再次提出前事，把第二次的交货作为第一次的交货的迟延，有失公平、公正。

🔊 任务拓展　　合同违约责任的承担方式

1. 支付违约金

违约金是指合同当事人在合同中约定的，在合同债务人不履行或不适当履行合同义务时，向对方当事人支付的一定数额的金钱。

当事人既约定违约金，又约定定金的，一方违约时，对方可以选择适用违约金或者定金条款。

当事人就迟延履行约定违约金的，违约方支付违约金后，还应当履行债务。

2. 损害赔偿

损害赔偿是指因合同一方当事人的违约行为而给对方当事人造成财产损失时，违约方向对方当事人所做的经济补偿。

范围：包括直接损失和间接损失，但不包括非财产损失，即精神损害。

当事人一方不履行合同义务或者履行合同义务不符合约定，给对方造成损失的，损失赔偿额应当相当于因违约所造成的损失，包括合同履行后可以获得的利益，但不得超过违反合同一方订立合同时预见到或者应当预见到的因违反合同可能造成的损失。

经营者对消费者提供商品或者服务有欺诈行为的，依照《中华人民共和国消费者权益保护法》的规定承担损害赔偿责任。（双倍返还）

当事人一方违约后，对方应当采取适当措施防止损失的扩大；没有采取适当措施致使损失扩大的，不得就扩大的损失要求赔偿。

3. 继续履行

继续履行是指由法院或仲裁机关作出要求实际履行的判决或下达特别履行命令，强迫债务人在指定期限内履行合同债务。

当事人一方不履行非金钱债务或者履行非金钱债务不符合约定的，对方可以要求履行，但有下列情形之一的除外：

(1)法律上或者事实上不能履行；

(2)债务的标的不适于强制履行或者履行费用过高；

(3)债权人在合理期限内未要求履行。

4. 其他补救措施

质量不符合约定的，应当按照当事人的约定承担违约责任。对违约责任没有约定或者约定不明确，受损害方根据标的的性质以及损失的大小，可以合理选择要求对方承担修理、更换、重作、退货、减少价款或者报酬等违约责任。

当事人一方不履行合同义务或者履行合同义务不符合约定的，在履行义务或者采取补救措施后，对方还有其他损失的，应当赔偿损失。

上述违约责任可以选择适用，也可以几种方式同时适用，但宗旨是以合同目的达到为准。

任务 5.2　建设工程施工合同

任务目标

通过本任务的学习，了解、熟悉建设工程施工合同的基本概念和注意事项；掌握《建设工程施工合同(示范文本)》的组成和内容。

任务准备

5.2.1　建设工程施工合同概述

1. 建设工程施工合同的概念

建设工程施工合同是指发包方(建设单位)和承包方(施工人)为完成商定的施工工程，明确相互权利、义务的协议。依照施工合同，施工单位应完成建设单位交给的施工任务，建设单位应按照规定提供必

建设工程施工合同管理

要条件并支付工程价款。建设工程施工合同是承包人进行工程建设施工，发包人支付价款的合同，是建设工程的主要合同，同时，也是工程建设质量控制、进度控制、投资控制的主要依据。施工合同的当事人是发包方和承包方，双方是平等的民事主体。

2. 建设工程施工合同的内容

《合同法》规定，施工合同的内容包括工程范围、建设工期、中间交工工程的开工和竣工时间、工程质量、工程造价、技术资料交付时间、材料和设备供应责任、拨款和结算、竣工验收、质量保修范围和质量保证期、双方相互协作等条款。

(1)工程范围。工程范围是指施工的界区，是施工人进行施工的工作范围。

(2)建设工期。建设工期是指施工人完成施工任务的期限。在实践中，有的发包人常常要求缩短工期，施工人为了赶进度，往往导致严重的工程质量问题。因此，为了保证工程质量，双方当事人应当在施工合同中确定合理的建设工期。

(3)中间交工工程的开工和竣工时间。中间交工工程是指施工过程中的阶段性工程。为了保证工程各阶段的交接，顺利完成工程建设，当事人应当明确中间交工工程的开工和竣工时间。

(4)工程质量。工程质量条款是明确施工人施工要求，确定施工人责任的依据。施工人必须按照工程设计图纸和施工技术标准施工，不得擅自修改工程设计，不得偷工减料。发包人也不得明示或者暗示施工人违反工程建设强制性标准，降低建设工程质量。

(5)工程造价。工程造价是指进行工程建设所需的全部费用，包括人工费、材料费、施工机械使用费、措施费等。在实践中，有的发包人为了获得更多的利益，往往压低工程造价，而施工人为了盈利或不亏本，不得不偷工减料、以次充好，结果导致工程质量不合格，甚至造成严重的工程质量事故。因此，为了保证工程质量，双方当事人应当确定工程造价。

(6)技术资料交付时间。技术资料主要是指勘察、设计文件以及其他施工人据以施工所必需的基础资料。当事人应当在施工合同中明确技术资料的交付时间。

(7)材料和设备供应责任。材料和设备供应责任，是指由哪一方当事人提供工程所需材料设备及其应承担的责任。材料和设备可以由发包人负责提供，也可以由施工人负责采购。如果按照合同约定由发包人负责采购建筑材料、构配件和设备的，发包人应当保证建筑材料、构配件和设备符合设计文件和合同要求。施工人则须按照工程设计要求、施工技术标准和合同约定，对建筑材料、构配件和设备进行检验。

(8)拨款和结算。拨款是指工程款的拨付。结算是指施工人按照合同约定和已完工程量向发包人办理工程款的清算。拨款和结算条款是施工人请求发包人支付工程款和报酬的依据。

(9)竣工验收。竣工验收条款一般应当包括验收范围与内容、验收标准与依据、验收人员组成、验收方式和日期等内容。

(10)质量保修范围和质量保证期。建设工程质量保修范围和质量保证期，应当按照《建设工程质量管理条例》的规定执行。

(11)双方相互协作。双方相互协作条款一般包括双方当事人在施工前的准备工作，施工人及时向发包人提出开工通知书、施工进度报告书、对发包人的监督检查提供必要协助等。

3. 建设工程施工合同发承包双方的主要义务

(1)发包人的主要义务。

1)不得违法发包。《合同法》规定,发包人不得将应当由一个承包人完成的建设工程肢解成若干部分发包给几个承包人。

2)提供必要施工条件。发包人未按照约定的时间和要求提供原材料、设备、场地、资金、技术资料的,承包人可以顺延工程日期,并有权要求赔偿停工、窝工等损失。

3)及时检查隐蔽工程。隐蔽工程在隐蔽以前,承包人应当通知发包人检查。发包人没有及时检查的,承包人可以顺延工程日期,并有权要求赔偿停工、窝工等损失。

建设工程竣工后,发包人应当根据施工图纸及说明书、国家颁发的施工验收规范和质量检验标准及时进行验收。

4)支付工程价款。发包人应当按照合同约定的时间、地点和方式等,向承包人支付工程价款。

(2)承包人的主要义务。

1)不得转包和违法分包工程。承包人不得将其承包的全部建设工程转包给第三人,不得将其承包的全部建设工程肢解以后以分包的名义分别转包给第三人。禁止承包人将工程分包给不具备相应资质条件的单位。禁止分包单位将其承包的工程再分包。

2)自行完成建设工程主体结构施工。建设工程主体结构的施工必须由承包人自行完成。承包人将建设工程主体结构的施工分包给第三人的,该分包合同无效。

3)接受发包人有关检查。发包人在不妨碍承包人正常作业的情况下,可以随时对作业进度、质量进行检查。隐蔽工程在隐蔽以前,承包人应当通知发包人检查。

4)交付竣工验收合格的建设工程。建设工程竣工验收合格后,方可交付使用;未经验收或者验收不合格的,不得交付使用。

5)建设工程质量不符合约定的无偿修理。因施工人的原因致使建设工程质量不符合约定的,发包人有权要求施工人在合理期限内无偿修理或者返工、改建。经过修理或者返工、改建后,造成逾期交付的,施工人应当承担违约责任。

5.2.2 《建设工程施工合同(示范文本)》的组成和内容

1. 住房城乡建设部、工商总局关于印发建设工程施工合同(示范文本)的通知

各省、自治区住房城乡建设厅、工商行政管理局,直辖市建委、工商行政管理局(市场监督管理部门),新疆生产建设兵团建设局,国务院有关部门建设司,有关中央企业:

《建设工程施工合同
(示范文本)》
(GF—2017—0201)

建设工程合同
管理法律基础

为规范建筑市场秩序，维护建设工程施工合同当事人的合法权益，住房城乡建设部、工商总局对《建设工程施工合同（示范文本）》（GF—2013—0201）进行了修订，制定了《建设工程施工合同（示范文本）》（GF—2017—0201），现印发给你们。在执行过程中有何问题，请与住房城乡建设部建筑市场监管司、工商总局市场规范管理司联系。

本合同示范文本自2017年10月1日起执行，原《建设工程施工合同（示范文本）》（GF—2013—0201）同时废止。

2. 说明

为了指导建设工程施工合同当事人的签约行为，维护合同当事人的合法权益，依据《中华人民共和国合同法》《中华人民共和国建筑法》《中华人民共和国招标投标法》以及相关法律法规，住房城乡建设部、国家工商行政管理总局对《建设工程施工合同（示范文本）》（GF—2013—0201）进行了修订，制定了《建设工程施工合同（示范文本）》（GF—2017—0201）（以下简称《示范文本》）。

3.《示范文本》的组成

《示范文本》由合同协议书、通用合同条款和专用合同条款三部分组成。

（1）合同协议书。《示范文本》合同协议书共计13条，主要包括：工程概况、合同工期、质量标准、签约合同价和合同价格形式、项目经理、合同文件构成、承诺以及合同生效条件等重要内容，集中约定了合同当事人基本的合同权利义务。

（2）通用合同条款。通用合同条款是合同当事人根据《中华人民共和国建筑法》《中华人民共和国合同法》等法律法规的规定，就工程建设的实施及相关事项，对合同当事人的权利和义务作出的原则性约定。

通用合同条款共计20条，具体条款分别为：一般约定、发包人、承包人、监理人、工程质量、安全文明施工与环境保护、工期和进度、材料与设备、试验与检验、变更、价格调整、合同价格、计量与支付、验收和工程试车、竣工结算、缺陷责任与保修、违约、不可抗力、保险、索赔和争议解决。前述条款安排既考虑了现行法律法规对工程建设的有关要求，也考虑了建设工程施工管理的特殊需要。

（3）专用合同条款。专用合同条款是对通用合同条款原则性约定的细化、完善、补充、修改或另行约定的条款。合同当事人可以根据不同建设工程的特点及具体情况，通过双方的谈判、协商对相应的专用合同条款进行修改补充。在使用专用合同条款时，应注意以下事项：

1）专用合同条款的编号应与相应的通用合同条款的编号一致；

2）合同当事人可以通过对专用合同条款的修改，满足具体建设工程的特殊要求，避免直接修改通用合同条款；

3）在专用合同条款中有横道线的地方，合同当事人可针对相应的通用合同条款进行细化、完善、补充、修改或另行约定；如无细化、完善、补充、修改或另行约定，则填写"无"或划"／"。

4.《示范文本》的性质和适用范围

《示范文本》为非强制性使用文本。《示范文本》适用于房屋建筑工程、土木工程、线路管道和设备安装工程、装修工程等建设工程的施工承发包活动，合同当事人可结合建设工程具体情况，根据《示范文本》订立合同，并按照法律法规规定和合同约定承担相应的法律责任及合同权利义务。

附示范文本：

第一部分 合同协议书

发包人（全称）：＿＿＿＿＿＿＿＿＿＿＿

承包人（全称）：＿＿＿＿＿＿＿＿＿＿＿

根据《中华人民共和国合同法》《中华人民共和国建筑法》及有关法律规定，遵循平等、自愿、公平和诚实信用的原则，双方就＿＿＿＿＿＿＿＿＿＿＿＿工程施工及有关事项协商一致，共同达成如下协议：

一、工程概况

1. 工程名称：＿＿＿＿＿＿＿＿＿＿＿。

2. 工程地点：＿＿＿＿＿＿＿＿＿＿＿。

3. 工程立项批准文号：＿＿＿＿＿＿＿＿＿＿＿。

4. 资金来源：＿＿＿＿＿＿＿＿＿＿＿。

5. 工程内容：＿＿＿＿＿＿＿＿＿＿＿。

群体工程应附《承包人承揽工程项目一览表》（附件1）。

6. 工程承包范围：

＿＿＿＿＿＿＿＿＿＿＿＿＿＿＿＿＿＿＿＿＿＿＿＿＿＿＿＿＿＿＿＿＿＿

＿＿＿＿＿＿＿＿＿＿＿＿＿＿＿＿＿＿＿＿＿＿＿＿＿＿＿＿＿＿＿＿＿＿

＿＿＿＿＿＿＿＿＿＿＿＿＿＿＿＿＿＿＿＿＿＿＿＿＿＿＿＿＿＿＿＿＿＿

＿＿＿＿＿＿＿＿＿＿＿＿＿＿＿＿＿＿＿＿＿＿＿＿＿＿＿＿＿＿＿＿＿＿

＿＿＿＿＿＿＿＿＿＿＿＿＿＿＿＿＿＿＿＿＿＿＿＿＿＿＿＿＿＿＿＿＿＿

＿＿＿＿＿＿＿＿＿＿＿＿＿＿＿＿＿＿＿＿＿＿＿＿＿＿＿＿＿＿＿＿。

二、合同工期

计划开工日期：＿＿＿＿＿年＿＿＿＿＿月＿＿＿＿＿日。

计划竣工日期：＿＿＿＿＿年＿＿＿＿＿月＿＿＿＿＿日。

工期总日历天数：＿＿＿＿＿天。工期总日历天数与根据前述计划开竣工日期计算的工期天数不一致的，以工期总日历天数为准。

三、质量标准

工程质量符合＿＿＿＿＿＿＿＿＿＿＿标准。

四、签约合同价与合同价格形式

1. 签约合同价为：

人民币（大写＿＿＿＿＿＿＿＿＿＿＿）（￥＿＿＿＿＿＿＿＿＿＿＿元）。

其中：

（1）安全文明施工费：

人民币（大写＿＿＿＿＿＿＿＿＿＿＿）（￥＿＿＿＿＿＿＿＿＿＿＿元）。

（2）材料和工程设备暂估价金额：

人民币（大写＿＿＿＿＿＿＿＿＿＿＿）（￥＿＿＿＿＿＿＿＿＿＿＿元）。

（3）专业工程暂估价金额：

人民币（大写＿＿＿＿＿＿＿＿＿＿＿）（￥＿＿＿＿＿＿＿＿＿＿＿元）。

（4）暂列金额：

人民币（大写_____）（￥_____元）。

2. 合同价格形式：_____。

五、项目经理

承包人项目经理：_____。

六、合同文件构成

本协议书与下列文件一起构成合同文件：

（1）中标通知书（如果有）；

（2）投标函及其附录（如果有）；

（3）专用合同条款及其附件；

（4）通用合同条款；

（5）技术标准和要求；

（6）图纸；

（7）已标价工程量清单或预算书；

（8）其他合同文件。

在合同订立及履行过程中形成的与合同有关的文件均构成合同文件组成部分。

上述各项合同文件包括合同当事人就该项合同文件所作出的补充和修改，属于同一类内容的文件，应以最新签署的为准。专用合同条款及其附件须经合同当事人签字或盖章。

七、承诺

1. 发包人承诺按照法律规定履行项目审批手续、筹集工程建设资金并按照合同约定的期限和方式支付合同价款。

2. 承包人承诺按照法律规定及合同约定组织完成工程施工，确保工程质量和安全，不进行转包及违法分包，并在缺陷责任期及保修期内承担相应的工程维修责任。

3. 发包人和承包人通过招投标形式签订合同的，双方理解并承诺不再就同一工程另行签订与合同实质性内容相背离的协议。

八、词语含义

本协议书中词语含义与第二部分通用合同条款中赋予的含义相同。

九、签订时间

本合同于_____年_____月_____日签订。

十、签订地点

本合同在_____签订。

十一、补充协议

合同未尽事宜，合同当事人另行签订补充协议，补充协议是合同的组成部分。

十二、合同生效

本合同自_____生效。

十三、合同份数

本合同一式_____份，均具有同等法律效力，发包人执_____份，承包人执_____份。

发　包　人：_____（公章）　　发　包　人：_____（公章）

法定代表人或其委托代理人：　　　　　　　　法定代表人或其委托代理人：
　　　　　　　（签字）　　　　　　　　　　　　　　　　（签字）
组织机构代码：　　　　　　　　　　　　　　组织机构代码：　　　　　　
地　　　　址：　　　　　　　　　　　　　　地　　　　址：　　　　　　
邮 政 编 码：　　　　　　　　　　　　　　　邮 政 编 码：　　　　　　
法定代表人：　　　　　　　　　　　　　　　法定代表人：　　　　　　
委托代理人：　　　　　　　　　　　　　　　委托代理人：　　　　　　
电　　　　话：　　　　　　　　　　　　　　电　　　　话：　　　　　　
传　　　　真：　　　　　　　　　　　　　　传　　　　真：　　　　　　
电 子 信 箱：　　　　　　　　　　　　　　　电 子 信 箱：　　　　　　
开 户 银 行：　　　　　　　　　　　　　　　开 户 银 行：　　　　　　
账　　　　号：　　　　　　　　　　　　　　账　　　　号：　　　　　　

任务实施

A 公司与 B 公司于 2013 年 4 月签订了钢结构工程施工安装合同，合同约定：

1. A 公司承包 B 公司位于某工业区的厂房钢结构安装工程。

2. 工程总价为 3 290 000 元，合同签订后预付工程款 500 000 元，主钢结构进场即付 500 000 元，剩余工程款于 2013 年 12 月 30 日前全部付清。

3. 工程期限为主钢结构进场后 50 天完工，除因 B 公司原因或政府有关单位和个人组织等原因、因停电停水、不可抗力原因、遇四级以上风及雨雪天气，工程顺延。

4. B 公司不按合同约定付款即视为违约，B 公司应支付 A 公司银行两倍同期贷款利息。A 公司不能按期竣工即视为违约，A 公司应支付每天 500 元的违约金，违约金最高不得超过 10 000 元。

5. A 公司施工完毕后即通知 B 公司验收，B 公司须三日内对工程进行验收，B 公司如不配合或拖延验收、擅自动用或提前使用工程，均视为本工程已验收合格，由此产生的质量或其他问题均由 B 公司负责。

6. 双方特别约定：B 公司于 2013 年 12 月 30 日前付清工程款，如到期未付清工程款，则由 B 公司自愿支付 A 公司所欠工程款利息，利息计算日期为 2013 年 6 月 30 日起至款项付清之日，利息率为月息 2%。

合同签订后，A 公司于 2013 年 6 月 25 日开始厂房的主钢结构施工，于 2013 年 9 月完成施工并交付。B 公司接收工程并将部分机器搬进厂房。总厂房于 2014 年 7 月份已停工，2014 年 7 月，双方结算，确认工程总价款 3 290 000 元，B 公司已支付 1 050 000 元（1 000 000 元于 2013 年 12 月 30 日前支付，50 000 元于 2014 年 1 月 29 日支付），B 公司尚欠 A 公司 2 240 000 元工程款未支付。2014 年 10 月 24 日，Z 先生承诺对 B 公司欠 A 公司工程款及利息承担连带担保责任，担保期限至款项付清止。

2014 年 10 月 30 日，律师事务所接受原告 A 公司委托，律师代理起诉 B 公司及 Z 先生，请求法院判决：被告支付原告工程款 2 240 000 元，并自 2013 年 6 月 30 日起按照月息 2% 支付逾期付款利息至被告还清工程款之日止；被告自 2013 年 6 月 30 日至 2014 年 1 月 29 日止按月息 2% 支付原告 50 000 元工程款的逾期付款利息 7 035.62 元；被告 Z 先生对诉讼请求1与诉讼请求2承担连带责任；原告对该工程价款享有建设工程优先受偿权，优先受偿权应从总厂房竣工日起算。

[问题]：

1. 未办理验收手续，被告以质量瑕疵抗辩，如何认定工程竣工？

2. 逾期付款利息怎么确定？

3. 优先受偿权应从总厂房竣工日起算，合理吗？

[问题分析]：

问题1：未办理验收手续，被告以质量瑕疵抗辩，如何认定工程竣工。

经查明，原被告均确认已对工程进行过结算，原告要求被告支付 2 240 000 元工程款，可予支持。被告以验收且以质量瑕疵为由，要求少付工程款。根据合同约定，被告未办理验收，但已实际接收使用，视为质量合格，被告抗辩理由，缺乏事实依据，不予支持。

问题2：逾期付款利息的确定。

合同约定与补充条款中特别约定不一致，应以特别约定为准，由于特别约定利率超过法定范围，应以同期中国人民银行公布的贷款基准利率的四倍计算。

问题3：建设工程优先权的期限起算。

根据相关法律规定，建设工程优先权的期限为 6 个月，自实际竣工日或约定竣工日起算。由于原被告就厂房钢结构安装工程独立订立了施工合同且已竣工，双方就工程价款进行了结算，原告以总厂房竣工日起算，而总厂房于 2014 年 7 月份已停工，因此，不予支持。厂房钢结构安装工程实际竣工日或约定竣工日，均已超过 6 个月期限。

🔊 任务拓展

工程、永久工程、临时工程等工程概念和开工日期、竣工日期、工期、缺陷责任期、保修期、基准日期、天等时间概念。

(1)工程：是指与合同协议书中工程承包范围对应的永久工程和(或)临时工程。

(2)永久工程：是指按合同约定建造并移交给发包人的工程，包括工程设备。

(3)临时工程：是指为完成合同约定的永久工程所修建的各类临时性工程，不包括施工设备。

(4)开工日期：包括计划开工日期和实际开工日期。计划开工日期是指合同协议书约定的开工日期；实际开工日期是指监理人按照开工通知约定发出的符合法律规定的开工通知中载明的开工日期。

(5)竣工日期：包括计划竣工日期和实际竣工日期。计划竣工日期是指合同协议书约定的竣工日期；实际竣工日期按照竣工日期的约定确定。

(6)工期：是指在合同协议书约定的承包人完成工程所需的期限，包括按照合同约定所作的期限变更。

(7)缺陷责任期：是指承包人按照合同约定承担缺陷修复义务，且发包人预留质量保证金的期限，自工程实际竣工日期起计算。

(8)保修期：是指承包人按照合同约定对工程承担保修责任的期限，从工程竣工验收合格之日起计算。

(9)基准日期：招标发包的工程以投标截止前 28 天的日期为基准日期，直接发包的工程以合同签订日前 28 天的日期为基准日期。

(10)天：除特别指明外，均指日历天。合同中按天计算时间的，开始当天不计入，从次日开始计算，期限最后一天的截止时间为当天 24：00 时。

项目梳理

开标是指招标人将所有投标人的投标文件当众公开启封揭晓。开标会议应当在招标通告约定的地点，招标文件确定的提交投标文件截止时间的同一时间公开进行。通过评标活动，对各投标人的投标文件进行评价比较和分析，从中选出最佳投标人。评标结束后，评标委员会应写出评标报告，提出中标单位的建议，交招标人审核。招标人根据评标委员会提供的评标报告，对评标委员会所推荐的中标候选人进行比较确定中标人。招标人和中标人应当依照招标投标法和招标投标法实施条例的规定签订书面合同，合同的标的、价款、质量、履行期限等主要条款应当与招标文件和中标人的投标文件的内容一致。招标人和中标人不得再行订立背离合同实质性内容的其他协议。

项目检测

一、单项选择题

1.《建设工程施工合同(示范文本)》(GF—2017—0201)主要由(   )三部分组成。

    A. 总则、分则、附则

    B. 总则、通用条件、专用条件

    C. 合同协议书、通用合同条款、专用合同条款

    D. 总则、正文、附件

2. 建设工程施工任务委托的模式，反映了建设工程项目发包方和承包商之间、承包方与分包方等相互之间的(   )。

    A. 委托关系   B. 合作关系

    C. 合同关系   D. 代理关系

3. 通常情况下，建筑材料的包装费用由(   )。

    A. 供方承担   B. 买方承担

    C. 按成本价计收   D. 按材料价计收

4. 施工承包合同协议书中的合同工期应填写(   )。

    A. 实际施工天数   B. 总日历天数

    C. 预计竣工日期   D. 扣除节假日后的总日历天数

5. 在《建设工程施工合同(示范文本)》(GF—2017—0201)中，工程师一词是指(   )。

    A. 设计方的工程师   B. 发包人指定的履行合同的代表

    C. 发包人的工程师   D. 承包人的工程师

二、多项选择题

1. 根据施工合同《示范文本》规定，（　　）属于发包人应完成的工作。

   A. 按合同规定主持和组织工程的验收

   B. 向承包人提供施工场地，办公室和临时设施

   C. 办理施工许可证

   D. 做好施工现场地下管线的保护工作

   E. 提供工程进度计划

2. 施工承包合同中的实际竣工日期是指（　　）。

   A. 工程竣工验收通过的，为承包人送交竣工验收报告的日期

   B. 发包人组织竣工验收的日期

   C. 发包人对竣工验收给予认可或提出修改意见的日期

   D. 发包人要求修改的，承包人修改后提请发包人验收的日期

   E. 发包人要求修改的，承包人修改后，发包人组织竣工验收的日期

3. 施工承包合同中规定应由承包人自行承担责任的是（　　）。

   A. 施工组织设计和工程进度计划本身存在缺陷，经工程师确认的

   B. 因工程师不及时作出答复，导致承包人无法复工

   C. 影响施工正常进行的检查检验，检查检验结果合格

   D. 因承包人自身原因造成实际进度与计划进度不符时，承包人按工程师的要求提出的改进措施，并经工程师确认

   E. 由于承包人原因造成的工程停工

三、实务题

1. 中学生赵某，15周岁，身高175厘米，但面貌成熟，像二十七、八岁。赵某为了买一辆摩托车，欲将家中一套闲房卖掉筹购车款。后托人认识李某，与李某签订了购房合同，李某支付定金5万元，双方递到房屋管理部门办理了房屋产权转让手续。赵某父亲发现此事后，起诉到法院。

   [问题]：

   (1) 该房屋买卖合同是否有效？

   (2) 为什么无效？请说明原因。

2. 甲公司与乙工厂洽商成立一个新公司，双方草签了合同，甲公司要将合同带回本部加盖公章，临行前，甲公司法定代表人提出，乙工厂须先征用土地并培训工人后甲公司方能在合同上盖章，乙工厂出资1000万元征用土地培训工人，征地和培训工人将近完成时，甲公司提出因市场行情变化，无力出资设立新公司，要求终止与乙工厂的合作。乙工厂遂起诉到法院。

   [问题]：

   (1) 甲公司与乙工厂之间的合同是否成立，为什么？

   (2) 甲公司应承担什么责任，为什么？

   (3) 乙工厂能否要求甲公司赔偿1000万元的损失？为什么？

项目 6　建设工程施工合同履行及管理

知识目标

　　了解施工合同履行的概念；熟悉施工合同履行的原则；了解施工合同实施控制的概念；熟悉施工合同实施控制的日常工作内容和方法；熟悉施工合同变更的概念、起因及影响以及合同变更的程序。

能力目标

　　具备对具体建设工程施工合同进行总体分析、详细分析的能力；掌握施工合同实施控制的方法；能对施工合同进行跟踪与诊断；具备对施工合同进行变更的基本能力。

项目导入

　　关于合同履行，大陆法系和英美法系均规定为完成合同的行为，或当事人实现合同内容的行为。从合同成立的目的来看，任何当事人订立合同，都是为了能够实现合同的内容，而合同内容的实现，有赖于合同义务的执行。当合同规定的义务被执行时，就是合同当事人正在履行合同；当合同规定的全部义务都被执行完毕时，当事人订立合同的目的也就得以实现，合同也就因目的实现而消灭。因此，合同的履行是合同目的实现的根本条件，也是合同关系消灭的最正常的原因。由此可见，合同的履行是合同制度的中心内容，是合同法及其他一切制度的最终归宿或延伸。

任务 6.1　建设工程施工合同履行的概念及原则

任务目标

　　通过本任务的学习，了解施工合同履行的概念和合同各方义务；熟悉施工合同履行的各项原则和注意事项。

6.1.1 施工合同履行的概念

合同的履行，指的是合同规定义务的执行。任何合同规定义务的执行，都是合同的履行行为；相应地，凡是不执行合同规定义务的行为，都是合同的不履行。因此，合同的履行表现为当事人执行合同义务的行为。当合同义务执行完毕时，合同也就履行完毕。

1. 履行合同的行为过程

当事人完成合同义务的整个行为过程，不仅包括当事人的依约交付行为，而且还应包括当事人为完成最终交付行为所实施的一系列准备行为。尽管在通常情况下，准备行为并非合同义务，但绝不能因此得出准备行为不是合同履行行为的结论。

建设工程施工合同纠纷以施工行为地为合同履行地。

2. 建设工程施工合同履行管理

(1)发包人的工作。

1)许可或批准。发包人应遵守法律，并办理法律规定由其办理的许可、批准或备案，包括但不限于建设用地规划许可证、建设工程规划许可证、建设工程施工许可证、施工所需临时用水、临时用电、中断道路交通、临时占用土地等许可和批准。发包人应协助承包人办理法律规定的有关施工证件和批件。

因发包人原因未能及时办理完毕前述许可、批准或备案，由发包人承担由此增加的费用和(或)延误的工期，并支付承包人合理的利润。

2)发包人代表。发包人更换发包人代表的，应提前7天书面通知承包人。发包人代表不能按照合同约定履行其职责及义务，并导致合同无法继续正常履行的，承包人可以要求发包人撤换发包人代表。

3)提供施工现场。除专用合同条款另有约定外，发包人应最迟于开工日期7天前向承包人移交施工现场。

4)提供施工条件。除专用合同条款另有约定外，发包人应负责提供施工所需要的条件，包括以下几项：

①将施工用水、电力、通信线路等施工所必需的条件接至施工现场内；

②保证向承包人提供正常施工所需要的进入施工现场的交通条件；

③协调处理施工现场周围地下管线和邻近建筑物、构筑物、古树名木的保护工作，并承担相关费用；

④按照专用合同条款约定应提供的其他设施和条件。

5)提供基础资料。发包人应当在移交施工现场前向承包人提供施工现场及工程施工所必需的毗邻区域内供水、排水、供电、供气、供热、通信、广播电视等地下管线资料，气象和水文观测资料，地质勘察资料，相邻建筑物、构筑物和地下工程等有关基础资料，并对所提供资料的真实性、准确性和完整性负责。

因发包人原因未能按合同约定及时向承包人提供施工现场、施工条件、基础资料的，由发包人承担由此增加的费用和(或)延误的工期。

6)资金来源证明及支付担保。除专用合同条款另有约定外，发包人应在收到承包人要求提供资金来源证明的书面通知后 28 天内，向承包人提供能够按照合同约定支付合同价款的相应资金来源证明。

除专用合同条款另有约定外，发包人要求承包人提供履约担保的，发包人应当向承包人提供支付担保。支付担保可以采用银行保函或担保公司担保等形式，具体由合同当事人在专用合同条款中约定。

7) 支付合同价款。发包人应按合同约定向承包人及时支付合同价款。

8) 组织竣工验收。发包人应按合同约定及时组织竣工验收。

9) 现场统一管理协议。发包人应与承包人、由发包人直接发包的专业工程的承包人签订施工现场统一管理协议，明确各方的权利和义务。施工现场统一管理协议作为专用合同条款的附件。

(2) 承包人的一般义务。承包人在履行合同过程中应遵守法律和工程建设标准规范，并应履行以下义务：

1) 办理法律规定应由承包人办理的许可和批准，并将办理结果书面报送发包人留存；

2) 按法律规定和合同约定完成工程，并在保修期内承担保修义务；

3) 按法律规定和合同约定采取施工安全和环境保护措施，办理工伤保险，确保工程及人员、材料、设备和设施的安全；

4) 按合同约定的工作内容和施工进度要求，编制施工组织设计和施工措施计划，并对所有施工作业和施工方法的完备性和安全可靠性负责；

5) 在进行合同约定的各项工作时，不得侵害发包人与他人使用公用道路、水源、市政管网等公共设施的权利，避免对邻近的公共设施产生干扰。承包人占用或使用他人的施工场地，影响他人作业或生活的，应承担相应责任；

6) 约定负责施工场地及其周边环境与生态的保护工作；

7) 约定采取施工安全措施，确保工程及其人员、材料、设备和设施的安全，防止因工程施工造成的人身伤害和财产损失；

8) 将发包人按合同约定支付的各项价款专用于合同工程，且应及时支付其雇用人员工资，并及时向分包人支付合同价款；

9) 按照法律规定和合同约定编制竣工资料，完成竣工资料立卷及归档，并按专用合同条款约定的竣工资料的套数、内容、时间等要求移交发包人；

10) 应履行的其他义务。承包人应做的其他工作，双方在专用条款内约定。

①施工准备阶段对开工的管理。除专用合同条款另有约定外，承包人应按照施工组织设计约定的期限，向监理人提交工程开工报审表，经监理人报发包人批准后执行。开工报审表应详细说明按施工进度计划正常施工所需的施工道路、临时设施、材料、工程设备、施工设备、施工人员等落实情况以及工程的进度安排。

②建设工程施工过程中的检查和返工。承包人应认真按照标准、规范和设计要求以及工程师依据合同发出的指令施工，随时接受工程师及其委派人员的检查检验，并为检查检验提供便利条件。工程质量达不到约定标准的部分，工程师一经发现，可要求承包人拆除和重新施工，承包人应按工程师及其委派人员的要求拆除和重新施工，承担由于自身原因导致拆除和重新施工的费用，工期不予顺延。

经过工程师检查检验合格后，又发现因承包人原因出现的质量问题，仍由承包人承担责任，赔偿发包人的直接损失，工期不予顺延。

工程师的检查检验原则上不应影响施工正常进行。如果实际影响了施工的正常进行，其后果责任由检验结果的质量是否合格来区分合同责任。检查检验不合格时，影响正常施工的费用由承包人承担。除此之外，影响正常施工的追加合同价款由发包人承担，相应顺延工期。

因工程师指令失误和其他非承包人原因发生的追加合同价款，由发包人承担。

③建设工程施工过程中的重新检验。无论工程师是否参加了验收，当其对某部分的工程质量有怀疑，均可要求承包人对已经隐蔽的工程进行重新检验。承包人接到通知后，应按要求进行剥离或开孔，并在检验后重新覆盖或修复。

重新检验表明质量合格，发包人承担由此发生的全部追加合同价款，赔偿承包人损失，并相应顺延工期；检验不合格，承包人承担发生的全部费用，工期不予顺延。

6.1.2 施工合同履行的原则

施工合同履行的原则，是指法律规定的所有种类合同的当事人在履行合同的整个过程中所必须遵循的一般准则。根据中国合同立法及司法实践，合同的履行除应遵守平等、公平、诚实信用等民法基本原则外，还应遵循以下合同履行的特有原则，即适当履行原则、协作履行原则、经济合理原则和情势变更原则。以下就这些合同履行的特有原则加以介绍。

1. 适当履行原则

适当履行原则是指当事人应依合同约定的标的、质量、数量，由适当主体在适当的期限、地点，以适当的方式全面完成合同义务的原则。这一原则要求：第一，履行主体适当。即当事人必须亲自履行合同义务或接受履行，不得擅自转让合同义务或合同权利让其他人代为履行或接受履行。第二，履行标的物及其数量和质量适当。即当事人必须按合同约定的标的物履行义务，而且还应依合同约定的数量和质量来给付标的物。第三，履行期限适当。即当事人必须依照合同约定的时间来履行合同，债务人不得迟延履行，债权人不得迟延受领；如果合同未约定履行时间，则双方当事人可随时提出或要求履行，但必须给对方必要的准备时间。第四，履行地点适当。即当事人必须严格依照合同约定的地点来履行合同。第五，履行方式适当。履行方式包括标的物的履行方式以及价款或酬金的履行方式，当事人必须严格依照合同约定的方式履行合同。

2. 协作履行原则

协作履行原则是指在合同履行过程中，双方当事人应互助合作共同完成合同义务的原则。合同是双方民事法律行为，不仅仅是债务人一方的事情，债务人实施给付，需要债权人积极配合受领给付，才能达到合同目的。由于在合同履行的过程中，债务人比债权人更多地应受诚实信用、适当履行等原则的约束，合同履行协作履行往往是对债权人的要求。协作履行原则也是诚实信用原则在合同履行方面的具体体现。协作履行原则具有以下几个方面的要求：第一，债务人履行合同债务时，债权人应适当受领给付。第二，债务人履行合同债务时，债权人应创造必要条件、提供方便。第三，债务人因故不能履行或不能完全履行合同义务时，债权人应积极采取措施防止损失扩大，否则，应就扩大的损失自负其责。

3. 经济合理原则

经济合理原则是指在合同履行过程中，应讲求经济效益，以最少的成本取得最佳的合同效益。在市场经济社会中，交易主体都是理性地追求自身利益最大化的主体，因此，如何以最少的履约成本完成交易，一直都是合同当事人所追求的目标。由此，交易主体在合同履行的过程中遵守经济合理原则是必然的要求。

4. 情势变更原则

合同有效成立以后，若非因双方当事人的原因而构成合同基础的情势发生重大变更，致使继续履行合同将导致显失公平，则当事人可以请求变更和解除合同。

变更是指构成合同基础的情势发生根本的变化。在合同有效成立之后、履行之前，如果出现某种不可归责于当事人原因的客观变化会直接影响合同履行结果时，若仍然要求当事人按原来合同的约定履行合同，往往会给一方当事人造成显失公平的结果，这时，法律允许当事人变更或解除合同而免除违约责任的承担。这种处理合同履行过程中情势发生变化的法律规定，就是情势变更原则。

情势变更原则实质上是诚实信用原则在合同履行中的具体运用，其目的在于消除合同因情势变更所产生的不公平后果。自20世纪第二次世界大战后，由于战争的破坏，战后物价暴涨，通货膨胀十分严重。为了解决战前订立的合同在战后的纠纷，各国学者特别是德国学者借鉴历史上的"情势不变条款"理论，提出了情势变更原则，并经法院采为裁判的理由，直接具有法律上的效力。经过长期的发展，这一原则已成为当代合同法中的一个极富特色的法律原则，为各国法所普遍采用。我国法律虽然没有规定情势变更原则，但在司法实践中，这一原则已为司法裁判所采用。因此，情势变更原则，既是合同变更或解除的一个法定原因，更是解决合同履行中情势发生变化的一项具体规则。

5. 合同约定不明时的履行原则

(1)合同的订立应明确、具体、全面，但由于主客观原因，致使有些合同欠缺某些必要条款。如果合同中未作约定或约定不明确的，当事人要进行协议补充，使其具体、明确、完备。不能达成补充的，按照《合同法》有关条款或者交易习惯确定，而不必再由当事人自行决定。

(2)质量条款不明确的履行规则。合同法规定质量要求不明确的，按照国家标准、行业标准履行；没有国家标准、行业标准的，按照通常标准或者符合合同目的的特定标准履行。我国的质量标准分为国家标准、行业标准、地方标准和企业标准。国家标准是国务院标准化行政主管部门对需要在全国范围内统一的技术要求所制定的标准。行业标准是行政主管部门对没有国家标准的某些行业统一的标准。通常标准指在同类产品的交易中，产品应当达到的公认或者普遍接受的中等水平的质量要求。

(3)价款或者报酬条款不明确的履行规则。价款或者报酬不明确的，按照订立合同时履行地的市场价格，依法应当执行政府定价或者政府指导价的，按照规定履行。市场价格是指市场中同类交易的平均价格。在市场价格已成为国家价格主体的情况下，价款或者报酬条款不明确时，其履行规则应当以市场价为依据。政府定价或者政府指导价的产品主要指与国民经济发展和人民生活关系重大的极少数商品价格、资源稀缺的少数商品价格、自然垄断经营，主要公用事业、公益性服务价格。

(4)履行地点不明确的履行规则。履行地点不明确的，给付货币的，在接受货币一方所在地履行；交付不动产的，在不动产所在地履行；其他标的，在履行义务一方所在地履行。

（5）履行期限不明确的履行规则。履行期限不明确的，债务人可以随时履行义务，债权人应当接受债务人履行。债权人也可以随时请求债务人履行债务，但应当给予对方以必要的准备时间。

（6）履行方式不明确时的履行规则。履行方式不明确的，按照有利于实现合同目的的方式履行，也即按照合同的性质和当事人订立合同的期望来确定。

（7）履行费用负担不明确的履行规则。履行费用的负担不明确的，由履行义务的一方负担。

（8）合同履行过程中价格变动时的履行规则。执行政府定价或者政府指导价的，在合同约定的交付期限内政府价格调整时，按照交付时的价格计价。逾期交付标的物的，遇价格上涨时按照原价格执行；价格下降时，按照新价格执行。逾期提取标的物或者逾期付款的，遇价格上涨时，按照新价格执行；价格下降时，按照原价格执行。履行的规则是惩罚违约方，谁违约，谁就要承担不利的后果。

任务实施

甲建筑公司与乙房产公司在丙市签订了一份位于丁市的建设工程施工合同，约定施工单位垫资 20%，但没有约定垫资利息。后施工单位向人民法院提起诉讼，请求建设单位支付垫资利息。

[问题]：

1. 若在合同履行时出现部分工程价款约定不明时，应按照哪个地区的市场价格履行？为什么？

2. 对施工单位的请求，正确的做法是什么？为什么？

[问题分析]：

问题 1：履行地点不明确的，给付货币的，在接受货币一方所在地履行；交付不动产的，在不动产所在地履行；其他标的，在履行义务一方所在地履行。由于建设工程履行地位于丁市，则应按丁市市场价格履行。

问题 2：由于未约定利息，施工单位要求支付垫资利息，不予支持。

任务拓展　　　　　　工程垫资的处理

《最高人民法院关于审理建设工程施工合同纠纷案件适用法律问题的解释》规定，当事人对垫资和垫资利息有约定，承包人请求按照约定返还垫资及其利息的，应予支持，但是约定的利息计算标准高于中国人民银行发布的同期同类贷款利率的部分除外。

当事人对垫资没有约定的，按照工程欠款处理。当事人对垫资利息没有约定，承包人请求支付利息的，不予支持。

任务目标

通过本任务的学习，了解施工合同分析概述和施工合同总体分析与详细分析的定义；熟悉合同总体分析的内容和详细程度与哪些因素有关，施工合同总体分析的内容；掌握施工合同详细分析的具体实施步骤；会进行施工合同的审查。

任务准备

6.2.1 施工合同分析概述

1. 施工合同分析的概念

施工合同分析是将合同目标和合同条款规定落实到合同施工的具体问题和具体事件上，用以指导具体工作，使合同能顺利地履行，最终实现合同目标。施工合同分析是解决"如何做"的问题，是从执行的角度解释合同。它是将合同目标和合同规定落实到合同实施的具体问题和具体事件，用以指导具体工作，使合同能符合日常工程管理的需要，使工程按合同施工。施工合同分析应作为承包商项目管理的起点。

《建设工程施工合同》
签订主体解析

2. 施工合同分析的必要性

承包商在合同实施过程中的基本任务是使自己圆满地完成合同责任。整个合同责任的完成是靠在一段段时间内，完成一项项工程和一个个工程活动实现的，所以，合同目标和责任必须贯彻落实在合同实施的具体问题上和各工程小组以及各分包商的具体工程活动中。承包商的各职能人员和各工程小组都必须熟练地掌握合同，用合同指导工程实施和工作，以合同作为行为准则。但在实际工作中，承包商的各职能人员和各工程小组不能都手执一份合同，遇到具体问题都由各人查阅合同，因为合同本身有如下不足之处：

施工合同分析

（1）合同条文往往不直观明了，一些法律语言不容易理解。只有在合同实施前进行合同分析，将合同规定用最简单易懂的语言和形式表达出来，使人一目了然，这样才能方便日常管理工作。承包商、项目经理、各职能人员和各工程小组也不必经常为合同文本和合同式的语言所累。

工程参加者各方，以及各层管理人员对合同条文的解释必须有统一性和同一性。在业主与承包商之间，合同解释权归工程师。而在承包商的施工组织中，合同解释权必须归合

同管理人员。如果在合同实施前，不对合同作分析和统一的解释，而让各人在执行中翻阅合同文本，极容易造成解释不统一，而导致工程实施中的混乱。特别对复杂的合同，或承包商不熟悉的合同条件，各方面合同关系比较复杂的工程，这个工作极为重要。

（2）在一个工程中，合同是一个复杂的体系，几份、十几份甚至几十份合同之间有十分复杂的关系。即使对一份工程承包合同，它的内容没有条理性，有时某一个问题可能在许多条款，甚至在许多合同文件中规定，在实际工作中使用极不方便。例如，对一分项工程，工程量和单价在工程量清单中，质量要求包含在工程图纸和规范中，工期按进度计划，而合同双方的责任、价格结算等又在合同文本的不同条款中。这容易导致执行中的混乱。

（3）合同事件和工程活动的具体要求（如工期、质量、费用等），合同各方的责任关系，事件和活动之间的逻辑关系极为复杂。要使工程按计划有条理地进行，必须在工程开始前将它们落实下来，并从工期、质量、成本、相互关系等各方面予以定义。

（4）许多工程小组、项目管理职能人员所涉及的活动和问题不是全部合同文件，而仅为合同的部分内容。他们没有必要在工程实施中死抱着合同文件。通常比较好的办法是由合同管理专家先作全面分析，再向各职能人员和工程小组进行合同交底。

（5）在合同中依然存在问题和风险，包括合同审查时已经发现的风险和还可能隐藏着的尚未发现的风险。合同中还必然存在用词含糊，规定不具体、不全面、甚至矛盾的条款。在合同实施前有必要作进一步的全面分析，对风险进行确认和定界，具体落实对策措施。风险控制，在合同控制中占有十分重要的地位。如果不能透彻地分析出风险，就不可能对风险有充分的准备，则在实施中很难进行有效的控制。

（6）合同分析实质上又是合同执行的计划，在分析过程中应具体落实合同执行战略。

（7）在合同实施过程中，合同双方会有许多争执。合同争执常常起因于合同双方对合同条款理解的不一致。要解决这些争执，首先必须作合同分析，按合同条文的表达，分析它的意思，以判定争执的性质。要解决争执，双方必须就合同条文的理解达成一致。在索赔中，索赔要求必须符合合同规定，通过合同分析可以提供索赔理由和根据。

3. 施工合同基本要求

（1）准确性和客观性。合同分析的结果应准确、全面地反映合同内容。如果分析出现误差，它必然反映在执行中，导致合同实施的更大的失误。客观性，即分析不能自以为是和想当然。

（2）简易性。合同分析的结果必须使不同层次的管理人员、工作人员能接受的表达方式。

（3）合同双方的一致性。合同分析的结果应能为对方所接受。但它确实是承包商单方面对合同的详细解释。

（4）全面性。合同分析应是全面的，对全部合同文件的解释。全面、整体的理解，不能断章取义。

6.2.2 施工合同总体分析

1. 概述

施工合同总体分析的主要对象是合同协议书和合同条件等。通过施工合同总体分析，将合同条款和合同规定落实到一些带全局性的问题上。通常在下列两种情况下进行：

(1)在合同签订后、实施前，承包商首先必须作合同总体分析。

合同总体分析的结果是工程施工总的指导性文件，它将它以最简单的形式和最简洁的语言表达出来，交项目经理、各职能人员，并进行合同交底。

(2)在重大的争执处理过程中，尤其在索赔工作中有如下重要作用(分析的重点是合同文本中与索赔有关的条款)：

1)提供索赔的理由和根据；

2)合同总体分析的结果直接作为索赔报告的一部分；

3)作为索赔事件责任分析的依据；

4)提供索赔值计算方式和计算基础的规定；

5)索赔谈判中的主要攻守依据。

2. 合同总体分析的内容和详细程度

(1)分析目的：履行前进行详细分析，若争执时只分析相关内容。

(2)承包商的职能人员、分包商和工程小组对合同文本的熟悉程度。

(3)工程和合同文本的特殊性。

3. 合同总体分析的内容

在不同的时期，为了不同的目的，有不同的内容，通常有以下几项：

(1)合同的法律基础。

(2)合同类型。

(3)合同文件和合同语言。

(4)承包商的合同责任和权利(是重点分析的内容)。主要分析内容有以下几项：

1)承包商的总任务。

2)工作范围(通常由合同中的工程量清单、图纸、工程说明、技术规范所定义)。

3)关于工程变更的规定(在工程管理和索赔处理中极为重要)。

①工程变更的程序；

②工程变更的补偿范围；

③工程变更的调价要求有效期。

(5)业主的权利和责任(主要分析业主的权利和合作责任以及承包商容易违约的地方)：

1)业主委托工程师全权履行业主的合同责任。

2)业主的其他承包商和供应商的委托情况及责任和合同类型。

3)及时作出承包商履行合同所必需的决策。

4)提供施工条件：如设计资料、图纸、施工场地、道路。

5)按合同规定及时支付工程款，及时接受已完工程。

(6)工程质量管理、验收、移交和保修。

(7)合同价格(应重点分析)。

1)合同所采用的计价方法和合同价格所包括的范围。

2)工程量量方程序，工程款结算方法。

3)合同价格的调整。

4)拖欠工程款的合同责任。

(8)施工工期。

(9)违约责任。

1)承包商不能按合同规定工期完成工程的违约金或承担业主损失的条款。

2)由于管理上的疏忽造成对方人员和财产损失的赔偿条款。

3)由于预谋或故意行为造成对方损失的处罚。

4)由于承包商严重违约的处理。

5)由于业主严重违约的处理。

(10)索赔程序和争执的解决。

1)索赔的程序。

2)争执的解决方式和程序。

3)仲裁条款。

6.2.3 施工合同详细分析

1. 概述

施工合同详细分析是整个项目组的工作,应由合同管理人员、工程技术人员、预算员完成的。

承包合同的实施由许多具体的工程活动和合同双方的其他经济活动构成。这些活动也都是为了实现合同目的,履行合同责任,也必须受合同的制约和控制。这些工程活动所确定的状态常常又被称为合同事件。对一个确定的承包合同,承包商的工程范围,合同责任是一定的,则相关的合同事件和工程活动也应是一定的。通常在一个工程中,这样的事件可能有几百甚至几千件。在工程中,合同事件之间存在一定的技术上、时间上和空间上的逻辑关系,形成网络,所以又被称为合同事件网络。

2. 施工合同详细分析具体实施

为了使工程有计划、有秩序、按合同实施,必须将承包合同目标、要求和合同双方的责权利关系分解落实到具体的工程活动上。这就是合同详细分析。合同详细分析的对象是合同协议书、合同条件、规范、图纸、工作量表。它主要通过合同事件表、网络图、横道图等定义各工程活动。合同详细分析的结果最重要的部分是合同事件表。

(1)编码。这是为了计算机数据处理的需要,对事件的各种数据处理都靠编码识别。所以编码要能反映事件的各种特性,如所属的项目、单项工程、单位工程、专业性质、空间位置等。通常它应与网络事件(或活动)的编码有一致性。

(2)事件名称和简要说明。

(3)变更次数和最近一次的变更日期。它记载着与本事件相关的工程变更。在接到变更指令后,应落实变更,修改相应栏目的内容。

最近一次的变更日期表示,从这一天以来的变更尚未考虑到。这样可以检查每个变更指令落实情况,既防止重复,又防止遗漏。

(4)事件的内容说明。这里主要为该事件的目标,如某一分项工程的数量、质量、技术要求以及其他方面的要求。这由合同的工程量清单、工程说明、图纸、规范等定义,是承包商应完成的任务。

(5)前提条件。它记录着本事件的前导事件或活动,即本事件开始前应具备的准备工作或条件。它不仅确定事件之间的逻辑关系,是构成网络计划的基础,而且确定了各参加者之间的责任界限。

（6）本事件的主要活动。即完成该事件的一些主要活动和它们的实施方法、技术、组织措施。这完全从施工过程的角度进行分析。这些活动组成该事件的子网络，例如上述设备安装由现场准备，施工设备进场、安装，基础找平、定位，设备就位，吊装，固定，施工设备拆卸、出场等活动组成。

（7）责任人。即负责该事件实施的工程小组负责人或分包商。

（8）成本（或费用）。这里包括计划成本和实际成本。有如下两种情况：

1）若该事件由分包商承担，则计划费用为分包合同价格。如果在总包和分包之间有索赔，则应修改这个值。而相应的实际费用为最终实际结算账单金额总和。

2）若该事件由承包商的工程小组承担，则计划成本可由成本计划得到，一般为直接费成本。而实际成本为会计核算的结果，在该事件完成后填写。

（9）计划和实际的工期。计划工期由网络分析得到。这里有计划开始期、结束期和持续时间。实际工期按实际情况，在该事件结束后填写。

（10）其他参加人。即对该事件的实施提供帮助的其他人员。

3. 施工合同详细分析的内容与目标

从上述内容可见，合同事件表从各个方面定义了合同事件。合同详细分析是承包商的合同执行计划，它包容了工程施工前的整个计划工作：

（1）工程项目的结构分解，即工程活动的分解和工程活动逻辑关系的安排。

（2）技术会审工作。

（3）工程实施方案，总体计划和施工组织计划。在投标书中已包括这些内容，但在施工前，应进一步细化，作详细的安排。

（4）工程的成本计划。

（5）合同详细分析不仅针对承包合同，而且包括与承包合同同级的各个合同的协调，包括各个分合同的工作安排和各分合同之间的协调。

所以，合同详细分析是整个项目组的工作，应由合同管理人员、工程技术人员、计划师、预算师（员）共同完成。

合同事件表对项目的目标分解，任务的委托（分包），合同交底，落实责任，安排工作，进行合同监督、跟踪、分析，处理索赔（反索赔）非常重要。

任务实施

防水工程施工合同

施工单位：＿＿＿＿＿＿＿＿＿＿＿＿公司（以下简称甲方）

承包单位：＿＿＿＿＿＿＿＿＿＿＿有限公司（以下简称乙方）

经甲方对乙方承建专业资格的考核，同意将公司××防水工程委托乙方施工，为了明确双方在施工过程中的权利、义务和责任，按照确保工程质量、工程进度、工程安全的原则，协商确定如下合同条款共同遵守执行。

一、总则

1. 工程名称：

2. 工程地点：

3. 工程内容

根据公司××工程施工联系单和设计变更通知单要求，厨卫间防水工程采用聚合物水泥基防水涂膜(1.5 厚)，屋面防水工程采用 851 聚氨酯防水涂膜(找平层上作基层处理)。

二、承包方式

乙方包工、包料、包质量、包管理、包安全、包进度等总包方式。

三、工程造价

厨卫间聚合物防水每平方米_____元；屋面 851 聚氨酯防水每平方米_____元。结算时按实际面积结算。

四、质量标准

乙方应确保公司梅林生活、生产基地 2#、3# 楼防水工程达到优良标准，严格参照《广东省防水工程新规范标准》(DBJ15—19—97)和深圳市现行有关标准及甲方要求施工，涂膜工程保证不起皮、不空鼓、不分层、不露点、平整均匀，与基层有一定的粘结力，达到设计厚度等质量要求。

五、双方责任

1. 甲方责任

(1)应提前提出施工计划，并将工作面整理达到防水施工标准提交乙方施工。

(2)应提出工期计划，但应考虑到天气及人力等不可避免的因素，工期顺延。

(3)配合乙方施工，如提供必要的垂直运输、工人工地住宿等。

(4)甲方有权对乙方在施工过程中的工程质量进行监督检查，发现问题，提交乙方限时整改。

2. 乙方责任

(1)听候甲方通知，及时将防水材料进场，提交防水材料合格证、检测报告及深圳市建设局颁发的准用证，由甲方现场负责人抽检合格后使用，必要时由甲方抽送市建科院检验合格后使用。

(2)配合市建公司梅林生活基地整体进度，按甲方提出的施工计划施工，除不可避免的因素外，不得人为拖延。

(3)应遵守施工现场的各项规章管理制度，不得有违规行为，否则接受甲方各种形式的处罚。

(4)应严格按防水工程标准规范施工，发现问题，及时自行解决，确保工程质量达到优良标准，并对工程保修三年。

六、付款方式

本工程无预付工程款，甲方按乙方进度支付进度款，待工程全部完工验收达优良标准后甲方付至全部工程款的_____%给乙方，留_____%的工程款作保修金，三年保修期满后乙方无质量问题，甲方支付余款。

七、其他

本合同一式两份，甲乙双方各执一份，具同等法律效力，待三年保修期满，甲方支付余款后，合同自动失效。未尽事宜，双方共同协商解决。

甲方：(签章)　　　　乙方：(签章)

代表：　　　　　　　代表：

[问题]：

以上述施工合同为例说明本合同分析审查要点，并依次类推说明各类施工合同审查要点。

[问题分析]：

各类施工合同审查的各项要点分析

(1)审查合同主体是否合法。合同主体是否具备签订及履行合同的资格，是合同审查中首先要注意的问题，这涉及交易是否合法、合同是否有效的问题。

1)注意合同主体的合法性和真实性。市场经济强调缔约自由，为了追求利润，许多组织采取各种欺诈的手法，制造主体合法、真实的假象，达到签约(欺诈)的目的，严重干扰了市场秩序。虽然从法律上讲，因该种动机签订的合同无效，而且可以依照相关救济条款进行责任追究。但是同样会给组织带来人力、物力、财力上的重大损失。所以合同主体的合法、真实是合同审查的重要项目之一，是关系合同目的能否实现的前提之一。另外，还要注意审核或确认负责签订合同的单位或个人是否已取得相应的合法授权，以防止无权代理或超越代理权限订立合同的情形存在。当然，自己一方的主体是否合格(如不是独立法人、法人名称不对、印章和名称不一致等)，也要进行审查，防止所签订的合同无效。严格审查发包人资质等级及履约信用，从事房地产开发的企业必须取得相应的资质等级；合同上单位名称是否是全称，单位名称和印章是否一致，单位的地址(包括送达地址)和电话联系方式等信息是否准确；合同签订人员是否具有授权，本人和身份资料是否一致；单位建筑工程联系人员和工程代表是否明确，变更联系人和工程代表，交接程序是否合理安排，代表的权限范围是否明确；单位经营范围是否包括建设工程，合同中是否明确单位经营资格、信用等；合同是否有第三方参与，如果有设计单位、监理单位等第三方参与合同签订或履行过程，对自己的权利义务是否会产生不利影响。

2)注意合同主体是否具备相关的资质或许可。对某些业务领域，按照相关的法律或法规规定，需要合同一方或双方主体必须具备相应的资质或经营许可才可从事。如建设工程设计合同需要国家建设部门核发的设计资质、建设施工合同要求业主有"报建"的整套资料、从事房地产开发业务需要开发资质等。工程来源是否正当(如需要经过招标的是否经过招标)，是否需要主管部门的批准手续，工程名称是否规范，工程范围、内容是否清晰。对实行资质管理或特殊许可的业务，若签约一方不具备相应的从业资质或经营许可，由此所订立的合同一般属于违反国家法律法规的合同。一旦纠纷产生，容易被确认为无效合同。另外，采用假的资质进行欺诈也是很常见的。审查相关资质和许可要求审查者深入了解相关专业知识。

3)注意对资信能力、业绩、人员等进行审查。一个组织的资信能力是影响其履约能力的重要因素，一个规模较大、信誉良好、业绩出色的组织同样有可能因为资金周转的问题而影响其具体项目的操作，从而可能造成缔约方的损失，轻则延误履行期限，重则违约不能履行。因此，一般重大工程项目、重要项目或者较大额度的采购等合同，一般要求对方出具履约保证金函，这样才能从资信上促进对方积极履约。另外，在后期质量保证期内，要求对方出具质保金保函也是可行的方法之一，但一般只适用于较大工程项目，涉及金额较多。另外，过往业绩和人员素质也是缔约目的实现的保障之一，对业绩和人员的资料审查应该列入合同关键审查项目之一。审查施工合同对方当事人是否取得了建筑法律或行政法规要求的资质，是否具备相应的工程造价所要求的施工企业法人资质等级。审查时主要看其是否持有国家工商行政管理机关核发的企业法人营业执照，是否持有建设行政主管机关颁发的资质证书。对于不具备相应资质、资格的施工企业应该拒绝，以免合同无效，造成经济损失。还要审查施工当事人的设备、技术水平、经营范围、履约能力、信誉等情况，对其加以调查核实。

(2)审查合同条款是否完备。应按照合同的性质，依据相应的法律法规的规定对合同条款进行认真审查，确定合同条款有无遗漏，各条款内容是否具体、明确、切实可行。避免因合同条款不全和过于简单、抽象、原则，给履行带来困难，为以后发生纠纷埋下种子。

例如，相对于合同主体、标的、技术标准等重要合同内容来说，有些合同内容很容易被忽视，甚至在合同中完全没有体现，如不可抗力、合同保密、技术开发、质量保证等。其实从合同履行的可行性上来说，这些也是极其重要的，例如，在工程建设合同中，不可抗力发生的概率就非常高，因此，损失的承担是一个需要严格界定而又没有相关统一标准的、容易产生纠纷的内容之一，因此，对其进行周密的预计和详细的规定也就成为提高合同可行性的需要了。同样道理，合同保密、质量保证、技术开发等内容虽然不和合同标的直接发生联系，但是却是有违缔约目的的内容，需要从缔约目的和后期利益的角度对其相关条款加以重视和完善。

(3)审查合同内容是否完备。

1)审查合同权利和义务，确定权利和义务条款是否完整、将来能够实现。首先，审查合同中规定的己方的义务实现是否存在障碍，有无依赖外界因素的情况，在需要对方配合的情况下，配合的程序是否已经列明；其次，审查己方的权利（主要是付款）是否包含条件，付款的依据是否清晰，是按进度、按工程量还是一次性支付；付款是否具有确定性，是否附加了条件和期限，是否受到外界影响，是否受到对方或第三方前置行为的影响，是否设置了不合理的付款条件，多个付款条款是否有矛盾等；对施工合同条款中的数量表述一定要明确具体，切忌模糊不清。而且要明确计量单位和计量方法。如承包工程面积要写清楚是建筑面积还是使用面积，土方体积是松土体积还是压实体积，这对单位造价包干工程的总造价就有很大的影响。计量方法、计量单位的使用要符合规定，以免双方发生争议。必要时要明确规定工程数量的正负尾数，如土方工程。

2)工程量条款的审查，审查工程量的确定、确认方法，工程量调整依据是否约定。工程量的计算方法是否科学，有关工程量的报告材料如何编写、提交、确认等内容是否具有可操作性，遇到超出设计范围、变更施工范围、返工等情况如何计算工程量是否有约定，工程量的核定期限是否细致、明确。

3)工程质量约定的审查。审查工程质量的确定、确认方法程序。关于工程质量有无明晰的标准，验收范围（如验收依据、设计任务书、设计施工图、技术说明、验收规范等）有无书面的双方签字确认的质量标准细则，质量的实现有无障碍，验收的主体是否合适，验收的期限、程序设计是否合理，如何提出质量异议、如何磋商、处理等；质量争议的处理方式及违约责任是否约定；工程质量保修范围、保修期和保修金的规定等。施工合同中的质量条款是合同中最为复杂的条款和最容易产生纠纷的条款之一。不同的工程质量对工程造价有很大的影响。工程质量一定明确质量标准，是否符合国家颁发的施工质量标准，工程质量要求合格，还是优良。是否要创奖杯，是泰山杯还是鲁班奖等，这些都要写明白。虽然质决定价，但反过来，建设方出了一定的价就应该得到相对应的质。质量标准、质量争议的处理方式和质量违约责任。

4)工程期限约定的审查。工程期限包括计划开工日、实际开工日、计划完工日、实际完工日、计划竣工日和实际竣工日等的确认程序和时间限制是否明确；工程有无阶段工期的要求；是否有工期顺延的情况，如何提出、确认；工期延误、延期竣工造成的责任承担；审查施工合同的履行期限，分期形象进度和总履行期限都要写清楚，是从公历几时开始到公历几时结束，不要笼统的写多少天。因为这涉及工程形象进度款支付及工程款最终结算时间，从而影响到支付工程款的时间价值(利息)及工期索赔，最终影响到工程造价。合同工期的定义(合同范围内工程完工工期、总承包工程开工至整体竣工验收的工期)；计划开工日、实际开工日、计划完工日、实际完工日、计划竣工日和实际竣工日的定义、确认程序和时限；工程阶段工期要求；工期顺延的条件和确认程序；工期延误、逾期竣工的违约责任及赔偿范围。

5)工程价款支付条款审查。合同价款是暂定价、固定单价还是固定总价。工程价款支付方式(如按月支付、分段结算、一次性结算)中相关依据是否科学、可行，具有操作性；工程价款计量如何进行，程序如何安排，拖延支付惩罚措施是否明确；工程价款支付是否存在不确定性，是否有批准、前置或其他任何形式的弹性条款存在；另外还要审查竣工结算的前提条件。如结算的条件、依据、结算的期限、程序、审核，逾期审核的责任等；施工合同中的价款应是审查中的重中之重。首先要审查工程造价是否合法，是否公平合理，如果工程造价明显偏高或不合法，一定要指出来并提出修改意见。主要审查施工企业保证金等是否符合法定数额，工程预付款数目是否合理，施工进度款支付数额、日期是否合理，维修保证金是否合规。另外工程价格一定要符合国家有关规定，应公平合理。要明确计算方法(如按什么定额计算)，货币种类，支付时间和方式。合同价款的性质(暂定价或可调价、固定单价或固定总价)；价款的调整条件和方法；价款调整的依据；固定总价时的包干范围和风险包干系数；固定单价时的工程量调整依据、计量方法及适用单价。

6)工程施工条件条款审查。工程准备工作如何开展，设备材料如何安排，设备材料如何采购检验，现场工作如何组织，安全施工由谁保障，场地通行、通水、通电如何保证，协助工作是否需要等。

7)工程变更、设计修改、方案变更、材料更换、其他临时修改的双方交换意见的程序、费用等内容的约定是否合理；工程签证的条件、形式、确认程序及作为结算依据的必要条件。

工程签证的条件、形式、确认程序及作为结算依据的必要条件；工程变更、设计修改、方案变更、材料代用、合理化建议的处理程序、责任、费用承担及价款结算；阶段性工程技术档案资料的收集整理及提供。

8)已完成工程的保护、竣工验收的性质和程序，竣工资料的内容、份数、提交时限和逾期提交的责任，竣工资料、竣工验收资料的备案。

9)合同提前终止、解除条件、确认和后续处理程序的审查。合同终止、解除情况下已经完成的工作量、工程质量如何审查确认；已购买材料设备的处理，工程资料的编制与移交的时限和程序；已完成工程与未完成工程的技术衔接和处理；合同终止、解除或者符合约定交付工程时的撤场时限、确认程序；考虑合同订立后的可变更可能。

10)施工合同中违约责任条款的审查。施工合同中违约责任与义务要相对应，应符合法律法规规定，约定的违约金和赔偿金的数额不得高于或者低于法律法规规定的比例幅度或限额。特别对违约责任条款中的索赔条款，一定要审查清楚索赔的范围、条件、时间，以及索赔费用的计算方式、标准，因为这对工程造价控制有较大的影响。

11)争议解决途径的审查。一旦发生争议，如何处理，索赔需要哪些文件，形式和程序怎么规定；如何通过法律途径解决，是仲裁还是起诉到法院，是原告所在地法院还是被告所在地法院等；注意考虑合同纠纷发生的可能。审查施工合同解决争议的条款时要注意：尽量选择双方协商，协商不成时申请仲裁或诉讼。选择仲裁时必须写明仲裁机构和仲裁地点，仲裁地点或法院尽量选择就近建设方的地方，这样可以节约解决争议费用，从而控制工程总费用支出。

12)审查各阶段应提供的书面报告、材料准备条款。施工前、施工过程中、竣工结算时需要哪些材料，如何编排目录，如何提交、确认，如何联系、通知等，如验收材料、竣工材料、结算材料等；是否需要阶段性工程技术资料，如何整理收集、提供和确认。

📢 任务拓展　怎样审查合同签订的手续和形式是否完备

审查合同是否完备应从以下几点进行审查：

(1)审查合同是否需要经过有关机关批准或登记，如需经批准或登记，是否履行了批准或登记手续。

(2)如果合同中约定须经公证后合同方能生效，应审查合同是否经过公证机关公证。

(3)如果合同附有生效期限，应审查期限是否截至。

(4)如果合同约定第三人为保证人的，应审查是否有保证人的签名或盖章，采用抵押方式担保的，如果法律规定或合同约定必须办理抵押物登记的，应审查是否办理了登记手续；采用质押担保方式的，应按照合同中约定的质物交付时间，审查当事人是否按时履行了质物交付的法定手续。

(5)审查合同双方当事人是否在合同上签字或盖章。

(6)尽量使用《建设工程施工合同(示范文本)》，确保双方权利义务平衡；审查合同份数，是否盖骑缝章，页码是否连续，是否为合同原件等；对施工合同形式的审查，建设工程施工合同一定要采用书面合同。如果建设行政主管机关制定了相应的合同范本，最好按合同示范文本签订施工合同。

(7)审查合同是否需要有关机关批准或者登记备案，合同是否完备、严密，合同文本是否规范、准确。如果是涉外施工合同，合同形式要符合国际法规和国际惯例，签订的涉外施工合同特别是造价方面需要注意不同国家语言文字在价格数值、币种表述上的差别。

任务6.3　建设工程施工合同实施控制

▶ 任务目标

通过本任务的学习，了解施工合同实施控制的概念和施工合同实施控制的日常工作内容；熟悉施工合同实施控制的常用方法；掌握施工合同跟踪与诊断的步骤与内容。

6.3.1 施工合同实施控制的概念

要完成目标就必须对其实施有效的控制，控制是项目管理的重要职能之一。所谓控制，是指行为主体为保证在变化的条件下实现其目标，按照显示拟定的计划和标准，通过各种方法，对被控制对象实施中发生的各种实际值与计划值进行检查、对比、分析、纠正，以保证工程实施按预定的计划进行，顺利地实现预定的目标。

施工合同控制是指承包商的合同管理组织为保证合同所约定的各项义务的全面完成及各项权利的实现，以施工合同分析的成果为基准，对整个施工合同实施过程进行全面监督、检查、对比和纠正的管理活动。

1. 工程目标控制

合同定义了一定范围工程或工作的目标，它是整个工程项目目标的一部分。这个目标必须通过具体的工程活动实现。由于在工程中各种干扰的作用，常常使工程实施过程偏离总目标。控制就是为了保证工程实施按预定的计划进行，顺利地实现预定的目标。

2. 工程中的目标控制程序

(1)工程实施监督。目标控制，首先应表现在对工程活动的监督上，即保证按照预先确定的各种计划、设计、施工方案实施工程。工程实施状况反映在原始的工程资料(数据)上，如质量检查报告、分项工程进度报告、记工单、用料单、成本核算凭证等。

工程实施监督是工程管理的日常事务性工作。

(2)跟踪，即将收集到的工程资料和实际数据进行整理，得到能反映工程实施状况的各种信息，如各种质量报告、各种实际进度报表、各种成本和费用收支报表及它们的分析报告。将这些信息与工程目标，如合同文件、合同分析文件、计划、设计等进行对比分析。这样可以发现两者的差异，差异的大小，即工程实施偏离目标的程度。如果没有差异，或差异较小，则可以按原计划继续实施工程。

(3)诊断，即分析差异的原因，采取调整措施。差异表示工程实施偏离了工程目标，必须详细分析差异产生的原因和它的影响，并对症下药，采取措施进行调整，否则这种差异会逐渐积累，越来越大，最终导致工程实施远离目标，甚至可能导致整个工程的失败。所以，在工程实施过程中要不断地进行调整，使工程实施一直围绕合同目标进行。

3. 施工合同实施控制的特点

(1)成本、质量、工期是合同定义的三大目标，承包商最根本的合同责任是达到这三大目标，所以，合同控制是其他控制的保证。通过合同控制可以使质量控制、进度控制、成本控制协调一致，形成一个有序的项目管理过程。

(2)从 FIDIC 合同总体分析可见，承包商除必须按合同规定的质量要求和进度计划，完成工程的设计、施工、竣工和保修责任外，还必须对实施方案的安全、稳定负责；对工程

施工合同实施控制

施工合同跟踪与控制

现场的安全、秩序、清洁和工程保护负责；遵守法律，执行工程师的指令；对自己的工作人员和分包商承担责任；按合同规定及时提供履约担保，购买保险等。同时，承包商有权力获得合同规定的必要的工作条件，如场地、道路、图纸、指令；要求工程师公平、正确的解释合同；有及时、如数地获得工程付款的权利；有决定工程实施方案，并选择更为科学、合理的实施方案的权利；有对业主和工程师违约行为的索赔权利等。这一切都必须通过合同控制来实施。

(3)合同控制的最大特点是它的动态性。这个动态性表现在以下两个方面：

1)合同实施受到外界干扰，常常偏离目标，要不断地进行调整。

2)合同目标本身不断地变化。例如，在工程施工过程中不断出现合同变更，使工程的质量、工期、合同价格变化，使合同双方的责任和权益发生变化。这样，合同控制就必须是动态的，合同实施就必须随变化了的情况和目标不断调整。

6.3.2　施工合同实施控制的日常工作内容

施工合同实施控制的主要工作包括合同交底、合同跟踪与诊断、合同变更管理和合同索赔管理等。

(1)合同交底：在合同实施前，合同谈判人员应进行合同交底。合同交底应包括合同的主要内容、合同实施的主要风险、合同签订过程中的特殊问题、合同实施计划和合同实施责任分配等内容。组织管理层应监督项目经理部的合同执行行为，并协调各分包人的合同实施工作。

(2)合同跟踪与诊断：全面收集并分析合同实施的信息，将合同实施情况与合同实施计划进行对比分析，找出其中的偏差。定期诊断合同履行情况，诊断内容应包括合同执行差异的原因分析、责任分析以及实施趋向预测。应及时通报合同实施情况及存在问题，提出有关意见和建议，并采取相应措施。

(3)合同变更管理：包括变更协商、变更处理程序、制定并落实变更措施、修改与变更相关的资料以及结果检查等工作。

(4)合同索赔管理：承包人对发包人、分包人、供应单位之间的索赔管理工作应包括预测、寻找和发现索赔机会；收集索赔的证据和理由，调查和分析干扰事件的影响，计算索赔值；提出索赔意向和报告。

承包人对发包人、分包人、供应单位之间的反索赔管理工作应包括对收到的索赔报告进行审查分析，收集反驳理由和证据，复核索赔值，起草并提出反索赔报告；通过合同管理，防止反索赔事件的发生。

6.3.3　施工合同实施控制的方法

(1)被动控制。被动控制是控制者通过对计划的实施进行跟踪，从计划的实际输出中发现偏差，对偏差采取措施，及时纠正的控制方式。

被动控制实际上是在项目实施过程中、事后检查过程中发现问题及时处理的一种控制，因此仍为一种积极的、十分重要的控制方式。被动控制主要体现在：应用现代化方法、手段，跟踪、测试、检查整个项目实施过程的数据，发现异常情况及时采取措施；建立控制组织、明确控制责任，检查发现情况及时处理；建立有效的信息反馈系统，及时将偏离计划目标值进行反馈，以使其及时采取措施。

（2）主动控制。根据已经掌握的可靠信息，预先分析目标偏离的可能性，并拟定和采取各项预防性措施，以保证计划目标得以实现。

主动控制是一种对未来的控制，它可以最大可能地改变即将成为事实的被动局面，从而使控制更加有效。当根据已掌握的可靠信息，分析预测得出系统将要输出偏离计划的目标时即制定纠正措施并向系统输入，以使系统不发生目标的偏离。它是在事情发生之前就采取了措施的控制。主动控制措施包括：详细调查并分析外部环境条件；识别风险和风险管理；科学制定计划，做好计划可行性分析；高质量地做好组织工作，使组织与目标和计划高度一致；制定必要的应急备用方案；加强信息收集、整理和研究工作，为预测招标采购项目的未来发展提供全面、及时、可靠的信息。

（3）主动控制和被动控制相结合。主动控制与被动控制对合同管理而言缺一不可，均为实现项目目标所必须采用的控制方式。有效的控制是将主动控制和被动控制紧密地结合起来，力求加大主动控制在控制过程中的比例，同时进行定期、连续的被动控制，才能有效保障项目目标控制的根本任务的完成。

6.3.4　施工合同跟踪与诊断

1. 施工合同跟踪

（1）含义。

1）承包单位的合同管理职能部门对合同执行者（项目经理部或项目参与人）的履行情况进行的跟踪、监督和检查。

2）合同执行者（项目经理部或项目参与人）本身对合同计划的执行情况进行的跟踪、检查与对比。

（2）内容。

1）合同跟踪的依据。

①重要依据是合同以及依据合同而编制的各种计划文件；

②其次还要依据各种实际工程文件，如原始记录、报表、验收报告等；

③另外，还要依据管理人员对现场情况的直观了解，如现场巡视、交谈、会议、质量检查等。

2）合同跟踪的对象。

①承包的任务。

a. 工程施工的质量。

b. 工程进度。

c. 工程数量。

d. 成本的增加和减少。

②工程小组或分包人的工程和工作。对专业分包人的工作和负责的工程，总承包商负有协调和管理的责任，并承担由此造成的损失，故专业分包人的工作和负责的工程必须纳入总承包工程的计划和控制中。

③业主和其委托的工程师的工作。

a. 业主是否及时、完整地提供了工程施工的实施条件，如场地、图纸、资料等。

b. 业主和工程师是否及时给予了指令、答复和确认等。

c. 业主是否及时并足额地支付了应付的工程款项。

（3）合同跟踪的作用。

1）通过合同实施情况分析，找出偏离，以便及时采取措施，调整合同实施过程，达到合同总目标。

2）在整个工程建设过程中，使项目管理人员一直清楚地了解合同实施情况，对合同实施现状、趋向和结果有一个清醒的认识。

2. 施工合同诊断

合同诊断是对合同执行情况的评价、判断和趋向分析、预测。

（1）逐条分析各个问题产生差异的原因及内部和外部的各种影响因素，并分析各种影响因素影响程度的大小。

（2）分别确定各个影响因素由谁引起，按合同规定应由谁承担责任以及承担责任的大小。

（3）对这些问题和差异采取什么样的解决措施。如责任方增加生产要素投入，采取新的技术方案，提出索赔要求，修改计划或修订合同。总之，使合同管理贯穿于从投标到工程竣工的全过程，既有利于合同目标的实现，又使技术和经济相结合，产生良好的经济效益。

任务实施

设备安装承包合同

工程名称：_____

工程编号：_____

发包方：_____

承包方：_____

签订时间：_____

签订地点：_____

根据《中华人民共和国经济合同法》和《建筑安装工程承包合同条例》及有关规定，为明确双方在施工过程中的权利、义务和经济责任，经双方协商同意签订本合同。

第一条 工程项目

一、工程名称：_____

二、工程地点：_____

三、工程项目批准单位：_____

批准文号_____（指此工程立项有权批准机关的文号）

项目主管单位：_____

四、承包范围和内容：（详见工程项目一览表）；工程建筑面积_____（平方米）；其他：_____

五、工程造价：_____（万元），其中土建：_____（万元），安装：＿＿＿＿＿＿＿＿＿＿＿＿（万元）。

第二条　施工准备

一、发包方

1.＿＿＿＿＿月＿＿＿＿＿日前，做好建筑红线以外的"三通"，负责红线外进场道路的维修。

2.＿＿＿＿＿月＿＿＿＿＿日前，负责接通施工现场总的施工用水源、电源、变压器（包括水表、配电板），应满足施工用水、用电量的需要。做好红线以内场地平整，拆迁障碍物的资料。

3. 本合同签订后＿＿＿＿＿天内提交建筑许可证。

4. 合同签订后＿＿＿＿＿天内（以收签最后一张图纸为准）提供完整的建筑安装施工图＿＿＿＿＿份，施工技术资料（包括地质及水准点坐标控制点）＿＿＿＿＿份。

5. 组织承、发包双方和设计单位及有关部门参加施工图交底会审，并做好三方签署的交底会审纪要，在＿＿＿＿＿天内分送有关单位，＿＿＿＿＿天内提供会审纪要和修改施工图＿＿＿＿＿份。

二、承包方

1. 负责施工区域的临时道路、临时设施、水电管线的铺设、管理、使用和维修工作。

2. 组织施工管理人员和材料、施工机械进场。

3. 编制施工组织设计或施工方案、施工预算、施工总进度计划，材料设备、成品、半成品等进场计划（包括月计划），用水、用电计划，送发包方。

第三条　工程期限

一、根据国家工期定额和使用需要，商定工程工期为＿＿＿＿＿天（日历天），自＿＿＿＿＿年＿＿＿＿＿月＿＿＿＿＿日开工至＿＿＿＿＿年＿＿＿＿＿月＿＿＿＿＿日竣工验收（附各单位工程开竣工日期，见附表一）。

二、开工前＿＿＿＿＿天，承包方向发包方发出开工通知书。

三、如遇下列情况，经发包方现场代表签证后，工期相应顺延：

1. 按施工准备规定，不能提供施工场地、水、电源道路未能接通，障碍物未能清除，影响进场施工。

2. 凡发包方负责供应的材料、设备、成品或半成品未能保证施工需要或因交验时发现缺陷需要修、配、代、换而影响进度。

3. 不属包干系数范围内的重大设计变更，提供的工程地质资料不准，致使设计方案改变或由于施工无法进行的原因而影响进度。

4. 在施工中如因停电、停水 8 小时以上或连续间歇性停水、停电 3 天以上（每次连续 4 小时以上），影响正常施工。

5. 非承包方原因而监理签证不及时而影响下一道工序施工。

6. 未按合同规定拨付预付款、工程进度款或代购材料差价款而影响施工。

7. 人力不可抗拒的因素而延误工期。

第四条　工程质量

一、本工程质量经双方研究要求达到：＿＿＿＿＿＿＿＿＿＿

二、承包方必须严格按照施工图纸、说明文件和国家颁发的建筑工程规范、规程和标准进行施工，并接受发包方派驻代表的监督。

三、承包方在施工过程中必须遵守下列规定：

1. 由承包方提供的主要原材料、设备、构配件、半成品必须按有关规定提供质量合格证，或进行检验合格后方可用于工程。

2. 由发包方提供的主要原材料、设备、构配件、半成品也必须有质量合格证方可用于工程。对材料改变或代用必须经原设计单位同意并发正式书面通知和发包方派驻代表签证后，方可用于工程。

3. 隐蔽工程必须经发包方派驻代表检查、验收签章后，方可进行下一道工序。

4. 承包方应按质量验评标准对工程进行分项、分部和单位工程质量进行评定，并及时将单位工程质量评定结果送发包方和质量监督站。单位工程结构完工时，应会同发包方、质量监督站进行中间结构验收。

5. 承包方在施工中发生质量事故，应及时报告发包方派驻代表和当地建筑工程质量监督站。一般质量事故的处理结果应送发包方和质量监督站备案；重大质量事故的处理方案，应经设计单位、质量监督站、发包方等单位共同研究，并经设计建设单位签证后实施。

6. 工程竣工后，承包方按规定对工程实行保修，保修时间自通过竣工验收之日算起。

第五条　建筑材料、设备的供应、验收和差价处理

一、由发包方供应以下材料、设备的实物或指标。

二、除发包方供应以外的其他材料、设备由承包方采购。

三、发包方供应、承包方采购的材料、设备，必须附有产品合格证才能用于工程，任何一方认为对方提供的材料需要复验的，应允许复验。经复验符合质量要求的，方可用于工程，其复验费由要求复验方承担；不符合质量要求的，应按有关规定处理，其复验费由提供材料、设备方承担。

四、本工程材料和设备差价的处理办法：_____。

第六条　工程价款的支付与结算

工程价款的支付和结算，应根据中国人民建设银行制定的"基本建设工程价款结算办法"执行。

一、本合同签订后_____日内，发包方支付不少于合同总价（或当年投资额）的_____％备料款，计人民币_____万元；临时设施费，按土建工程合同总造价的_____％计人民币_____万元，安装工程按人工费的_____％计人民币_____万元；材料设备差价_____万元，分_____次支付，每次支付时间、金额_____。

二、发包方收到承包方的工程进度月报后必须在_____日内按核实的工程进度支付进度款，工程进度款支付达到合同总价的_____％时，按规定比例逐步开始扣回备料款。

三、工程价款支付达到合同总价款的95％时，不再按进度付款，办完交工验收后，待保修期满连本息（财政拨款不计息）一次支付给承包方。

四、如发包方拖欠工程进度款或尾款，应向承包方支付拖欠金额日万分之_____的违约金。

五、确因发包方拖欠工程款、代购材料价差款而影响工程进度，造成承包方的停、窝工损失的，应由发包方承担。

六、本合同造价结算方式：_____。

七、承包方在单项工程竣工验收后_____天内，将竣工结算文件送交发包方和经办银行审查，发包方在接到结算文件_____天内审查完毕，如到期未提出书面异议，承包方可请求经办银行审定后拨款。

第七条　施工与设计变更

一、发包方交付的设计图纸、说明和有关技术资料，作为施工的有效依据，开工前由发包方组织设计交底和三方会审作出会审纪要，作为施工的补充依据，承、发包双方均不得擅自修改。

二、施工中如发现设计有错误或严重不合理的地方，承包方应及时以书面形式通知发包方，由发包方及时会同设计等有关单位研究确定修改意见或变更设计文件，承包方按修改或变更的设计文件进行施工。若发生增加费用（包括返工损失、停工、窝工、人员和机械设备调迁、材料构配件积压的实际损失）由发包方负责，并调整合同造价。

三、承包方在保证工程质量和不降低设计标准的前提下，提出修改设计、修改工艺的合理化建议，经发包方、设计单位或有关技术部门同意后采取实施，其节约的价值按国家规定分配。

四、发包方如需设计变更，必须由原设计单位作出正式修改通知书和修改图纸，承包方才予实施。重大修改或增加造价时，必须另行协商，在取得投资落实证明，技术资料设计图纸齐全时，承包方才予实施。

第八条　工程验收

一、竣工工程验收，以国家颁发的《关于基本建设项目竣工验收暂行规定》《工程施工及验收规范》《建筑安装工程质量检验评定标准》和国务院有关部门制订的竣工验收规定及施工图纸及说明书、施工技术文件为依据。

二、工程施工中地下工程、结构工程必须具有隐蔽验收签证、试压、试水、抗渗等记录。工程竣工质量经当地质量监督部门检验合格后，发包方须及时办理验收签证手续。

三、工程竣工验收后，发包方方可使用。

在规定的保修期内，凡因施工造成的质量事故和质量缺陷应由承包方无偿保修。

第九条　违约责任

承包方的责任：

一、工程质量不符合合同规定的，负责无偿修理或返工。由于修理或返工造成逾期交付的，偿付逾期违约金。

二、工程不能按合同规定的工期交付使用的，按合同中第九条关于建设工期提前或拖后的奖罚规定偿付逾期罚款。

发包方的责任：

一、未能按照合同的规定履行自己应负的责任，除竣工日期得以顺延外，还应赔偿承包方由此造成的实际损失。

二、工程中途停建、缓建或由于设计变更以及设计错误造成的返工，应采取措施弥补或减少损失。同时，赔偿承包方由此造成的停工、窝工、返工、倒运、人员和机械设备调迁、材料和构件积压的实际损失。

三、工程未经验收，发包方提前使用或擅自动用，由此而发生的质量或其他问题，由发包方承担责任。

四、承包方验收通知书送达_____日后不进行验收的，按规定偿付逾期违约金。

五、不按合同规定拨付工程款，按银行有关逾期付款办法的规定延付金额每日万分之三偿付承包方赔偿金。

第十条　纠纷解决办法

任何一方违反合同规定，双方协商不成，按以下第（　　）项方式解决：

一、向经济合同仲裁机关申请仲裁；

二、向人民法院起诉。

第十一条　附　则

一、本合同一式＿＿＿＿份，合同附件＿＿＿＿份。甲乙双方各执正本一份，其余副本由发包方报送经办银行，当地工商行政管理机关、建设主管部门备案。按规定必须办理鉴（公）证的，送建筑的所在地工商、公证部门办理鉴（公）证。

二、本合同自双方代表签字，加盖双方公章或合同专用章即生效，需办理鉴（公）证的，自办毕鉴（公）证之日起生效；工程竣工验收符合要求，结清工程款后终止。

三、本合同签订后，承、发包双方如需提出修改时，经双方协商一致后，可以签订补充协议，作为本合同的补充合同。

甲方：

乙方：

日期：

[问题]：

根据上述设备安装合同，施工单位对设备安装事件的追踪内容是什么？

[问题分析]：

施工单位对设备安装事件的跟踪如下：

(1)安装质量，如标高、位置、安装精度、材料质量是否符合合同要求？安装过程中设备有无损坏？

(2)工程数量，如是否全都安装完毕？有无合同规定以外的设备安装，有无其他附加工程。

(3)工期，是否在预定期限内施工，工期有无延长，延长的原因是什么。该工程工期变化原因可能是：业主未及时交付施工图纸；生产设备未及时运到工地；基础土建施工拖延；业主指令增加附加工程；业主提供了错误的安装图纸，造成工程返工；工程师指令暂停工程施工等。

(4)成本的增加或减少。

🔊 任务拓展　怎样建立合同实施的保证体系和实施有效的合同监督

(1)在合同总分析和合同具体分析的基础上，将合同总目标分解到合同实施的具体问题、具体工程和相关责任人身上，使合同管理具体化、专职化。

(2)组织项目小组成员和各工程小组负责人学习合同文件和文件分析，对合同的主要内容作出解释说明，使大家对合同概况、主要精神、合同总目标有较为深刻的理解，树立全局观念，避免施工中的违法行为。

(3)建立有效便捷的文档系统，使合同的监督、跟踪和诊断工作有序进行，有利于及时正确的决策，而且在发生纠纷时能及时地提供有力的证据。

（4）建立报告和行文制度，工程中合同有关各方的沟通都是以书面形式作为最终的依据并形成制度，这样才能保证各工程活动有根有据。

（5）现场中对各工程小组、项目小组或分包单位工作的监督，给它们以合同方面的帮助，如落实计划、提供工作保证、协调他们之间的关系等，对出现的问题进行合同方面的解释。

（6）对建设单位及监理单位进行合同监督，协调与他们的关系，如督促他们完成合同职责，检查对方合同责任情况，进行合同索赔与反索赔，处理合同纠纷等。

（7）对各种来往信件、会议纪要、索赔文件、合同变更文件等做合同方面的审查和控制，并做好记录，及时预防行为的法律后果，弥补自己工作中的漏洞，而且有利于寻找对方工作中的漏洞，及时提出索赔要求。

（8）经常性地解释合同，对工程中出现的特殊问题进行及时预防行为的法律后果，弥补自己工作中的漏洞，参与各种检查验收，并提出相应的报告。

任务 6.4　建设工程施工合同变更管理

任务目标

　　通过本任务的学习，了解施工合同变更的概念和施工合同变更的起因及影响；熟悉施工合同变更的范围，掌握施工合同变更的程序。

任务准备

6.4.1　施工合同变更的概念

　　建设工程施工合同变更的概念有广义和狭义之分。从广义上理解，建设工程施工合同的变更不仅包括合同内容的变更，而且还包括合同主体的变更；从狭义上理解，建设工程施工合同的变更仅指合同内容的变更。由于合同主体的变更实际上是合同权利和义务的转让，而且《中华人民共和国合同法》将合同变更与合同转让进行了区分，因此，这里的建设工程施工合同的变更是指狭义上的变更，即建设工程施工合同内容的变更。

施工合同的变更与转让

施工合同变更程序

根据《中华人民共和国合同法》的规定，建设工程施工合同的变更，包括法定变更与协议变更两种情形。

（1）法定变更即依据法律规定而变更合同内容。国务院颁布的《建设工程勘察设计管理条例》第二十八条规定，建设单位、施工单位、监理单位不得修改建设工程勘察、设计文件；确需修改建设工程勘察、设计文件的，应当由原建设工程勘察、设计单位修改。经原建设工程勘察、设计单位书面同意，建设单位也可以委托具有相应资质的工程勘察、设计单位修改。修改单位对修改的勘察、设计文件承担相应责任。施工单位、监理单位发现建设工程勘察设计文件不符合建设强制性标准、合同约定的质量要求的，应当报告建设单位，建设单位有权要求建设工程勘察、设计单位对建设工程勘察、设计文件进行补充、修改。建设工程勘察、设计文件内容需要作重大修改的，建设单位应报原审批机关批准。此条规定得很明确，作为发包人的建设单位在"确需"的条件下，是有权变更工程设计的，只是这种变更必须遵循法律规定的程序进行。

（2）协议变更，即合同当事人在合意的基础上，以协议的方式对合同的内容进行变更。

合同变更时，当事人应当通过协商，对原合同的部分内容条款作出修改补充或增加新的条款。例如，对原合同中规定的标的数量、质量、履行期限、地点和方式，违约责任、解决争议的方法等作出变更。当事人对合同内容变更取得一致意见时方为有效。

有效的合同变更，必须有明确的合同内容的变更。合同的变更，是指合同内容局部的、非实质性的变更，也即合同内容的变更并不会导致原合同关系的消灭和新的合同关系的产生。合同内容的变更，是在保持原合同效力的基础上，所形成的新的合同关系。此种新的合同关系应当包括原合同的实质性条款的内容。

6.4.2　施工合同变更的起因及影响

1. 施工合同变更的起因

施工合同变更，是指施工承包合同依法成立后，在工程实施过程中，发包商和承包商依法通过协商对合同的内容进行修订或调整所达成的协议。施工承包合同变更的范围包括工程性质、合同中规定的工程质量、进度、价款要求，以及合同条款中承发包双方责、权、利关系的变化等都可以被看作合同变更，最常见的工程变更有以下几种起因：

（1）业主对建筑物的外形或使用功能有新的想法，因此必须变更原设计方案，同时也要重新修订预算。

（2）由于设计人员的疏忽或其他原因造成的设计错误，必须对设计图纸作重新修改。

（3）由于工程条件预定不准确导致工程环境发生变化，必须要重新修改施工方案和变更施工计划。

（4）由于应用新的技术和知识，可以大幅度降低成本，有必要变更原设计、实施方案或实施计划。

（5）由于业主指令、业主的原因造成承包商施工方案的变更。

（6）政府部门对工程新的要求，如国家计划变化、环境保护要求、城市规划变动等。

（7）由于合同实施出现问题，必须调整合同目标或修改合同条款。

（8）合同双方当事人由于倒闭或其他原因不得不转让合同，造成合同当事人的变化。

施工合同发生变更在工程实施过程中是不可避免的，这种变更通常不能免除或改变承包商的合同责任，但对合同实施影响很大，造成原"合同状态"的变化，必须对原合同规定的内容作相应的调整。由于合同变更对工程施工过程的影响大，会造成工期的拖延和费用的增加，容易引起双方的争执，所以合同双方都应十分慎重地对待合同变更。

2. 施工合同变更的影响

施工合同变更实质上是对合同的修改，是双方新的要约和承诺。这种修改通常不能免除或改变承包商的工程责任，但对合同实施影响很大，主要表现在以下几个方面：

(1)定义工程目标和工程实施情况的各种文件，如设计图纸、成本计划和支付计划、工期计划、施工方案、技术说明和适用的规范等，都应作相应的修改和变更。

当然，相关的其他计划也应作相应调整，如材料采购订货计划、劳动力安排、机械使用计划等。所以，它不仅引起与承包合同平行的其他合同的变化，而且还会引起所属的各个分合同，如供应合同、租赁合同、分包合同的变更。有些重大的变更会打乱整个施工部署。

(2)引起合同双方、承包商的工程小组之间、总承包商和分包商之间合同责任的变化。如工程量增加，则增加了承包商的工程责任，增加了费用开支并延长了工期，对此，按合同规定应有相应的补偿。这也极容易引起合同争执。

(3)有些工程变更还会引起已完工程的返工、现场工程施工的停滞、施工秩序打乱、已购材料的损失等，对此也应有相应的补偿。

6.4.3　施工合同变更的程序

1. 施工合同变更的程序

在工程项目实施过程中，施工合同变更的程序一般由合同规定，通常要经过申请、审查、批准到通知(指令)的程序。最理想的变更程序是，在变更执行前，合同双方已就工程变更中涉及的费用增加和工期延误的补偿协商达成一致。

(1)提出变更要求。工程变更可能由承包商提出也可能由业主或工程师提出。

(2)工程师审查变更。无论是哪一方提出的工程变更，均需由工程师审查批准。

(3)编制工程变更文件。工程变更文件包括以下几项：

1)工程变更令。主要说明变更的理由和工程变更的概况，工程变更估价及对合同价的估价。

2)工程量清单。工程变更的工程量清单与合同中的工程量清单相同，并需附工程量的计算记录及有关确定单价的资料。

3)设计图纸(包括技术规范)。

4)其他有关文件等。

(4)发出变更指示。工程师的变更指示应以书面形式发出。如果工程师认为有必要以口头形式发出指示，指示发出后应尽快加以书面形式确认。

2. 工程变更价款的估价步骤

工程变更一般要影响费用的增减，所以工程师应把全部情况告知雇主。对变更费用的批准，一般遵循以下步骤：

(1)工程师准备一份授权申请提出对规范和合同工程量所要进行的变更以及费用估算和

变更的依据和理由。

(2)在雇主批准了授权的申请后，工程师要同承包商协商，确定变更的价格。如果价格等于或少于雇主批准的总额，则工程师有权向承包商发布必要的变更指示；如果价格超过批准的总额，工程师应请求雇主进一步给予授权。

(3)尽管已有上述程序，但为了避免耽误工作，工程师在和承包商就变更价格达成一致意见之前，有必要发布变更指示。此时，应发布一个包括两部分的变更指示，第一部分是在没有规定价格和费率时，指示承包商继续工作；在通过进一步的协商之后，发布第二部分，确定适用的费率和价格。

此程序中所述任何步骤均不应影响工程师决定任何费率或价格的权力(在工程师和承包商之间对费率和价格不能达成一致意见时)。

(4)在紧急情况下，不应限制工程师向承包商发布他认为必要的此类指示。如果在上述紧急情况下采取行动，他应就此情况尽快通知雇主。

3. 工程变更估价方法

(1)如工程师认为适当，应以合同中规定的费率及价格进行估价。如合同中未包括适用于该变更工作的费率和价格，则应在合理的范围内使用合同中的费率和价格作为估价的基础。费率或价格确定的合适与否是导致承包商费用索赔的关键。

(2)如果工程师在颁发整个工程的移交证书时；发现由于工程变更和工程量表上实际工程量的增加或减少(不包括暂定金额、计日工和价格调整)、使合同价格的增加或减少合计超过有效合同价(指不包括暂定金额和计日工补贴的合同价格)的15%，在工程师与业主和承包商协商后，应在合同价格中加上或减去承包商和工程师议定的一笔款额，若双方未能取得一致意见，则由工程师在考虑了承包商的现场费用和上级公司管理费后确定此款额。该款额仅以超过或等于"有效合同价"15%的那一部分为基础。

(3)也可按计日工方法估价。工程师如认为必要和可取，可以签发指示，规定按日计工方法进行工程估价变更。对这类工程变更，应按合同中包括的按日计工表中所定的项目和承包商在投标书中对此所确定的费率或价格向承包商付款。

任务实施

某施工单位根据领取的某2 000平方米两层厂房工程项目招标文件和全套施工图纸，采用低报价策略编制了投标文件，并获得中标。该施工单位(乙方)于某年某月某日与建设单位(甲方)签订了该工程项目的固定价格施工合同。合同工期为8个月。甲方在乙方进入施工现场后，因资金紧缺，口头要求乙方暂停施工一个月。乙方也口头答应。工程按合同规定期限验收时，甲方发现工程质量有问题，要求返工。两个月后，返工完毕。结算时甲方认为乙方迟延交付工程，应按合同约定偿付逾期违约金。乙方认为临时停工是甲方要求的。乙方为抢工期，加快施工进度才出现了质量问题，因此迟延交付的责任不在乙方。甲方则认为临时停工和不顺延工期是当时乙方答应的，乙方应履行承诺，承担违约责任。

[问题]:

1. 该工程采用固定价格合同是否合适？

2. 该施工合同的变更形式是否妥当？此合同争议依据合同法律规范应如何处理？

[问题分析]：

问题1：因为固定价格合同适用于工程量不大且能够较准确计算、工期较短、技术不太复杂、风险不大的项目。该工程基本符合这些条件，故采用固定价格合同是合适的。

问题2：根据《中华人民共和国合同法》和《建设工程施工合同（示范文本）》的有关规定，建设工程合同应当采取书面形式，合同变更也应当采取书面形式。若在应急情况下，可采取口头形式，但必须事后予以书面确认。否则，在合同双方对合同变更内容有争议时，只能以书面协议的内容为准。本案例中甲方要求临时停工，乙方也答应，是甲、乙方的口头协议，且事后并未以书面的形式确认，所以该合同变更形式不妥，在竣工结算时双方发生了争议，对此只能以原合同规定为准。施工期间，甲方未能及时支付工程款，应对停工承担责任，故应当赔偿乙方停工一个月的实际经济损失，工期顺延一个月。工程因质量问题返工，造成逾期交付，责任在乙方，故乙方应当支付逾期交工一个月的违约金，因质量问题引起的返工费用由乙方承担。

🔊 任务拓展

1. 合同变更的条件

(1) 当事人之间原已存在有效合同关系。

(2) 合同变更必须有当事人的变更协议。

(3) 原合同内容发生变化。

(4) 合同变更必须按照法定的方式。

2. 合同变更的效力

(1) 变更后的合同部分，原有的合同失去效力，当事人应当按照变更后的合同履行。

(2) 合同变更只对合同未履行部分有效，不对合同中已履行部分产生效力，除了当事人约定以外。即合同的变更不产生追溯力。

(3) 合同的变更不影响当事人请求损害赔偿的权利。

3. 合同变更的分类

工程变更包括工程量变更、工程项目变更、进度计划变更、施工条件变更等。通常工程变更分为设计变更和其他变更两大类。

(1) 设计变更。在施工过程中如果发生设计变更，将对施工进度产生很大的影响。因此，应尽量减少设计变更，如果必须对设计进行变更，必须严格按照国家的规定和合同约定的程序进行。

(2) 其他变更。合同履行中发包人要求变更工程质量标准或发生其他实质性变更，由双方协商解决。

4. 合同变更的处理要求

(1) 如果出现了必须变更的情况，应当尽快变更。如果变更不可避免，不论是停止施工等待变更指令，还是继续施工，无疑都会增加损失。

(2) 工程变更后，应尽快落实变更。工程变更指令发出后，应当迅速落实指令，全面修改相关的各种文件。承包人也应当抓紧落实，如果承包人不能全面落实变更指令，则扩大的损失应当由承包人承担。

（3）对工程变更的影响应当作进一步分析。工程变更的影响往往是多方面的，影响持续的时间也往往较长，对此应当有充分的分析。

项目梳理

　　施工合同履行的原则，是指法律规定的所有种类合同的当事人在履行合同的整个过程中所必须遵循的一般准则。根据中国合同立法及司法实践，合同的履行除应遵守平等、公平、诚实信用等民法基本原则外，还应遵循以下合同履行的特有原则，即适当履行原则、协作履行原则、经济合理原则和情势变更原则。合同分析是将合同目标和合同条款规定落实到合同施工的具体问题和具体事件上，用以指导具体工作，使合同能顺利地履行，最终实现合同目标。合同分析是解决"如何做"的问题，是从执行的角度解释合同。它是将合同目标和合同规定落实到合同实施的具体问题上和具体事件上，用以指导具体工作，使合同能符合日常工程管理的需要，使工程按合同施工。合同分析应作为承包商项目管理的起点。合同总体分析的主要对象是合同协议书和合同条件等。通过合同总体分析，将合同条款和合同规定落实到一些带全局性的问题上。为了使工程有计划、有秩序、按合同实施，必须将承包合同目标、要求和合同双方的责权利关系分解落实到具体的合同工作上。这就是合同详细分析，包容了工程施工前的整个计划工作。合同定义了一定范围工程或工作的目标，它是整个工程项目目标的一部分。这个目标必须通过具体的工程活动实现。由于在工程中各种干扰的作用，常常使工程实施过程偏离总目标。控制就是为了保证工程实施按预定的计划进行，顺利地实现预定的目标。施工合同跟踪：承包单位的合同管理职能部门对合同执行者(项目经理部或项目参与人)的履行情况进行的跟踪、监督和检查；合同执行者(项目经理部或项目参与人)本身对合同计划的执行情况进行的跟踪、检查与对比。建设工程施工合同变更的概念有广义和狭义之分。从广义上理解，建设工程施工合同的变更不仅包括合同内容的变更，而且还包括合同主体的变更。从狭义上理解，建设工程施工合同的变更仅指合同内容的变更。

项 目 检 测

一、单项选择题

1. 下列合同实施偏差分析的内容中，不属于合同实施趋势分析的是（　　　）。
   A. 项目管理团队绩效奖惩　　　　　B. 总工期的延误
   C. 总成本的超支　　　　　　　　　D. 最终工程经济效益水平

2. 合同变更，即双方当事人依法对合同的内容进行修改的时段应是在（　　　）。
   A. 工程开工以后合同履行完毕以前　B. 合同成立以后和工程竣工以前
   C. 合同成立以后和履行完毕以前　　D. 合同成立以前和履行完毕以后

3. 施工合同履行过程中发生工程变更时,应由(　　)向承包人发出变更指令。

    A. 项目业主　　　　　　　　　　B. 设计单位

    C. 监理方　　　　　　　　　　　D. 变更提出方

4. 当事人依法经过协商,可以变更合同,当事人对合同变更的内容约定不明确的(　　)。

    A. 按变更的内容确定　　　　　　B. 由仲裁机构裁决决定合同内容

    C. 推定为未变更　　　　　　　　D. 重新确定合同内容

二、多项选择题

1. 对施工合同执行者而言,合同跟踪的对象有(　　)。

    A. 承包的任务

    B. 工程小组或分包人的工程和工作

    C. 业主和其委托的工程师的工作

    D. 设计部门的设计变更工作

    E. 供应商的供应进度和质量

2. 根据《标准施工招标文件》中的通用合同条款的规定,除专用合同条款另有约定外,在履行合同中发生(　　)之一,应按照规定进行工程变更。

    A. 取消合同中任何一项工作,但被取消的工作不能转由发包人或其他人实施

    B. 改变合同中任何一项工作的质量或其他特性

    C. 改变合同工程的基线、标高、位置或尺寸

    D. 改变合同中任何一项工作的施工时间或施工工艺

    E. 为完成工程需要追加的额外工作

3. 在项目施工中,若承包人提出的合理化建议涉及对设计图纸的变更,此变更(　　)。

    A. 须经工程师同意　　　　　　　B. 不须经工程师同意

    C. 发生的费用由发包人承担　　　D. 发生的费用由承包人承担

    E. 发生的费用由双方约定承担

4. 关于确定变更价款的做法,下列正确的有(　　)。

    A. 变更确定后承包人及时提出追加价款要求的报告

    B. 工程师在规定时间内对承包人的要求作出答复

    C. 确定的价款报送造价管理部门备案

    D. 工程师未在规定时间内作出答复,视为承包人的要求已批准

    E. 承包人未提出追加价款报告,工程师可单独决定补偿额

三、实务题

1. 某项目经理部承接了一项城市桥梁和道路工程,工程开工时正遇上雨季。工程实施了几个月,工期未达到节点目标,工程成本超过计划、合同执行情况较差,尤其是实际成本较计划成本偏高较大。于是上级公司对合同实施计划和实际成本差异进行诊断,发现了下述情况:钢材和水泥涨价;桥梁主跨桩位还没最后确定;天气不好,经常下雨,造成场地泥泞不堪;没有有效的应对措施。

[问题]:

(1)引起合同实施计划和实际成本差异的常见原因有哪些?

(2)本案中造成合同实施计划和实际成本差异的原因有哪些?

2. 某施工单位(乙方)与某建设单位(甲方)签订了公路工程施工承包合同,合同价款500万元,其中包括中桥一座,基础扩大基础,上部结构为预应力混凝土 T 形梁,开工前,施工单位提交了详细的施工组织设计并得到批准,合同规定,变更工程超过合同总价的15%时,监理工程师应与业主和承包人协商确定一笔管理费调整额。

[问题]:

(1)在进行桥梁工程基础开挖时,发现地基和设计不符,不能满足承载力的要求,承包商应该如何处理?

(2)在工程施工过程中,乙方根据监理工程师的指示就部分工程进行了变更施工,试问变更部分合同价款根据什么原则确定?

项目7　建设工程施工合同索赔及管理

知识目标

了解施工索赔的作用；熟悉施工索赔的特征和分类；掌握施工索赔程序与依据和工期索赔的依据与规定。

能力目标

具备对具体建设工程进行索赔计算的能力；会进行反索赔。

项目导入

索赔一词来源于英语"claim"，其原意表示"有权要求"，法律上叫作"权利主张"，并没有赔偿的意思。工程建设索赔通常是指在合同履行过程中，对于并非自己的过错，而是应由对方承担责任的情况造成的实际损失，向对方提出经济补偿和（或）工期顺延的要求。

任务 7.1　建设工程施工索赔概述

任务目标

通过本任务的学习，了解施工索赔的作用；熟悉施工索赔的特征和分类；掌握施工索赔程序与依据。

任务准备

7.1.1　施工索赔的概念及起因

1. 施工索赔的概念

建设工程索赔通常是指在工程合同履行过程中，合同当事人一方因对方不履行或未能正确履行合同或者由于其他非自身因素而受到经济损失或权利损害，通过合同规定的程序向对方提出经济或时间补偿要求的行为。

建设工程施工费用索赔	工程索赔	施工索赔原因分析及其处理原则研究

2. 施工索赔的起因

承包商在工程施工过程中，仔细分析引起索赔事件发生的原因，是做好索赔工作的首要问题。引起索赔的原因多种多样，其中主要有以下几种情况：

(1)业主的行为引起的索赔。

1)因业主提供的招标文件中的错误、漏项或与实际不符，造成中标施工后突破原标价或合同包价造成的经济损失。

2)业主未按合同规定交付施工场地。

3)业主未在合同规定的期限内办理土地征用、青苗树木补偿、房屋拆迁、清除地面、架空和地下障碍等工作。导致施工场地不具备或不完全具备施工条件。

4)业主未按合同规定将施工所需水、电、电信线路从施工场地外部接至约定地点，或虽接至约定地点但没有保证施工期间的需要。

5)业主没有按合同规定开通施工场地与城乡公共道路的通道或施工场地内的主要交通干道、没有满足施工运输的需要、没有保证施工期间的畅通。

6)业主没有按合同的约定及时向承包商提供施工场地的工程地质和地下管网线路资料，或者提供的数据不符合真实准确的要求。

7)业主未及时办理施工所需各种证件、批文和临时用地、占道及铁路专用线的申报批准手续而影响施工。

8)业主未及时将水准点与坐标控制点以书面形式交给承包商。

9)业主未及时组织有关单位和承包商进行图纸会审，未及时向承包商进行设计交谈。

10)业主没有妥善协调处理好施工现场周围地下管线和邻接建筑物、构筑物的保护而影响施工顺利进行。

11)业主没有按照合同的规定提供应由业主提供的建筑材料、机械设备。

12)业主拖延承担合同规定的责任，如拖延图纸的批准、拖延隐蔽工程的验收、拖延对承包商所提问题进行答复等，造成施工延误。

13)业主未按合同规定的时间和数量支付工程款。

14)业主要求赶工。

15)业主提前占用部分永久工程。

16)因业主中途变更建设计划，如工程停建、缓建造成施工力量大、运迁、构件物质积压倒运、人员机械窝工、合同工期延长、工程维护保管和现场值勤警卫工作增加、临建设施和用料摊销量加大等造成的经济损失。

17)因业主供料无质量证明，委托承包商代为检验，或按业主要求对已有合格证明的材料构件、已检查合格的隐蔽工程进行复验所发生的费用。

18)因业主所供材料亏方、亏吨、亏量或设计模数不符合定点厂家定型产品的几何尺寸，导致施工超耗而增加的量差损失。

19)因业主供应的材料、设备未按合约规定地点堆放的倒运费用或业主供货到现场、由承包商代为卸车堆放所发生的人工和机械台班费。

(2)业主代表的不当行为引起的索赔。

1)业主代表委派的具体管理人员没有按合同规定提前通知承包商，对施工造成影响。

2)业主代表发出的指令、通知有误。

3)业主代表未按合同规定及时向承包商提供指令、批准、图纸或未履行其他义务。

4)业主代表对承包商的施工组织进行不合理干预。

5)业主代表对工程苛刻检查、对同一部位的反复检查、使用与合同规定不符的检查标准进行检查、过分频繁的检查、故意不及时检查。

(3)设计变更或设计缺陷引起的索赔。

1)因设计漏项或变更而造成人力、物资、资金的损失和停工待图、工期延误、返修加固、构件物资积压、改换代用以及连带发生的其他损失。

2)因设计提供的工程地质勘探报与实际不符而影响施工所造成的损失。

3)按图施工后发现设计错误或缺陷，经业主同意采取补救措施进行技术处理所增加的额外费用。

4)设计驻工地代表在现场临时决定，但无正式书面手续的某些材料代用，局部修改或其他有关工程的随机处理事宜所增加的额外费用。

5)新型、特种材料和新型特种结构的试制、试验所增加的费用。

(4)合同文件的缺陷引起的索赔。

1)合同条款规定用语含糊、不够准确。

2)合同条款存在着漏洞，对实际可能发生的情况未做预料和规定，缺少某些必不可少的条款。

3)合同条款之间存在矛盾。

4)双方的某些条款中隐含着较大风险，对单方面要求过于苛刻，约束不平衡，甚至发现某些条文是一种圈套。

(5)施工条件与施工方法的变化引起的索赔。

1)加速施工引起劳动力资源、周转材料、机械设备的增加以及各工种交叉干扰增大工作量等额外增加的费用。

2)因场地狭窄，以致场内运输运距增加所发生的超运距费用。

3)因在特殊环境中或恶劣条件下施工发生的降效损失和增加的安全防护等费用。

4)在执行经甲方批准的施工组织设计和进度计划时，因实际情况发生变化而引起施工方法的变化所增加的费用。

(6)国家政策法规的变更引起的索赔。

1)每季度由工程造价管理部门发布的建筑工程材料预算价格的变化。

2)国家调整关于建设银行贷款利率的规定。

3)国家有关部门关于在工程中停止使用某种设备、材料的通知。

4)国家有关部门关于在工程中推广某些设备、施工技术的规定。

5)国家对某种设备、建筑材料限制进口、提高关税的规定。

6)在一种外资或中外合资工程项目中货币贬值也有可能导致索赔。

(7)不可抗力事件引起的索赔。

1)因自然灾害引起的损失。

2)因社会动乱、暴乱引起的损失。

3)因物价大幅度上涨,造成材料价格、工人工资大幅度上涨而增加的费用。

(8)不可预见因素的发生引起的索赔。

1)因施工中发现文物、古董、古建筑基础和结构、化石、钱币等有考古、地质研究价值的物品所发生的保护等费用。

2)异常恶劣气候条件造成已完工程损坏或质量达不到合格标准时的处置费、重新施工费。

(9)分包商违约引起的索赔。

1)甲方指定的分包商出现工程质量不合格、工程进度延误等违约情况。

2)平行分包商在同一施工现场交叉干扰引起工效降低所发生的额外支出。

7.1.2 施工索赔的作用

(1)保证施工合同的实施。施工合同一经签订,合同双方即产生权利和义务关系,这种权利受法律保护,这种义务受法律制约。施工索赔是施工合同法律效力的具体体现,并且由施工合同的性质所决定。如果没有施工索赔和关于施工索赔的法律规定,则施工合同形同虚设,对双方都难以形成约束,这样,施工合同的实施就得不到保证。施工索赔能对违约者起警诫作用使其考虑到违约的后果,以尽力避免违约事件发生。所以,施工索赔有助于合同双方更紧密的合作,有助于合同目标的实现。

(2)落实和调整施工合同双方经济责任关系。施工合同双方有权利,有利益,同时也应承担相应的经济责任。谁未履行合同责任,构成违约行为,造成对方损失,侵害对方权利,则应承担相应的合同处罚。离开施工索赔,施工合同的责任就不能体现,合同双方的责权利关系就不平衡。

(3)维护施工合同当事人正当权益。施工索赔是一种保护自己,维护自己正当利益,避免损失,增加利润的手段。在现代工程承包中,如果承包人不能进行有效的索赔,不精通索赔业务,往往使损失得不到合理、及时的补偿,就会影响正常的生产经营活动,甚至出现倒闭。

(4)促使工程造价更加合理。施工索赔的正常开展,把原来打入工程报价的一些不可预见费用,改为按实际发生的损失支付,有助于降低工程报价,使工程造价更加合理。

(5)索赔是计划管理的动力。计划管理一般是指项目实施方案、进度安排、施工顺序、劳动力及机械设备材料的使用与安排。而索赔必须分析在施工过程中,实际实施的计划与原计划的偏高程度。例如,工期索赔就是通过实际过程中与原计划的关键路线分析比较,其费用索赔往往也是基于这种比较分析基础之上。因此,从某种意义上讲,离开了计划管理,索赔将成为一句空话。反过来讲,要索赔就必须加强项目的计划管理,索赔是计划管理的动力。

（6）索赔是挽回成本损失的重要手段。在合同报价中最主要的工作是计算工程成本的花费，承包商按合同规定的工程量和责任、合同所给定的条件以及当时项目的自然、经济环境作出成本估算。在合同实施过程中，由于这些条件和环境的变化，使承包商的实际工程成本增加，承包商为挽回这些实际工程成本的损失，只有通过索赔这种手段才能得到。

索赔是以赔偿实际损失为原则，这就是要求有可靠的工程成本计算的依据。所以，要搞好索赔，承包商必须建立完整的成本核算体系，及时、准确地提供整个工程以及分项工程的成本核算资料，索赔计算才有可靠的依据。因此，索赔又能促进工程成本的分析和管理，以便确定挽回损失的数量。

（7）索赔要求提高文档管理的水平。索赔要有证据，证据是索赔报告的重要组成部分，证据不足或没有证据，索赔就不能成立。由于建筑工程比较复杂，工期又长，工程文件资料多，如果文档管理混乱，许多资料没有得到及时整理和保存，就会给索赔证据的获得带来极大的困难。因此，加强文档管理，为索赔提供及时、准确、有力的证据有重要的意义。承包商应委派专人负责工程资料和各种经济活动的资料收集，并分门别类地进行归档整理，特别要学会利用先进的计算机管理信息系统，提高对文档工作的管理水平，这对有效地进行索赔有很重要的意义。

总之，施工索赔是利用经济杠杆进行项目管理的有效手段，对承包商、业主和监理工程师来说，对处理索赔问题水平的高低，反映了他们对项目管理水平的高低。索赔随着建筑市场的建立和发展，将成为项目管理中越来越重要的问题。

7.1.3　施工索赔的特征

施工索赔的概念和特征

（1）索赔的双向性，不仅承包商可以向业主索赔，业主同样可以向承包商索赔。由于实践中承包商向业主索赔发生的概率高，业主向承包商的索赔概率低，因此，索赔一般指承包商向业主的索赔，而业主向承包商的索赔叫作反索赔。合同双方在索赔中的地位是不同的，业主在反索赔中往往占据主动地位，他可以直接从应付工程款中扣抵或者没收履约保函、扣留保留金甚至留置承包商的材料设备作为抵押等来实现自己的赔偿要求；承包商向业主的索赔相对是比较困难的，但承包商向业主索赔的范围非常广泛，一般认为只要是因非承包商自身原因造成其工期延长或者成本增加，都有可能向业主提出索赔。

（2）索赔以实际发生的经济损失或权利损害为前提。经济损失是指因对方因素造成合同外的额外支出，如人工费、材料费、机械费、管理费等额外开支。权利损害是指虽然没有经济上的损失，但造成了一方权利上的损害，如由于恶劣的气候条件对工程进度的不利影响，承包人有权要求工期延长等。经济损失与权利损害有时同时存在，有时单独存在。如发包人未及时交付合格的施工现场，既造成承包人的经济损失，又侵害了承包人的工期权利；再如发生不可抗力，承包人根据合同规定或者惯例，只能要求延长工期，不应要求经济补偿。

（3）索赔是一种未经对方确定的单方行为，对对方尚未形成约束力，其索赔能否实现，必须经过确认才能实现。索赔是一种正当的权利或要求，是合情合理合法的行为，是在正确履行合同的基础上争取合理的偿付，不是无中生有，无理争利。索赔同守约、合作并不矛盾。

7.1.4 施工索赔的分类

施工索赔的分类

1. 按索赔当事人分类

(1)承包人与发包人之间索赔。

(2)承包人与分包人之间索赔。

(3)承包人与供货人之间索赔。

(4)承包人与保险人之间索赔。

2. 按索赔事件的影响分类

(1)工期拖延索赔。由于发包人未能按合同规定提供施工条件，如未及时交付设计图纸、技术资料、场地、道路等；或非承包人原因发包人下令停止工程实施；或其他不可抗力因素作用等原因，造成工程中断；或工程进度放慢，使工期拖延，承包人对此提出索赔。

(2)不可预见的外部障碍或条件索赔。如果在施工期间，承包人在现场遇到一个有经验的承包人通常不能预见到的外界障碍或条件，例如，地质与预计的(发包人提供的资料)不同，出现未预见到的岩石、淤泥或地下水等。

(3)工程变更索赔。由于发包人或工程师指令修改设计、增加或减少工程量、增加或删除部分工程、修改实施计划、变更施工次序，造成工期延长和费用损失，承包人对此提出索赔。

(4)工程终止索赔。由于某种原因，如不可抗力因素影响、发包人违约，使工程被迫在竣工前停止实施，并不再继续进行，使承包人蒙受经济损失，因此提出索赔。

(5)其他索赔。如货币贬值、汇率变化，物价和工资上涨、政策法令变化、发包人推迟支付工程款等原因引起的索赔。

3. 按索赔要求分类

(1)工期索赔。即要求发包人延长工期，推迟竣工日期。

(2)费用索赔。即要求发包人补偿费用损失，调整合同价格。

4. 按索赔所依据的理由分类

(1)合同内索赔。合同内索赔即索赔以合同条文作为依据，发生了合同规定给承包人以补偿的干扰事件，承包人根据合同规定提出索赔要求。这是最常见的索赔。

(2)合同外索赔。合同外索赔指施工过程中发生的干扰事件的性质已经超过合同范围。在合同中找不出具体的依据，一般必须根据适用于合同关系的法律解决索赔问题。

(3)道义索赔。道义索赔指由于承包人失误(如报价失误、环境调查失误等)，或发生承包人应负责的风险而造成承包人重大的损失。

5. 按索赔的处理方式分类

(1)单项索赔。单项索赔是针对某一干扰事件提出的。索赔的处理是在合同实施过程中，干扰事件发生时，或发生后立即进行。它由合同管理人员处理，并在合同规定的索赔有效期内向发包人提交索赔意向书和索赔报告。

（2）总索赔。总索赔又称一揽子索赔或综合索赔。这是在国际工程中经常采用的索赔处理和解决方法。一般在工程竣工前，承包人将工程过程中未解决的单项索赔集中起来，提出一份总索赔报告。合同双方在工程交付前或交付后进行最终谈判，以一揽子方案解决索赔问题。

7.1.5 施工索赔的程序与依据

1. 施工索赔的程序

（1）承包人提出索赔申请。索赔事件发生28天内，向工程师发出索赔意向通知。

（2）发出索赔意向通知后28天内，向工程师提出补偿经济损失和（或）延长工期的索赔报告及有关资料。

（3）工程师审核承包人的索赔申请。工程师在收到承包人送交的索赔报告和有关资料后，于28天内给予答复，或要求承包人进一步补充索赔理由和证据。工程师在28天内未予答复或未对承包人作进一步要求，视为该项索赔已经认可。

工程索赔程序和依据

（4）当该索赔事件持续进行时，承包人应当阶段性向工程师发出索赔意向，在索赔事件终了后28天内，向工程师提供索赔的有关资料和最终索赔报告。

（5）工程师与承包人谈判达不成共识时，工程师有权确定一个他认为合理的单价或价格作为最终的处理意见报送业主并相应通知承包人。

（6）发包人审批工程师的索赔处理证明。

（7）承包人是否接受最终的索赔决定。

承包人未能按合同约定履行自己的各项义务和发生错误给发包人造成损失的，发包人也可按上述时限向承包人提出索赔。

2. 施工索赔的依据

（1）招标文件、施工合同文本及附件、补充协议、施工现场的各类签认记录，经认可的施工进度计划书、工程图纸及技术规范等。

（2）双方往来的信件及各种会议、会谈纪要。

（3）施工进度计划和实际施工进度记录、施工现场的有关文件（施工记录、备忘录、施工月报、施工日志等）及工程照片。

（4）气象资料、工程检查验收报告和各种技术鉴定报告、工程中送停电、送停水、道路开通和封闭的记录和证明。

（5）国家有关法律法规及政策性文件。

（6）发包人或者工程师签认的签证。

（7）工程核算资料、财务报告、财务凭证等。

（8）各种验收报告和技术鉴定。

（9）工程有关的图片和录像。

（10）备忘录，对工程师或业主的口头指示和电话应随时书面记录，并请给予书面确认。

（11）投标前发包人提供的现场资料和参考资料。

（12）其他，如官方发布的物价指数、汇率、规定等。

7.1.6 工程索赔费用

费用索赔都是以补偿实际损失为原则，实际损失包括直接损失和间接损失两个方面。其中要注意的一点是索赔对建设单位不具有任何惩罚性质。因此，所有干扰事件引起的损失以及这些损失的计算，都应有详细的具体证明，并在索赔报告中出具这些证据。没有证据，索赔要求不能成立。

工期索赔的时效

1. 索赔费用的组成

（1）人工费。对于索赔费用中的人工费部分包括：完成合同之外的额外工作所花费的人工费用；由于非施工单位责任导致的工效降低所增加的人工费用；法定的人工费增长以及非施工单位责任工程延误导致的人员窝工费和工资上涨费等。

（2）材料费。对于索赔费用中的材料费部分包括：由于索赔事项的材料实际用量超过计划用量而增加的材料费；由于客观原因材料价格大幅度上涨；由于非施工单位责任工程延误导致的材料价格上涨和材料超期储存费用。

（3）施工机械使用费。对于索赔费用中的施工机械使用费部分包括：由于完成额外工作增加的机械使用费；非施工单位责任的工效降低增加的机械使用费；由于建设单位或监理工程师原因导致机械停工的窝工费。

（4）分包费用。分包费用索赔是指分包人的索赔费。分包人的索赔应如数列入总承包人的索赔款总额以内。

（5）工地管理费。工地管理费是指施工单位完成额外工程、索赔事项工作以及工期延长期间的工地管理费。但如果对部分工人窝工损失索赔时，因其他工程仍然进行，可能不予计算工地管理费索赔。

（6）利息。对于索赔费用中的利息部分包括：拖期付款利息；由于工程变更的工程延误增加投资的利息；索赔款的利息；错误扣款的利息。这些利息的具体利率，有这样几种规定：按当时的银行贷款利率；按当时的银行透支利率；按合同双方协议利率。

（7）总部管理费。主要指工程延误期间所增加的管理费。

（8）利润。一般来说由于工程范围的变更和施工条件变化引起索赔，施工单位可列入利润。索赔利润的款额计算通常是与原报价单中的利润百分率保持一致，即在直接费用的基础上增加原报价单元中的利润率，作为该项索赔的利润。

2. 索赔费用的计算原则和计算方法

在确定赔偿金额时，应遵循下述两个原则：所有赔偿金额，都应该是施工单位为履行合同所必须支出的费用；按此金额赔偿后，应使施工单位恢复到未发生事件前的财务状况。即施工单位不致因索赔事件而遭受任何损失，但也不得因索赔事件而获得额外收益。

根据上述原则可以看出，索赔金额是用于赔偿施工单位因索赔事件而受到的实际损失（包括支出的额外成本失掉的可得利润），而不考虑利润。所以，索赔金额计算的基础是成本，用索赔事件影响所发生的成本减去事件影响时所应有的成本，其差值即为赔偿金额。

索赔金额的计算方法很多，各个工程项目都可能因具体情况不同而采用不同的方法，主要有三种。

(1)总费用法。计算出索赔工程的总费用，减去原合同报价，即得索赔金额。

这种计算方法简单但不尽合理，因为实际完成工程的总费用中，可能包括由于施工单位的原因(如管理不善、材料浪费、效率太低等)所增加的费用，而这些费用是属于不该索赔的；另一方面，原合同价也可能因工程变更或单价合同中的工程量变化等原因而不能代表真正的工程成本。凡此种种原因，使得采用此法往往会引起争议，遇到障碍，故不常采用。

但是在某些特定条件下，当需要具体计算索赔金额很困难，甚至不可能时，则也有采用此法。这种情况下应具体核实已开支的实际费用，取消其不合理部分，以求接近实际情况。

(2)修正的总费用法。原则上与总费用法相同，计算对某些方面作出相应的修正，以使结果更趋合理，修正的内容主要有：一是计算索赔金额的时期仅限于受事件影响的时段，而不是整个工期；二是只计算在该时期内受影响项目的费用，而不是全部工作项目的费用；三是不直接采用原合同报价，而是采用在该时期内如未受事件影响而完成该项目的合理费用。根据上述修正，可比较合理地计算出索赔事件影响，而实际增加的费用。

(3)实际费用法。实际费用法即根据索赔事件所造成的损失或成本增加，按费用项目逐项进行分析、计算索赔金额的方法。这种方法比较复杂，但能客观地反映施工单位的实际损失，比较合理，易于被当事人接受，在国际工程中广泛被子采用。实际费用法是按每个索赔事件所引起损失的费用项目分别分析计算索赔值的一种方法，通常分三步；第一步分析每个或每类索赔事件所影响的费用项目，不得有遗漏，这些费用项目通常应与合同报价中的费用项目一致；第二步计算每个费用项目受索赔事件影响的数值，通过与合同价中的费用数值进行比较即可得到该项费用的索赔值；第三步将各费用项目的索赔值汇总，得到总费用索赔值。

任务实施

某施工单位与建设单位按《建设工程施工合同(示范文本)》签订了可调整价格施工承包合同，合同工期390天，合同总价5 000万元。合同中约定按建标〔2013〕44号文综合单价法计价程序计价，其中间接费费率为20%，规费费率为5%，取费基数为：人工费与机械费之和。

该工程在施工过程中出现了如下事件：

(1)因地质勘探报告不详，出现图纸中未标明的地下障碍物，处理该障碍物导致工作A持续时间延长10天(该工作处于非关键线路上且延长时间未超过总时差)，增加人工费2万元、材料费4万元、机械费3万元。

(2)因不可抗力而引起施工单位的供电设施发生火灾，使工作C持续时间延长10天(该工作处于非关键线路上且延长时间未超过总时差)，增加人工费1.5万元、其他损失费用5万元。

(3)结构施工阶段因建设单位提出工程变更，导致施工单位增加人工费4万元、材料费6万元、机械费5万元，工作E持续时间延长30天(该工作处于关键线路上)。

[问题]：

针对上诉事件，施工单位按程序提出了工期索赔和费用索赔，怎样索赔？

[问题分析]：

索赔是在工程承包合同履行过程中，当事人一方由于另一方未履行合同所规定的义务或者出现了应当由对方承担的风险而遭受损失时，向另一方提出赔偿要求的行为。索赔具有三个基本特征：其一，索赔是双向的，不仅承包人可以向发包人索赔，发包人同样也可以向承包人索赔。一般情况下，承包方向发包方索赔称为索赔，反之为反索赔。其二，只有实际发生了经济损失或权利损害，一方才能向对方索赔。其三，索赔是一种未经对方确认的单方行为，其对对方尚未形成约束力，这种索赔要求能否得到最终实现，必须要通过确认(如双方协商、调解、仲裁或诉讼)后才能定夺。本案例中事件(1)因为图纸未标明的地下障碍物属于建设单位风险的范畴，根据《标准施工招标文件》中合同条款 4.11.2 规定当承包人遇到不利物质条件时可以合理得到工期和费用补偿；事件(2)根据《标准施工招标文件》中合同条款 21.3.1 规定建设单位承担不可抗力的工期风险，发生的费用由双方分别承担各自的费用损失，因此只能合理获得工期补偿；事件(3)建设单位工程变更属建设单位的责任，可以获得工期和费用补偿。又因为事件(1)和事件(2)的施工内容都位于非关键线路上，且延期都未超过该工作的总时差。故本案例中施工单位得到的工期补偿为事件(3)中工作 E 的延期 30 天。得到的费用补偿有事件(1)9 万元、事件(3)15 万元、企业管理费(2＋4＋3＋5)×(20％－5％)＝2.1 万元，共 26.1 万元。

任务拓展　　　　　　　　　索赔报告

索赔报告，发出索赔意向通知后 28 天内，向工程师提出延长工期和(或)补偿经济损失的索赔报告及有关资料。

索赔报告是承包商向工程师(或业主)提交的一份要求业主给予一定经济(费用)补偿和延长工期的正式报告，承包商应该在索赔事件对工程产生的影响结束后，在规定时限内向工程师(或业主)提交正式的索赔报告。

编写索赔报告应注意以下几个问题：

(1)索赔报告的基本要求：第一，必须说明索赔的合同依据，即基于何种理由提出索赔要求。一种是根据合同条款规定，承包商有资格因合同变更或追加额外工作而取得费用补偿和(或)延长工期；另一种是业主或其代理人任何违反合同规定给承包商造成损失，承包商有权索取补偿。第二，索赔报告中必须有详细准确的损失金额及时间的计算。第三，要证明客观事实与损失之间的因果关系，说明索赔前因后果的关联性，要以合同为依据，说明业主违约或合同变更与引起索赔的必然性联系。

(2)索赔报告必须准确：其中包括责任分析应清楚、准确，索赔值的计算依据要正确，计算结果要准确，措辞要婉转和恰当。

(3)索赔报告的形式和内容：应简明扼要，条理清楚。便于对方由表及里、由浅入深地阅读和了解，注意对索赔报告形式和内容的安排也是很有必要的。索赔报告编写完毕后，应及时提交给工程师正式提索赔。

工程师在收到承包人送交的索赔报告和有关资料后，在 28 天内进行审查或要求承包人进一步补充索赔理由和证据，并给予答复。

工程师索赔报告提交后，承包商不能被动等待，应隔一定的时间主动向对方了解索赔处理的情况，因业主(或工程师)通过对报告的仔细阅读审查，会对不合理的索赔进行反驳或提疑问，这时承包商应根据所提出的问题进一步做资料方面的准备，或提供补充资料，尽量为工程师处理索赔提供帮助、支持和合作。经过双方的配合和协助，双方积极的处理了索赔事件。承包人应积极接收索赔回复，作为工程款结算或工期顺延的依据。

任务 7.2　　工程延期的索赔

任务目标

通过本任务的学习，熟悉工期索赔的依据与规定；掌握工期索赔的计算及其注意事项。

任务准备

7.2.1　工期索赔的依据与规定

1. 工期索赔的依据

(1)合同约定或双方认可的施工总进度规划；

(2)合同双方认可的详细进度计划；

(3)合同双方认可的对工期的修改文件；

(4)施工日志、气象资料；

(5)业主或工程师的变更指令；

(6)影响工期的干扰事件；

(7)受干扰后的实际工程进度等。

2. 工期索赔的前提条件

因以下原因造成工期延误，经工程师确认，工期相应顺延：

(1)发包人未能按专用条款的约定提供图纸及开工条件；

(2)发包人未能按约定日期支付工程预付款、进度款，致使施工不能正常进行；

工期索赔计算(1)

(3)工程师未按合同约定提供所需指令、批准等，致使施工不能正常进行；

(4)设计变更和工程量增加；

(5)一周内非承包商原因停水、停电、停气造成停工累计超过 8 小时；

(6)不可抗力；

(7)专用条款中约定或工程师同意工期顺延的其他情况。

3. 工期索赔成立的条件（站在承包商的角度，向业主提出索赔）

(1)业主的责任且延误的时间超出本工作的总时差，超出部分可索赔。

(2)不可抗力发生时，延误的时间超出本工作的总时差，超出部分可索赔。

4. 工期索赔的规定

(1)不同类型工程拖期的处理原则。工程拖期可以分为可原谅的拖期和不可原谅的拖期。可原谅的拖期是由于非承包商原因造成的工程拖期；不可原谅的拖期一般是承包商的原因而造成的工程拖期。

(2)共同延误下的工期索赔的处理原则在实际施工过程中，工期拖期很少是只由一方造成的，往往是两、三种原因同时发生（或相互作用）而形成的，故称为"共同延误"。在这种情况下，要具体分析哪一种情况延误是有效的，应依据以下原则：

1)首先判断造成拖期的哪一种原因是最先发生的，即确定"初始延误"者，它应对工程拖期负责。在初始延误发生作用期间，其他并发的延误者不承担拖期责任。

2)如果初始延误者是业主，则在业主造成的延误期内，承包商既可得到工期延长，又可得到经济补偿。

3)如果初始延误者是客观原因，则在客观因素发生影响的时间段内，承包商可以得到工期延长，但很难得到费用补偿。

7.2.2 工期索赔的计算

1. 工期索赔的分析

干扰事件对工期的影响，即工期索赔值可通过关键线路分析法得到。

分析的基本思路为：计算某干扰事件对该作业工作时间的影响增加值，如果该作业处在关键线路上，则增加值为索赔工期。如果该作业处在非关键线路上，则分析该增加值与该作业总时差与自由时差的关系，如果增加值大于工作总时差，则增加值与总时差的差值为索赔的工期；如果增加值小于工作总时差但大于工作自由时差，则不存在工期索赔，但应考虑对紧后工作开始时间产生影响的

工期索赔计算(2)

工程变更费用和工期补偿；如果增加值小于工作自由时差，则不会对工程项目实施产生任何不利影响。

这种考虑干扰后的网络计划又作为新的实施计划，如果有新的干扰事件发生，则在此基础上可进行新一轮分析，提出新的工期索赔。这样，在工程实施过程中进度计划是动态的，不断地被调整。而干扰事件引起的工期索赔也可以随之同步进行。

2. 工期索赔的计算

工期索赔一般采用分析法进行计算，首先要确定索赔事件发生对施工活动的影响及引起的变化，然后再分析施工活动变化对总工期的影响。分析法主要依据合同规定的总工期计划、进度计划，以及双方共同认可的对工期修改文件，调整计划和受干扰后实际工程进度记录，如施工日记、工程进度表等。施工单位应在每个月底以及在干扰事件发生时，分析对比上述资料，以发现工期拖延以及拖延原因，提出有说服力的索赔要求。

常用的计算索赔工期的方法有以下四种：

(1)网络分析法。网络分析法是通过分析索赔事件发生前后网络计划工期的差异计算索赔工期的。这是一种科学合理的计算方法，适用于各类工期索赔。

(2)对比分析法。对比分析法比较简单，适用于索赔事件仅影响单位工程，或分部分项工程的工期，需由此而计算对总工期的影响。其计算公式为

$$总工期索赔 = \frac{额外或新增工程量价格}{原合同总价} \times 原合同总工期$$

(3)劳动生产率降低计算法。在索赔事件干扰正常施工导致劳动生产率降低，而使工期拖延时，可按下面公式计算：

$$索赔工期 = \frac{预期劳动生产率 - 实际劳动生产率}{预期劳动生产率} \times 计划工期$$

(4)简单累加法。在施工过程中，由于恶劣气候、停电、停水及意外风险造成全面停工而导致工期拖延时，可以一一列举各种原因引起的停工天数累加结果，即可作为索赔天数。应该注意的是由多项索赔事件引起的总工期索赔，最好用网络分析法计算索赔工期。

7.2.3 反索赔的定义及种类

1. 反索赔的定义

反索赔(Count Claim)，顾名思义就是反驳、反击或防止对方提出的索赔，不让对方索赔成功或全部成功。对于反索赔的含义一般有两种理解：第一，认为承包人向业主提出补偿要求即为索赔，而业主向承包人提出补偿要求则认为是反索赔；第二，认为索赔是双向的，业主和承包人都可以向对方提出索赔要求，任何一方对对方提出的索赔要求的反驳、反击则认为是反索赔。

反索赔

在工程项目实施过程中，当合同一方提出索赔，合同另一方对对方提出的索赔要求和索赔文件，可能会有以下三种选择：

(1)全部认可对方的索赔，包括索赔值数额；

(2)全部否决对方的索赔；

(3)部分否决对方的索赔。

如果对方提出的索赔依据充分，证据确凿，计算合理，另一方应实事求是地认可对方的索赔要求，赔偿或补偿对方的经济损失或损害，反之则应以事实为根据，以法律(合同)为准绳，反驳、拒绝对方不合理的索赔要求或索赔要求中的不合理部分，这就是反索赔。

反索赔的内容

2. 反索赔的种类

根据《建设工程施工合同》规定，因承包人原因不能按照协议书约定的竣工日期或工程师同意顺延的工期竣工，或因承包人原因工程质量达不到协议书约定的质量标准，或承包人不履行、不完全履行合同其他义务，承包人均应承担违约责任，赔偿因其违约给发包人造成的损失。

(1)工程质量反索赔。当承包的施工质量不符合施工技术规程的要求时，或使用的设备和材料不符合合同规定，发包人有权向承包人追究责任。这类索赔通常表现为：要求承包

人对有缺陷的产品进行修补；要求承包人对不能通过验收的产品进行返工；要求承包人在规定的时间内修复存在质量问题的工程等。

（2）工期延误反索赔。工期延误反索赔是指工期延误属于承包人责任时，发包人对承包人进行索赔，即由承包人支付延期竣工违约金。发包人在确定违约金的费率时，一般要考虑以下因素：发包人盈利损失；由于工期延长而引起的贷款利息增加；工程拖期带来的附加监理费；由于本工程拖期竣工不能使用，租用其他建筑时的租赁费。违约金的计算方法，在每个合同文件中均有具体规定，一般按每延误一天赔偿一定的款额计算，累计赔偿额一般不应超过合同总额的 10%。

（3）工程保修反索赔。在保修期未满以前未完成应该负责补修的工程时，发包人有权向承包人追究责任。如果承包人未在规定的期限内完成修补工作，发包人有权雇佣他人来完成工作，发生的费用由承包人承担。

（4）解除合同反索赔。如果发包人合理地终止承包人的承包，或者承包人不合理地放弃工程，则发包人有权从承包人手中收回由新的施工单位完成全部工程所需的工程款与原合同未付部分的差额。

（5）对指定分包人的付款反索赔。当承包人未能提供已向指定分包人付款的合理证明时，发包人可以直接按照监理工程师的证明书，将承包人未付给指定分包人的所有款项（扣除保留金）付给指定分包人，并从应付给承包人的任何款项中如数扣回。

（6）其他事项反索赔。根据《建设工程施工合同》，承包人存在因不履行合同或不完全履行合同而造成其他违约行为，或是由于承包人的行为使业主受到损失时，发包人均可以提出索赔。

7.2.4 反索赔的内容

（1）对承包商履约中的违约责任进行反索赔。它包括以下内容：

1）工期延误反索赔。由于承包商的原因造成工期延误的。业主可要求支付延期竣工违约金，确定违约金的费率时可考虑的因素有：业主盈利损失；由于工程延误引起的贷款利息的增加；工程延期带来的附加监理费用及租用其他建筑物时的租赁费。

2）施工缺陷反索赔。如工程存在缺陷，承包商在保修期满前（或规定的时限内）未完成应负责的修补工程，业主可据此向承包商索赔，并有权雇用他人来完成工作，发生的费用由承包商承担。

3）对超额利润的索赔。如工程量增加很多（超过有效合同价的 15%），使承包商在不增加任何固定成本的情况下预期收入增大，或由于法规的变化导致实际施工成本降低，业主可向承包商索赔，收回部分超额利润。

4）业主合理终止合同或承包商不正当放弃合同的索赔。此时业主有权从承包商手中收回由新承包商完成工程所需的工程款与原合同未付部分的差额。

5）由于工伤事故给业主方人员和第三方人员造成的人身或财产损失的索赔，及承包商运送建材、施工机械设备时损坏公路、桥梁或隧道时，道桥管理部门提出的索赔等。

6）对指定分包商的付款索赔。在承包商未能提供已向指定分包商付款的合理证明时，业主可据监理工程师的证明书将承包商未付给指定分包商的所有款项（扣除保留金）付给该分包商，并从应付给承包商的任何款项中扣除。

（2）对承包商提出的索赔要求进行评审、反驳与修正。它包括以下内容：

1）此项索赔是否具有合同依据、索赔理由是否充分及索赔论证是否符合逻辑。

2）索赔事件的发生是否为承包商的责任，是否为承包商应承担的风险。

3）在索赔事件初发时承包商是否采取控制措施。根据国际惯例，凡遇偶然事故发生影响工程施工时，承包商有责任采取力所能及的一切措施，防止事态扩大，尽力挽回损失。如确有事实证明承包商在当时未采取任何措施，业主可拒绝其补偿损失的要求。

4）承包商是否在合同规定的时限内（一般为发生索赔事件后的 28 天内）向业主和监理工程师报送索赔意向通知。

5）认真核定索赔款额，肯定其合理的索赔要求，反驳修正其不合理的要求，使之更加可靠准确。

任务实施

A 公司以 EPC 交钥匙总承包模式中标非洲北部某国一机电工程项目，中标价 2.5 亿美元，合同约定总工期为 36 个月，支付币种为美元，设备全套由中国制造，所有技术标准、规范全部执行中国标准和规范。工程进度款每月 10 日前按上月实际完成量支付，竣工验收后全部付清，工程进度款支付每拖欠一天，业主需支付双倍利息给 A 公司。工程价格不因各种费率、汇率、税率变化及各种设备、材料、人工等价格变化而作调整，施工工程中发生下列事件：

A 公司因

（1）当地发生短期局部战乱，造成工期延误 30 天，直接经济损失 30 万美元；

（2）原材料涨价，增加费用 150 万元；

（3）所在国劳务工因工资待遇罢工，工期延误 5 天，共计增加劳务工资 50 万美元；

（4）美元贬值，损失人民币 1 200 万元；

（5）进度款多次拖延支付，影响工期 5 天，经济损失（含利息）40 万美元；

（6）所在国税率提高，税款比原来增加 50 万美元；

（7）遭遇百年一遇的大洪水，直接经济损失 20 万美元，工期拖延 10 天。

[问题]：

七个事件发生后总的工期索赔和费用索赔是多少？

[问题分析]：

（1）本事件为不可抗力，可索赔工期 30 天；战乱不同于自然灾害，经济损失可以进行协商索赔，故可索赔费用 30 万美元。

（2）按合同 FIDIC 条款，得不到索赔。

（3）因工资待遇罢工属于内部协调问题，不可以索赔。

（4）按合同 FIDIC 条款，得不到索赔。

（5）可索赔工期 5 天，费用 40 万美元。

（6）按合同 FIDIC 条款，得不到索赔。

（7）本事件为不可抗力，可索赔工期 10 天。

直接经济损失费用如果只是设备人员窝工等损失，通常得不到索赔。

以上事件可索赔工期：30＋5＋10＝45（天）

可索赔费用：30＋40＝70（万元）

1. 准备工作

"有理"才能走四方，"有据"才能行得端，"按时"才能不失效。所以，必须在施工全过程中及时做好索赔资料的收集、整理、签证工作。索赔直接牵涉到当事人双方的切身经济利益，靠花言巧语不行，靠胡搅蛮缠不行，靠不正当手段更不行。

索赔成功的基础在于充分的事实、确凿的证据。而这些事实和证据只能来源于工程承包全过程的各个环节之中。关键在于用心收集、整理好，并辅之以相应的法律法规及合同条款，使之真正成为成功索赔的依据。

学习招标文件、合同条款及相关的法律法规尤为重要。项目部每个专业、每个部门都应认真学习。在工程开工前应收集有关资料，包括工程地点的交通条件，"三通一平"情况，供水、供电是否满足施工需要？水、电价格是否过预算价？地下水水位的高度，土质状况，是否有障碍物等。组织各专业技术人员仔细研究施工图纸，互相交流，找出图纸中疏漏、错误、不明、不详、不符合实际、各专业之间相互冲突等问题。

在图纸会审中应认真做好施工图会审纪要，因为施工图会审纪要是施工合同的重要组成部分，也是索赔的重要依据。

施工中应及时进行预测性分析，发现可能发生索赔事项的分部分项工程，如遇到灾害性气候、发现地下障碍物、软基础或文物；以及征地拆迁、施工条件等外部环境影响等。

业主要求变更施工项目的局部尺寸及数量或调整施工材料、更改施工工艺等。

停水、停电超过原合同规定时限；因建设单位或监理单位要求延缓施工或造成工程返工、窝工、增加工程量等。以上这些事项均是提出索赔的充分理由，都不能轻易放过。

施工组织设计及专项施工方案，施工进度、劳动力及工机具计划，也是工程索赔的依据。

2. 处理关系

索赔必须取得监理的认可，索赔的成功与否，监理起着关键性作用。索赔直接关系到业主的切身利益，承包商索赔的成败在很大程度上取决于业主的态度。因此，要正确处理好业主、监理关系，在实际工作中树立良好的信誉。

项目梳理

建设工程索赔通常是指在工程合同履行过程中，合同当事人一方因对方不履行或未能正确履行合同或者由于其他非自身因素而受到经济损失或权利损害，通过合同规定的程序向对方提出经济或时间补偿要求的行为。

引起索赔的原因多种多样，其中主要有以下几种情况：业主的行为引起的索赔；业主代表的不当行为引起的索赔；设计变更或设计缺陷引起的索赔；合同文件的缺陷引起的索赔；施工条件与施工方法的变化引起的索赔；国家政策法规的变更引起的索赔；不可抗力事件引起的索赔；不可预见因素的发生引起的索赔；分包商违约引起的索赔。索赔分为费用索赔与工期索赔。

反索赔，顾名思义就是反驳、反击或防止对方提出的索赔，不让对方索赔成功或全部成功。对于反索赔的含义一般有两种理解：第一，认为承包人向业主提出补偿要求即为索赔，而业主向承包人提出补偿要求则认为是反索赔；第二，认为索赔是双向的，业主和承包人都可以向对方提出索赔要求，任何一方对对方提出的索赔要求的反驳、反击则认为是反索赔。

项 目 检 测

一、单项选择题

1. 某合同工程于某年11月初办理了合同工程接收证书，2周以后，承包人提出提交最终结算申请单，并提出10月下旬尚有一费用超支索赔问题没有超过28天需要研究解决，在此事件中承包人（   ）。

   A. 可以索赔，因为索赔事件发生没有超过28天

   B. 可以索赔，因为工程还没有接受最终结清证书

   C. 不可以索赔，因为此事件发生在接受工程接受证书之前

   D. 不可以索赔，因为此事件发生在接受最终结清证书之后

2. 某承包商承揽的写字楼工程，由于场地中间有几户居民不搬迁，工程不能按期开工。承包商向业主（监理工程师）发出索赔意向书后，依然迟迟不能开工。在这样的情况下，承包商应该按照工程师要求的合理间隔期，提交（   ）。

   A. 新的索赔意向书　　　　　　　　B. 延续索赔通知

   C. 新的索赔证据和依据　　　　　　D. 最终索赔报告

3. 根据《标准施工招标文件》中的通用合同条款，对承包人提出的索赔，监理人应在收到上述索赔通知书或有关索赔的进一步证明材料后的（   ）天内，将索赔处理结果答复承包人。

   A. 14　　　　　　　　　　　　　　B. 28

   C. 35　　　　　　　　　　　　　　D. 42

4. 在工程实施过程中发生索赔事件以后，或者承包人发现索赔机会，索赔工作程序的第一步是要（   ）。

   A. 提出索赔意向　　　　　　　　　B. 提出索赔金额

   C. 提出索赔时间　　　　　　　　　D. 提出索赔报告

5. 根据《标准施工招标文件》中的通用合同条款，承包人按合同约定接受了竣工付款证书后，应被认为（   ）。

   A. 已无权提出在合同工程接收证书颁发前所发生的任何索赔

   B. 有权提出在合同工程接收证书颁发前所发生的任何索赔

   C. 有权提出在最终结清证书颁发后所发生的任何索赔

   D. 已无权提出在最终结清证书颁发前所发生的任何索赔

6. 承包人必须在发出索赔意向通知后的（　　　）天内，提交一份详细的索赔文件和有关资料。

    A. 7　　　　　　　　B. 14　　　　　　　C. 21　　　　　　　D. 28

7. 某承包商承揽的住宅工程项目，由于业主对于相关设计修改迟迟拿不定主意，致使一项工作拖期3天完工，由于该工作有3天的自由时差，根据索赔成立应该具备的前提条件，承包商（　　　）。

    A. 不应向业主提出超过3天的工期索赔　B. 应向业主提出费用索赔

    C. 不应向业主提出工期索赔　　　　　D. 应向业主提出工期索赔

8. 对于承包人向发包人的索赔请求，索赔文件首先应该交由（　　　）审核。

    A. 业主　　　　　　　　　　　　　　B. 工程师（监理人）

    C. 设计方　　　　　　　　　　　　　D. 律师

9. 如果对方提出了索赔要求，则应采取各种措施来反击或反驳对方的索赔要求。通常采取的措施是（　　　）。

    A. 分析合同错误，提出不同意见　　　B. 抓对方的失误，向对方提出索赔

    C. 说明自身难处，赢得对方理解　　　D. 抓住客观原因，说明双方有责

10. 在工程实施过程中发生索赔事件以后，或者承包人发现索赔机会，索赔工作程序的第一步是要（　　　）。

    A. 提出索赔意向　　　　　　　　　　B. 提出索赔金额

    C. 提出索赔时间　　　　　　　　　　D. 提出索赔报告

二、多项选择题

1. 对由于（　　　）等原因引起的索赔，承包商可索赔，人工费部分应按窝工费计算。

    A. 工作效率降低的损失费　　　　　　B. 增加工作内容的人工费

    C. 工程延期致使人员窝工　　　　　　D. 管理人员工资

    E. 停工损失费

2. 根据《标准施工招标文件》合同条款规定，下列各种情况中，可以合理补偿承包人索赔费用的有（　　　）。

    A. 异常恶劣的气候条件　　　　　　　B. 承包人遇到不利物质条件

    C. 发包人要求承包人提前竣工　　　　D. 法律变化引起的价格调整

    E. 施工过程发现文物、古迹以及其他遗迹、化石、钱币或物品

3. 合同工程履行期间发生索赔事项，承包商确定索赔费用的方法有（　　　）。

    A. 修正费用法　　　　　　　　　　　B. 实际费用法

    C. 总费用法　　　　　　　　　　　　D. 修正总费用法

    E. 实物费用法

4. 费用索赔的计算方法主要有（　　　）。

    A. 实际费用法　　　　　　　　　　　B. 总费用法

    C. 修正总费用法　　　　　　　　　　D. 修正实际费用法

    E. 统计法

三、实务题

某建设单位有一宾馆大楼的装饰装修和设备安装工程，经公开招标投标确定了由某建筑装饰装修工程公司和设备安装公司承包工程施工，并签订了施工承包合同。合同价为1 600万元，工期为130天。合同规定：业主与承包方"每提前或延误工期一天，按合同价的万分之二进行奖罚"，"石材及主要设备由业主提供，其他材料由承包方采购"。施工方与石材厂商签订了石材购销合同；业主经与设计方商定，对主要装饰石料指定了材质、颜色和样品。

施工进行到22天时，由于设计变更，造成工程停工9天，施工方8天内提出了索赔意向通知；施工进行到36天时，因业主方挑选确定石材，使部分工程停工累计达16天（均位于关键线路上），施工方10天内提出了索赔意向通知；施工进行到52天时，业主方挑选确定的石材送达现场，进场验收时发现该批石材大部分不符合质量要求，监理工程师通知承包方该批石材不得使用。承包方要求将不符合要求的石材退换，因此延误工期5天。石材厂商要求承包方支付退货运费，承包方拒绝。工程结算时，承包方因此向业主方要求索赔；施工进行到73天时，该地遭受罕见暴风雨袭击，施工无法进行，延误工期2天，施工方5天内提出了索赔意向通知；施工进行到137天时，施工方因人员调配原因，延误工期3天；最后，工程在152天后竣工。工程结算时，施工方向业主方提出了索赔报告并附索赔有关的材料和证据，各项索赔要求如下：

(1)工期索赔：

1)因设计变更造成工程停工，索赔工期9天；

2)因业主方挑选确定石材造成工程停工，索赔工期16天；

3)因石材退换造成工程停工，索赔工期5天；

4)因遭受罕见暴风雨袭击造成工程停工，索赔工期2天；

5)因施工方人员调配造成工程停工，索赔工期3天。

(2)经济索赔35×1 600万元×0.02％＝11.2万元

(3)工期奖励13×1 600万元×0.02％＝4.16万元

[问题]：

(1)哪些索赔要求能够成立？哪些不能成立？为什么？

(2)上述工期延误索赔中，哪些应由业主方承担？哪些应由施工方承担？

(3)施工方应获得的工期补偿和经济补偿各为多少？工期奖励应为多少？

(4)不可抗力发生风险承担的原则是什么？

项目8　建设工程施工合同争议处理

知识目标

　　了解工程进度款支付、竣工结算及审价争议；熟悉工程工期拖延争议；了解安全损害赔偿争议；熟悉合同中止及合同终止争议；熟悉建设工程施工合同争议的解决方式。

能力目标

　　当发生合同争议时，会进行建设工程施工合同的争议管理。

项目导入

　　合同争议是指合同当事人对于自己与他人之间的权利行使、义务履行与利益分配有不同的观点、意见、请求的法律事实。

　　合同关系的实质是通过设定当事人的权利和义务在合同当事人之间进行资源配置。而在法律设定的权利和义务框架中，权利与义务是互相对称的。一方的权利即是另一方的义务；反之亦然。一旦义务人怠于或拒绝履行自己应尽的义务，则其与权利人之间的法律纠纷势必在所难免。在某些情况下，合同法律关系当事人都无意违反法律的规定或者合同的约定；但由于他们对于引发相互之间法律关系的法律事实有着不同的看法和理解，也容易酿成合同争议。在某些情况下，由于合同立法中法律漏洞的存在，也会导致当事人对于合同法律关系和合同法律事实的解释互不一致。总之，有合同活动，就会有合同争议。丝毫不产生合同争议的市场经济社会是不存在的。

任务 8.1　建设工程施工合同常见争议

任务目标

　　通过本任务的学习，熟悉和了解工程价款支付主体争议；工程进度款支付、竣工结算及审价争议；工程工期拖延争议；工程质量及质量保证金争议；安全损害赔偿争议；合同中止及合同终止争议。掌握各项争议的注意事项。

8.1.1　工程价款支付主体争议

1. 工程价款支付主体争议的概念

　　施工企业被拖欠工程款已经是建筑领域的"正常事情"，但往往出现工程的发包人并非是真正的建设方，不是工程的权利人，发包方没有支付能力，施工企业向谁主张权利，保护自身合法权益成为争议焦点。

2. 工程价款支付主体争议产生的原因

　　(1)因承包商资质不够导致的纠纷。

　　(2)因联合体承包导致的纠纷。

　　(3)因"挂靠"问题而产生的纠纷。

　　这方面的案子主要查发包方的营业执照、隶属关系以及最终的产权单位。

工程合同争议处理(1)

工程合同争议处理(2)

8.1.2　工程进度款支付、竣工结算及审价争议

1. 工程进度款支付、竣工结算及审价争议的概念

　　尽管施工合同中已列出了工程量，约定了合同价款，但在实际施工中，会有很多变化，包括设计变更、工程师签发的变更指令、现场条件变化，以及计量方法等引起的工程量增减。这种工程量的变化几乎每天或每月都会发生，而且承包人通常在其每月申请工程进度款报表中列出，希望得到(额外)付款，但常因与工程师有不同意见而遭拒绝或者拖延不决。这些实际已完的工作而未获得付款的金额，由于日积月累，在施工后期可能增到一个很大的数字，发包人更加不愿支付，因而造成更大的分歧和争议。

　　在整个施工过程中，发包人在按进度支付工程款时往往会根据工程师的意见，扣除那些他们未予确认的工程量或存在质量问题的已完工程的应付款项，这种未付款项累积起来也可能形成一笔很大的金额，使承包人感到无法承受而引起争议，而且这类争议在施工的中后期可能会越来越严重。承包人会认为由于未得到足够的应付工程款而不得不将工程进度放慢，而发包人则会认为在工程进度拖延的情况下更不能多支付给承包人任何款项，这就会形成恶性循环而使争端愈演愈烈。

　　更主要的是，大量的发包人在资金尚未落实的情况下就开始工程建设，致使发包人千方百计要求承包人垫资施工、不支付预付款、尽量拖延支付进度款、拖延工程结算及工程审价进程，致使承包人的权益得不到保障，最终引起争议。

2. 工程进度款支付、竣工结算及审价争议产生的原因

　　(1)承包商竞争过分激烈。发包人处于优势地位，导致承包商为了获得承建工程的机会而被迫接收许多不利条件，例如，较低的合同价格、较高的工程质量、较短的工期、垫资等。在合同实施过程中，承包人争取一切可能的机会增加工程价款（如索赔），发包人则会尽可能减少增付价款，从而导致纠纷的产生。

（2）"三边工程"引起的工程造价的失控。"三边工程"——边设计、边施工、边投产。

（3）材料、人工的价格上涨可能导致大幅度的工程造价调整。

（4）从业人员的法律意识薄弱。

1）发包人为了达到减少价款的目的，故意规避法律法规，与承包商签订"阴阳合同"。

2）承包商为了达到承揽工程的目的，不管发包人提出任何要求，也不管自己能否达到，一律全盘接受。

（5）施工合同调价与索赔条款的重合。

（6）合同缺陷。现状："懂技术的不懂法律，懂法律的不懂技术"。

（7）双方理解的分歧。例如，施工合同中规定某种型号的钢材单价为 5 000 元/吨，作为承包商一方会理解为出厂价，作为发包人一方则会理解为送货价。

（8）工程款拖欠。

1）审批不严导致建设单位资金不足。

2）供求关系失衡。

3）有法不依，法律实施情况差。

8.1.3　工程工期拖延争议

1. 工程工期拖延主要原因

（1）施工方要求顺延的理由主要有以下几点：

1）施工许可证未及时办理，大约占要求顺延工期的；

2）工程款拖欠，大约占要求顺延工期的；

3）不可抗力，大约占要求顺延工期的；

4）设计变更，大约占要求顺延工期的；

5）业主指定分包工期拖延，大约占要求顺延工期的；

6）需业主确定的事项拖后，大约占要求顺延工期的；

7）需业主确定的材料拖后，大约要求占顺延工期的。

（2）业主方及施工方两个方面对工期拖延的主要自身原因进行探讨。

1）施工方拖延工期主要自身原因有以下几点：

①工程管理混乱，技术力量薄弱。来源于承包单位本身管理水平和施工组织能力的影响。施工现场的情况千变万化，若承包单位的施工方案不恰当、计划不周详、管理不完善、解决问题不及时等，都会影响工程项目的施工进度。

②招聘来的工人素质低下，造成纠纷不断。

③资金实力弱或挪用工程款，拖欠工人工资，材料商材料款，以致工人施工，材料商不及时提供材料。

④层层转包。

⑤采取低价中标，高价索赔方式，以致无法控制成本，难以完成。

2）业主方拖延工期主要自身原因有以下几点：

①由于投标原因造成中标施工单位实力低下。

②招标时暂定价定得过多造成分包过多、核价材料过多。

③科室配合不默契，科室只顾自己部门的职责，而不是为了完成特定的项目进度目标或其他指标；科室内部人员沟通不够，各专业各自为政；其他原因，从而造成相互推卸责任、相互扯皮使待审核事项无法得到及时审核。

④缺乏进度管理，从土建单位施工到景观及相应配套完成；临时出现问题临时解决，形成前松后紧的状况，导致后期进度没法完成。

⑤缺乏资料档案管理，对以前所有承包方没有系统整理，不能及时总结信息；工程资料检查不及时，导致竣工时施工单位资料缺陷很多。

⑥与建设行政主管部门协调沟通不够。

2. 改善工期拖延的措施

(1)通过尽量压缩招标工期，来预留工期索赔顺延时间，应对信息不对称。因为业主方及施工方处于信息不对称状态，即业主方无法对施工方是否是自身原因造成工期拖延进行判断，而施工方却可以通过相关手续证明、联系单、付款凭证等业主书面行为来提出工期顺延。这样，施工方是在无错状态来要求工期顺延，而工程业主方难免会出现种种因素以致拖延工期。

(2)改变付款方式，过为苛刻的付款方式会对工程起反作用，而宽松的付款方式容易使施工方将工程款移作他用。工程款支付方式只有恰到好处，才能发挥作用，同时要结合财政现实情况。如果采用动态的付款方式，即原则按月付款，但施工单位要考虑三个月的拖欠，但三个月后可按递增法顺延工期和补偿利息等。

(3)采用定品牌由施工单位自行报价的方式减少暂定价。

(4)重视标前会审及标文会签，尽量通过标文完善及图纸修改来减少可能会拖延工期因素。

(5)利用项目管理技术来加强工程管理，加快项目各个环节进程。

8.1.4 工程质量争议

1. 工程质量争议及相关规定

工程质量的含义从相关法规看，具有三方面的含义：第一，工程必须符合法律、法规的规定。项目建设应具备"三证"即建设用地规划许可证、建设工程规划许可证和施工许可证，才具有合法性。第二，工程要符合设计图纸的内容，不能擅自修改设计，而且工程实体质量还要满足国家、省质量技术标准、规范的要求。第三，合同中双方对工程质量有特别约定的，也必须符合合同的约定。

质量缺陷是否发生在隐蔽部位，其法律后果也显然不同。从工程质量的责任主体的区别和隐蔽工程须经建设单位验收方可进行隐蔽的法律规定来分析，质量缺陷发生在隐蔽部位或非隐蔽部位，其法律后果有很大的区别。尤其是在实践中经常发生建设单位未经验收或验收未通过就擅自使用，因此发生的质量缺陷，如果属于非隐蔽的缺陷，一般应认定建设单位认其非隐蔽的质量缺陷，由建设单位承担责任；而属于隐蔽部位的缺陷，依法仍应由施工单位承担责任。

《最高人民法院关于民事诉讼证据的若干规定》的司法解释对工程（产品）质量缺陷致人损害的侵权诉讼作出了举证责任倒置的明确规定。所谓举证责任倒置，是指对一方当事人提出的权利主张由否定其主张成立或否定其部分事实构成要件的对方当事人承担举证责任的一种证明责任的分配形式。它是基于现代民法精神中的正义和公平而对传统的"谁主张、谁举证"原则的补充、变通和矫正。该规定第四条第六款规定："因缺陷产品致人损害的侵权诉讼，由产品的生产者就法律规定的免责事由承担举证责任。"也就是说，当建设工程交付使用后如果出现工程质量问题，也即产品缺陷造成他人损害引起赔偿纠纷时，举证责任依法转移给了工程产品的制造者即生产者施工单位。法律要求施工单位举出证据证明自己没有过错，依法不承担责任，如果不能举证证明，则施工单位就要承担对自己不利的法律后果。这就对施工单位的工程质量管理提出了更高的新要求，施工单位不仅要确保工程的产品质量，而且要保管好自己严格依技术规范和设计图纸进行施工的证据，以防万一出现产品缺陷争议时能够举证证明自己没有过错，否则就可能在质量争议中处于被动，并导致自己的败诉，这是有关工程产品质量缺陷深层次的更应引起关注的法律问题。

工程质量争议本身比较复杂，质量责任又可能涉及建设单位、勘察设计单位、监理单位以及施工单位，出现质量问题后，各方当事人都可能各执一词，各自会提供有利于自己的证据。在有关工程质量争议案件的审理中，常常会碰到这样的复杂局面。认定工程质量缺陷本身及其责任人，是一个技术性很强的专业性问题。《中华人民共和国民事诉讼法》第七十二条规定："当事人可以就查明事实的专门性问题向人民法院申请鉴定，当事人申请鉴定的，由双方当事人协商确定具备资格的鉴定人；协商不成的，由人民法院指定。当事人未申请鉴定，人民法院对专门性问题认为需要鉴定的，应当委托具备资格的鉴定人进行鉴定。"《最高人民法院关于民事诉讼证据的若干规定》也对鉴定的申请、鉴定机构的确定、已有鉴定结论的重新鉴定以及鉴定书的内容要求等作了进一步的规定。因此，人民法院在案件审理中涉及工程质量缺陷以及责任人或有关当事人的责任分担等专门性问题时，一般都会通过指定法定机构进行司法鉴定的方法来确定责任；或者有关工程质量争议的案件，当事人往往会面对法院指定的司法鉴定。

2. 需要鉴定工程质量时应注意的实务操作问题

(1)司法鉴定必须交由法定部门进行。法定部门有两种情况，一种是相关部门已用法律、行政法规或规章规定其作为鉴定部门，例如，国家建设部曾颁布《建筑工程质量检测工作规定》，规定各地县级以上的建筑工程质量检测中心是质量争议或等级评定的鉴定检测机构；另一种情况是尚无国家法律规定的法定鉴定部门，则由法院根据案件的具体情况，指定具有相应资质的部门，这也属于法定部门。需要注意的是，如有法律规定的法定部门，则不可随意指定其他部门鉴定。

(2)当事人如在合同中约定鉴定单位的应从其约定。有不少建设工程合同在签约时已对万一出现质量等级或其他争议的专业鉴定单位作出明确约定。一旦出现纠纷形成诉讼需要进行鉴定时，只要被约定的单位具有相应的资质，根据从约原则，应当由约定的鉴定单位进行鉴定。在国家工商局和建设部联合推荐使用的《建设工程施工合同(示范文本)》通用条款第15条第2款明确要求合同双方当事人对质量争议的鉴定部门作出约定，其目的是双方事先对可能需要鉴定的事由及其鉴定单位作出约定，并使双方都能信服由其选定的鉴定单位的评判意见，以利于发生争议后的妥善处理。

(3)紧急情况下应及时委托鉴定部门作出鉴定结论。如前所述，鉴定结论其法律意义是一份效力相对较高的证据，用以证明案件的真实情况。在工程施工过程中，若质量问题变成紧急情况时，当事人应提高证据意识，在紧急情况下应及时委托有资质的鉴定部门作出情况鉴定或者公证机关进行证据保全，以防证据灭失或有利于自己的事实在紧急情况下消除而难以留下证据。在第一时间留下的证据或事实，是最能够反映事物本质面貌的，同时有利于区分施工过程中各方参与主体的不同过错和不同责任。紧急情况下，单方委托的鉴定单位所形成的鉴定结论，只要鉴定单位本身具有相应的资质，按《最高人民法院关于民事诉讼证据的若干规定》第七十二条第一款："一方当事人提出的证据，另一方当事人认可或者提出的相反证据不足以反驳的，可以认定其证明力"的规定，其鉴定结论可以得到法院的确认。

（4）要大力加强合同履约过程中的原始资料积累和保管。涉及工程质量责任的许多事实表明，如果出现了质量缺陷致人损害而发生诉讼，法律规定要由产品的制造者，也即建设工程的施工单位自己举证，这是法律加重施工单位民事责任在举证方面的体现。因此，广大施工企业要未雨绸缪，防患于未然，在合同履行过程中，在整个施工过程中，随时收集、积累相关资料，对自己严格按规范操作留下证据。由于证据是一个专门的法律问题，施工单位对完成此项工作时遇有困难，应委托有经验的律师协助完成，这也是律师在建设工程领域提供非诉讼服务的一个新的业务。这些业务包括工程建设过程中所有隐蔽工程验收手续的证明、设计变更的签收和实施记录、竣工时设计变更在竣工图上标注说明等有关工程质量的原始材料，要从证据角度专业收集，专人保管，不得散失。所有的建设工程当事人都应当进一步提高工程质量的法律责任意识，加强履约管理和资料管理，才能适应国家法律对工程质量的新规定、新要求，才能在确保工程质量的同时，确保自己在万一出现的工程质量事故和缺陷责任认定时占据主动。

8.1.5 工程质量保证金争议

1. 争议的由来

根据《建设工程施工合同（示范文本）》（GF—2017—0201），"质保金"可以是"质量保证金"的简称，也可以是"质量保修金"的简称。但严格来说，"质保金"应当为"质量保证金"的简称，因为我国现行有效的部门规章以上的法律文件中并无"质量保修金"的概念。实际上，"质量保证金"与"质量保修金"也的确属于两个不同的概念。

唯一的一次出现"保修金"，是在 2005 年 1 月 12 日建设部、财政部《关于印发＜建设工程质量保证金管理暂行办法＞的通知》（建质〔2005〕7 号，已废止）（以下简称《暂行办法》）中规定的。该《暂行办法》第 1 条便明确："为规范建设工程质量保证金（保修金）管理，落实工程在缺陷责任期内的维修责任，根据……等相关规定，制定本办法。"

该《暂行办法》直接将"质量保证金"等同于"保修金"。但《暂行办法》通篇讲的均是"缺陷责任期的维修责任"，其中规定的"质量保证金"也是直接与缺陷责任期挂钩的。《暂行办法》第 2 条规定："本办法所称建设工程质量保证金（保修金）（以下简称保证金）是指发包人与承包人在建设工程承包合同中约定，从应付的工程款中预留，用以保证承包人在缺陷责任期内对建设工程出现的缺陷进行维修的资金……缺陷责任期一般为六个月、十二个月或二十四个月，具体可由发、承包双方在合同中约定。"同时，《暂行办法》第 9 条规定："缺陷责任期内，承包人认真履行合同约定的责任，到期后，承包人向发包人申请返还保证金。"根据规定，缺陷责任期最长为 24 个月，从工程通过竣（交）工验收之日起计算，到期后，发包人就应向承包人返还留取的质量保证金。

从语义上理解，"保修金"显然应该是与"保修期"相对应的。而根据《建设工程质量管理条例》的规定，建设工程项目的法定最低保修期则存在多种情况。关于保修期内的保修义务，该条例第41条规定："建设工程在保修范围和保修期限内发生质量问题的，施工单位应当履行保修义务，并对造成的损失承担赔偿责任。"该条例通篇均未提到保修金，只是规定施工单位应当在保修期内履行保修义务，显然，这个保修义务是免费的。

由上可知，保修期与缺陷责任期显然是两个不同的期间，相应地，与缺陷责任期所对应的"质量保证金"并不能直接等同于"保修金"，否则，当两个期间并不重合时，该笔款项的返还时间便会产生混淆。好在这一《暂行办法》在2016年12月住建部、财政部制定的《建设工程质量保证金管理办法》（以下简称《管理办法》）中得到了纠正，新的《管理办法》删除了"保修金"的表述。

另外，需要特别说明的是，2016年6月27日，国务院办公厅发布《关于清理规范工程建设领域保证金的通知》，其中规定："全面清理各类保证金。对建筑业企业在工程建设中需缴纳的保证金，除依法依规设立的投标保证金、履约保证金、工程质量保证金、农民工工资保证金外，其他保证金一律取消。对取消的保证金，自本通知印发之日起，一律停止收取。""在工程项目竣工前，已经缴纳履约保证金的，建设单位不得同时预留工程质量保证金。"由此，保证金是工程担保制度的一种重要形式，现国家明文规定允许收取的保证金只有上述四种，且在工程项目竣工前，已经缴纳履约保证金的，发包人不得同时预留工程"质量保证金"。

2. 质量保证金如何使用

例如，在存在不同保修期间的装饰装修合同中，按照法律规定，装修工程的保修期为2年，而该装修工程如果涉及防水工程，则其中防水工程部分保修期最长为5年，如果双方仅在合同中约定"保修金在保修期满后退还"，则将产生歧义。承包人可能会认为保修期为2年，而要求发包人在2年期满时返还全部保修金，但发包人则可能会认为保修期为5年，从而不同意承包人返还保修金的请求，如果折中按比例返还，双方对于防水部分的保修金所占比例及如何返还又没有约定，给双方均造成了不必要的纠纷。

比较明智的做法是，同时约定缺陷责任期和保修期，并约定质量保证金于缺陷责任期满后予以返还，如此便可避免产生歧义，并且最大限度地符合双方当事人立约本意，且如此约定，也并不免除承包人在保修期内的保修义务。

因此，建议：

(1)对于国内工程，凡不使用FIDIC施工合同条件的，统一适用"质量保证金"，取代"保留金"的表述，其留取及返还方式，双方可在合同中进行约定是随进度款留取还是最终结算时一次性留取。但需注意，在工程项目竣工前，已经缴纳履约保证金的，发包人不得同时预留工程"质量保证金"，并注意其留取的总最高限额为工程结算价款的3%，而非5%或10%，但按照《管理办法》的规定，该限额仅适用于"建设工程承包合同"（含带有施工内容的建设工程分包合同、装饰装修合同等），不适用于纯材料、设备采购（买卖）合同及其供货安装（加工承揽）合同（因不属于《管理办法》适用对象）。

(2)对于工程施工承包类合同（含分包合同），特别是可能涉及不同保修期的施工承包类合同，建议由双方在合同中约定缺陷责任期，并统一使用"质量保证金"的表述，同时约定"质量保证金"于缺陷责任期满后全额无息返还，避免因分部分项工程涉及不同保修期而产生纠纷。

（3）对于其他合同，涉及保修期的，双方可以根据"意思自治"原则选择约定质量保证金或保修金。这种情况下，二者应认定为具有相同含义，且与保修期挂钩。采取这种约定方式时，需注意保修期的起止时间有无明确约定，并且保修金的返还时间是否符合双方本意，如果不能符合双方本意，则仍然建议对缺陷责任期及保修期进行分别约定，并使用"质量保证金"的表述。

3. 关于质量保证金的现行规定

2017 年 1 月份住房城乡建设部、财政部制定并印发了《建设工程质量保证金管理办法》。该办法规定两种情况，不得预留工程质量保证金，为建筑企业减负。

2017 年 6 月 7 日国务院总理主持召开国务院常务会议，决定在今年自 7 月 1 日起推出的新降费措施。其中，将建筑领域工程质量保证金预留比例上限由 5％降至 3％。

（1）以下两种情况，不得预留工程质量保证金：

1）在工程项目竣工前，已经缴纳履约保证金的，发包人不得同时预留工程质量保证金。

2）采用工程质量保证担保、工程质量保险等其他保证方式的，发包人不得再预留保证金。

（2）预留金额。保证金总预留比例不得高于工程价款结算总额的 3％。合同约定由承包人以银行保函替代预留保证金的，保函金额不得高于工程价款结算总额的 3％。

（3）预留保证金可第三方托管。社会投资项目采用预留保证金方式的，发、承包双方可以约定将保证金交由第三方金融机构托管。

（4）逾期未返还，应支付违约金，并在招标、合同文件中明确。发包人应当在招标文件中明确保证金预留、返还等内容，并与承包人在合同条款中对涉及保证金的下列事项进行约定：

1）保证金预留、返还方式；

2）保证金预留比例、期限；

3）保证金是否计付利息，如计付利息，利息的计算方式；

4）缺陷责任期的期限及计算方式；

5）保证金预留、返还及工程维修质量、费用等争议的处理程序；

6）缺陷责任期内出现缺陷的索赔方式；

7）逾期返还保证金的违约金支付办法及违约责任（新增条款）。

（5）缺陷责任期最长 2 年。从工程通过竣工验收之日起，自动进入缺陷责任期。

缺陷责任期一般为 1 年，最长不超过 2 年，由发、承包双方在合同中约定。

文件原文：

《建设工程质量保证金管理办法》

第一条　为规范建设工程质量保证金管理，落实工程在缺陷责任期内的维修责任，根据《中华人民共和国建筑法》《建设工程质量管理条例》《国务院办公厅关于清理规范工程建设领域保证金的通知》和《基本建设财务管理规则》等相关规定，制定本办法。

第二条　本办法所称建设工程质量保证金（以下简称保证金）是指发包人与承包人在建设工程承包合同中约定，从应付的工程款中预留，用以保证承包人在缺陷责任期内对建设工程出现的缺陷进行维修的资金。

缺陷是指建设工程质量不符合工程建设强制性标准、设计文件，以及承包合同的约定。

缺陷责任期一般为 1 年，最长不超过 2 年，由发、承包双方在合同中约定。

第三条　发包人应当在招标文件中明确保证金预留、返还等内容，并与承包人在合同条款中对涉及保证金的下列事项进行约定：

（一）保证金预留、返还方式；

（二）保证金预留比例、期限；

（三）保证金是否计付利息，如计付利息，利息的计算方式；

（四）缺陷责任期的期限及计算方式；

（五）保证金预留、返还及工程维修质量、费用等争议的处理程序；

（六）缺陷责任期内出现缺陷的索赔方式；

（七）逾期返还保证金的违约金支付办法及违约责任。

第四条　缺陷责任期内，实行国库集中支付的政府投资项目，保证金的管理应按国库集中支付的有关规定执行。其他政府投资项目，保证金可以预留在财政部门或发包方。缺陷责任期内，如发包方被撤销，保证金随交付使用资产一并移交使用单位管理，由使用单位代行发包人职责。

社会投资项目采用预留保证金方式的，发、承包双方可以约定将保证金交由第三方金融机构托管。

第五条　推行银行保函制度，承包人可以银行保函替代预留保证金。

第六条　在工程项目竣工前，已经缴纳履约保证金的，发包人不得同时预留工程质量保证金。

采用工程质量保证担保、工程质量保险等其他保证方式的，发包人不得再预留保证金。

第七条　发包人应按照合同约定方式预留保证金，保证金总预留比例不得高于工程价款结算总额的3%。合同约定由承包人以银行保函替代预留保证金的，保函金额不得高于工程价款结算总额的3%。

第八条　缺陷责任期从工程通过竣工验收之日起计。由于承包人原因导致工程无法按规定期限进行竣工验收的，缺陷责任期从实际通过竣工验收之日起计。由于发包人原因导致工程无法按规定期限进行竣工验收的，在承包人提交竣工验收报告90天后，工程自动进入缺陷责任期。

第九条　缺陷责任期内，由承包人原因造成的缺陷，承包人应负责维修，并承担鉴定及维修费用。如承包人不维修也不承担费用，发包人可按合同约定从保证金或银行保函中扣除，费用超出保证金额的，发包人可按合同约定向承包人进行索赔。承包人维修并承担相应费用后，不免除对工程的损失赔偿责任。

由他人原因造成的缺陷，发包人负责组织维修，承包人不承担费用，且发包人不得从保证金中扣除费用。

第十条　缺陷责任期内，承包人认真履行合同约定的责任，到期后，承包人向发包人申请返还保证金。

第十一条　发包人在接到承包人返还保证金申请后，应于14天内会同承包人按照合同约定的内容进行核实。如无异议，发包人应当按照约定将保证金返还给承包人。对返还期限没有约定或者约定不明确的，发包人应当在核实后14天内将保证金返还承包人，逾期未返还的，依法承担违约责任。发包人在接到承包人返还保证金申请后14天内不予答复，经催告后14天内仍不予答复，视同认可承包人的返还保证金申请。

第十二条　发包人和承包人对保证金预留、返还以及工程维修质量、费用有争议的，按承包合同约定的争议和纠纷解决程序处理。

第十三条 建设工程实行工程总承包的，总承包单位与分包单位有关保证金的权利与义务的约定，参照本办法关于发包人与承包人相应权利与义务的约定执行。

第十四条 本办法由住房城乡建设部、财政部负责解释。

第十五条 本办法自 2017 年 7 月 1 日起施行，原《建设工程质量保证金管理办法》（建质〔2016〕295 号）同时废止。

8.1.6 安全损害赔偿争议和合同中止及终止争议

1. 安全损害赔偿争议

安全损害赔偿争议包括相邻关系纠纷引发的损害赔偿、设备安全、施工人员安全、施工导致第三人安全、工程本身发生安全事故等方面的争议。其中，建筑工程相邻关系纠纷发生的频率已越来越高，其牵涉的主体和财产价值也越来越多，并已成为城市居民十分关心的问题。

《中华人民共和国建筑法》第三十九条为建筑施工企业设定这样的义务："施工现场对毗邻的建筑物、构筑物和特殊作业环境可能造成损害的，建筑施工企业应当采取安全防护措施。"

2. 合同中止及终止争议

中止合同造成的争议有：承包商因这种中止造成的损失严重而得不到足够的补偿；发包人对承包商提出的就中止合同的补偿费用计算持有异议；承包商因设计错误或发包人拖欠应支付的工程款而提出中止合同；发包人不承认承包商提出的中止合同的理由，也不同意承包商的责难及其补偿要求等。

除不可抗拒力外，任何终止合同的争议往往都是难以调和的矛盾造成的。终止合同一般都会给某一方或者双方造成严重的损害。如何合理处置终止合同后的双方的权利和义务，往往是这类争议的焦点。终止合同可能有以下几种情况：

(1)属于承包商责任引起的终止合同。

(2)属于发包人责任引起的终止合同。

(3)不属于任何一方责任引起的终止合同。

(4)任何一方由于自身需要而终止合同。

任务实施

某大型公共道路桥梁工程，跨越平原区河流。桥梁所在河段水深经常在 5 m 以上，河床淤泥层较深。根据实际情况来看，该工程实际所需工期为 28 个月，造价约为 9 874 万美元。据业主自行计算，工程造价为 8 350 万美元，工期为 24 个月。工程采用 FIDIC 标准合同条件，中标合同价为 7 825 万美元，工期为 24 个月。

工程建设开始后，在桥墩基础开挖过程中，发现地质情况复杂，淤泥深度比文件资料中所述数据大得很多，岩基高程较设计图纸高程降低 3.5 m。咨询工程师多次修改施工图纸，而且推迟交付图纸。因此，在工程将近完工时，承包商提出索赔，要求延长工期 6.5 个月，补偿附加开支约 3 645 万美元。

[问题]：

承包商应提出怎样的索赔要求，为什么？

[问题分析]：

据业主自行计算，工程造价为 8 350 万美元，工期为 24 个月，承包商为了中标，将造价报为 7 825 万美元，报价偏低(8 350－7 825)＝525(万美元)，工期仍为 24 个月。

根据实际情况来看，该工程实际所需工期为 28 个月，造价约为 9 874 万美元。本来 9 874－8 350＝1 524(万美元)为承包商可以索赔的上限，但在投标中承包商少报了 525 万美元，可视为承包商自愿放弃。因此，1 524－525＝999(万美元)为目前承包商可以索赔的上限，工期补偿为 28－24＝4(个月)。承包商工期超过合同工期 6.5 个月，其中 2.5 个月应当由业主反索赔，根据原合同，承包商每逾期一天的"误期损害赔偿金"为 9.5 万美元。经业主与承包商反复洽商，最后达成索赔与反索赔协议：

(1)业主批准给承包商支付索赔款 999 万美元，批准延长工期 4 个月。

(2)承包商向业主支付误期损害赔偿款 9.5 万美元×76 天＝722 万美元。

(3)索赔款与反索赔款两相抵偿后，业主一次向承包商支付索赔款 277 万美元。

🔊 **任务拓展**　　　　建设单位应怎样加强质量保证金的管理

在工程竣工验收以后，建设单位的主管部门应及时把工程合同和质量保证金额与使用部门和管理部门进行交接。建设单位应建立质量保证金台账，对每个已竣工交付的工程质量保证金进行登记管理，工程竣工后一旦出现质量问题，应在质量保修期内及时联系施工方进行维修，对质量保修期内不属于建设单位维修范围的工程项目不予安排维修经费。质量保修期满后，财务部门在支付质量保证金时除要求建设部门执行审批程序，也应要求使用部门和管理部门执行审批程序，这样可以避免建设部门、使用部门、管理部门在工程交付使用后对维修相互扯皮的问题，避免重复投资，使质量保证金更好地发挥作用。

任务 8.2　　建设工程施工合同争议的解决方式及争议管理

任务目标

通过本任务的学习，了解与熟悉建设工程施工合同争议的几种解决方式；掌握建设工程施工合同争议的几种解决方式的注意事项；会进行建设工程施工合同争议的争议管理。

8.2.1　建设工程施工合同争议的解决方式

　　为了尽可能减少建设工程承包合同争议，最重要的是合同双方要签好合同。在签订合同之前，承包人和发包人应当认真地进行磋商，切不可急于签约而草率从事。其次，在履约过程中双方应当及时交换意见，尽可能将执行中的问题加以适当处理，不要将问题积累，尽量将合同争议解决在合同履约过程中。

　　公正、全面、及时地解决合同争议对于保护当事人的合法权益，加强合同领域的法制建设有着重要意义。根据《中华人民共和国合同法》第一百二十八条规定，当事人可以通过四种途径解决合同争议。即协商和解；调解；提请仲裁机构仲裁；向人民法院提起诉讼。当事人不愿和解、调解或者和解、调解不成的，可以根据仲裁协议提请仲裁机构申请仲裁。当事人没有订立仲裁协议或者仲裁协议无效的，可以向人民法院起诉。当事人应当履行发生法律效力的裁决、仲裁裁决、调解书；拒不履行的，对方可以请求人民法院执行。所以，建设工程承包合同争议一旦发生，按照有关的法律法规规定，合同当事人可以通过以下方式解决合同争议。

1. 和解或调解

　　发生建设工程承包合同争议时，当事人可以自行协商和解，或者通过第三者进行调解。

　　和解是指争议的合同当事人，依据有关法律规定或合同约定，以合法、自愿、平等为原则，在互谅互让的基础上，经过谈判和磋商，自愿对争议事项达成协议，从而解决分歧和矛盾的一种方法。和解方式无须第三者介入，简便易行，能及时解决争议，避免当事人经济损失扩大，有利于双方的协作和合同的继续履行。

　　合同发生争议时，当事人应首先考虑通过和解解决。合同争议的和解解决有以下优点：

　　(1)简便易行，能经济、及时地解决纠纷。工程承包合同争议的和解解决不受法律程序约束，没有仲裁程序或诉讼程序那样有一套较为严格的法律规定，当事人可以随时发现问题，随时要求解决，不受时间、地点的限制，从而防止矛盾的激化、纠纷的逐步升级，便于对合同争议的及时处理，有可能省去一笔仲裁费或诉讼费。

　　(2)有利于维护双方当事人团结和协作氛围，使合同更好地履行。合同双方当事人在平等自愿，互谅互让的基础上就工程合同争议的事项进行协商，气氛比较融洽，有利于缓解双方的矛盾，消除双方的隔阂和对立，加强团结和协作；同时，由于协议是在双方当事人统一认识的基础上自愿达成的，所以可以使纠纷得到比较彻底地解决，协议的内容也比较容易顺利执行。

　　(3)针对性强，便于抓住主要矛盾。由于工程合同双方当事人对事态的发展经过有亲身的经历，了解合同纠纷的起因、发展以及结果的全过程，便于双方当事人抓住纠纷产生的关键原因，有针对性地加以解决。合同当事人双方一旦关系恶化，常常会在一些细节上纠缠不休，使问题扩大化、复杂化，而合同争议的和解就可以避免走这些不必要的弯路。

　　(4)可以避免当事人把大量的精力、人力、物力放在诉讼活动上。工程合同发生纠纷后，往往合同当事人各方都认为自己有理，特别在诉讼中败诉的一方，会一直把官司打到底，牵扯巨大的精力。而且可能由此结下怨恨。如果和解解决，就可以避免这些问题，对双方当事人都有好处。

调解是指争议的合同当事人，在第三方的主持下，通过其劝说引导，以合法、自愿、平等为原则，在分清是非的基础上，自愿达成协议，以解决合同争议的一种方法。调解有民间调解、仲裁机构调解和法庭调解三种。调解协议书对当事人具有与合同一样的法律约束力。运用调解方式解决争议，双方不伤和气，有利于今后继续履行合同。

通过和解或调解解决争议，可以节省时间，节省仲裁或者诉讼费用，有利于日后的继续交往和合作，是当事人解决合同争议的首选方式。但这种调解不具有法律效力，提起调解要靠当事人具有诚意，达成和解后要靠当事人自觉地履行。和解和调解是在当事人自愿的原则下进行的，一方当事人不能强迫对方当事人接受自己的意志，第三方也不能强迫调解。

2. 仲裁

仲裁也称公断，是双方当事人通过协议自愿将争议提交第三者（仲裁机构）作出裁决，并负有履行裁决义务的一种解决争议的方式。仲裁包括国内仲裁和国际仲裁。仲裁须经双方同意并约定具体的仲裁委员会。仲裁可以不公开审理从而保守当事人的商业秘密，节省费用，一般不会影响双方日后的正常交往。

建设工程承包合同当事人如果不愿意和解、调解，或者和解、调解不成功，可以根据达成的仲裁协议，将合同争议提交仲裁机构仲裁。

仲裁具有办案迅速、程序简便的特点和优点，而且进入仲裁程序以后，仍然采取仲裁与调解相结合的方法，先调解，后仲裁，首先着力于以调解方式解决。经调解成功达成协议后，仲裁庭即制作调解书或者根据协议的结果制作裁决书，调解书和裁决书都具有法律效力。

提请仲裁的前提是合同双方当事人已经订立了仲裁协议，没有订立仲裁协议，不能申请仲裁。仲裁协议包括合同订立的仲裁条款或者附属于合同的协议。合同中的仲裁条款或者附属于合同的协议，被视为与其他条款相分离而独立存在的一部分，合同的变更、解除、终止、失效或者被确认无效，均不影响仲裁条款或者仲裁协议的效力。国内合同当事人可以在仲裁协议中约定在发生争议后到国内的任何一家仲裁机构仲裁，对仲裁机构的选定没有级别管辖和地域管辖限制。

3. 诉讼

诉讼是指合同当事人相互之间发生争议后，只要不存在有效的仲裁协议，任何一方向有管辖权的法院起诉并在其主持下，维护自己合法权益的活动。通过诉讼，当事人的权利可得到法律的严格保护。

如果建设工程承包合同当事人没有在合同中订立仲裁条款，发生争议后也没有达成书面的仲裁协议，或者达成的仲裁协议无效，合同的任何一方当事人，包括涉外合同的当事人，都可向人民法院提起诉讼。在人民法院提起合同案诉讼，应依照《中华人民共和国民事诉讼法》的规定进行。

经过诉讼程序或者仲裁程序产生的具有法律效力的判决、仲裁裁决或调解书，当事人应当履行。如果负有履行义务的当事人不履行判决、仲裁裁决或调解书，对方当事人可以请求人民法院予以执行。执行也就是强制执行，即由人民法院采取强迫措施，促进义务人履行法律文书确定的义务。

合同当事人在遇到合同争议时，究竟是通过协商，还是通过调解、仲裁、诉讼去解决，应当认真考虑对方当事人的态度、双方之间的合作关系、自身的财力和人力等实际情况，权衡出对自己最为有利的争议解决对策。

8.2.2 有理、有利、有节，争取协商调解

施工企业面临着众多存在争议而且又必须设法解决的问题，不少企业都参照国际惯例，设置并逐步完善自己的内部法律机构或部门，专职实施对争议的管理，这是企业进入市场之前必须做的准备。要注意预防"解决争议找法院打官司"的单一思维，通过诉讼解决争议未必是最有效的方法。因为工程施工合同争议情况复杂，专业问题多，有许多争议法律无法明确规定，往往使主审法官难以判断、无所适从。因此，要深入研究案情和对策，处理争议要有理、有利、有节，能采取协商、调解、甚至争议评审方式解决争议的，尽量不要采取诉讼或仲裁方式。因为，通常情况下，工程合同纠纷案件经法院几个月的审理，由于解决困难，法庭只能采取反复调解的方式，以求调解结案。

8.2.3 重视诉讼、仲裁时效，及时主张权利

通过仲裁、诉讼的方式解决建设工程合同纠纷的，应当特别注意有关仲裁时效与诉讼时效的法律规定，在法定诉讼时效或仲裁时效内主张权利。

1. 时效制度

所谓时效制度，是指一定的事实状态经过一定的期间之后即发生一定的法律后果的制度。民法上所称的时效，可分为取得时效和消灭时效。一定事实状态经过一定的期间之后即取得权利的，为取得时效；一定事实状态经过一定的期间之后即丧失权利的，为消灭时效。法律确立时效制度首先是为了防止债权债务关系长期处于不稳定状态；其次是为了催促债权人尽快实现债权，另外也可以避免债权债务纠纷因年长日久而难以举证，不便于解决纠纷。

所谓仲裁时效，是指当事人在法定申请仲裁的期限内没有将其纠纷提交仲裁机关进行仲裁的，即丧失请求仲裁机关保护其权利的权利。在明文约定合同纠纷由仲裁机关仲裁的情况下，若合同当事人在法定提出仲裁申请的期限内没有依法申请仲裁的，则该权利人的民事权利不受法律保护，债务人可依法免于履行债务。

所谓诉讼时效，是指权利人在法定提起诉讼的期限内如不主张其权利，即丧失请求法院依诉讼程序强制债务人履行债务的权利。诉讼时效实质上就是消灭时效，诉讼时效期间届满债务人依法可免除其应负义务。换而言之，若权利人在诉讼时效期间届满后才主张权利则会丧失胜诉权，其权利不受司法保护。

2. 关于仲裁时效期间和诉讼时效期间的计算问题

追索工程款、勘察费、设计费，仲裁时效期间和诉讼时效期间均为 2 年，从工程竣工之日起计算，双方对付款时间有约定的，从约定的付款期限届满之日起计算。

工程因建设单位的原因中途停工的，仲裁时效期间和诉讼时效期间应当从工程停工之日起计算。

工程竣工或工程中途停工，施工单位应当积极主张权利。实践中，施工单位提出工程竣工结算报告或对停工工程提出中间工程竣工结算报告，是施工单位主张权利的基本方式，可引起诉讼时效的中断。

追索材料款、劳务款，仲裁时效期间和诉讼时效期间也为 2 年，从双方约定的付款期限届满之日起计算；没有约定期限的，从购方验收之日起计算，或从劳务工作完成之日起计算。

出售质量不合格的商品未声明的，仲裁时效期间和诉讼时效期间均为 1 年，从商品售出之日起计算。

3. 适用时效规定、及时主张自身权利的具体做法

根据《中华人民共和国民法通则》的规定，诉讼时效因提起诉讼、债权人提出要求或债务人同意履行债务而中断。从中断时起，诉讼时效期间重新计算。因此，对于债权，具备申请仲裁或提起诉讼条件的，应在诉讼时效的期限内提请仲裁或提起诉讼。尚不具备条件的，应设法引起诉讼时效中断，具体办法有以下几项：

(1)工程竣工后或工程中间停工的，应尽早向建设单位或监理单位提出结算报告；对于其他债权，还应以书面形式主张债权，对于履行债务的请求，应争取到对方有关工作人员签名、盖章，并签署日期。

(2)债务人不予接洽或拒绝签字盖章的，应及时将要求该单位履行债务的书面文件制作一式数份，自存至少一份备查后，将该文件以电报的形式或其他妥善的方式，即时将请求履行债务的要求通知对方。

4. 主张债权已超过诉讼时效期间的补救办法

债权人主张债权超过诉讼时效期间的，除非债务人自愿履行，否则债权人依法不能通过仲裁或诉讼的途径使其履行。在这种情况下，应设法与债务人协商，并争取达成履行债务的协议。只要签订该协议，债权人仍可通过仲裁或诉讼途径使债务人履行债务。

8.2.4　全面收集证据，确保客观充分

收集证据是一项十分重要的准备工作，根据法律规定和司法实践，收集证据应当遵守如下要求：

(1)为保证及时发现和收集到充分、确凿的证据，在收集证据以前应当认真研究已有材料，分析案情，并在此基础上制定收集证据的计划，确定收集证据的方向、调查的范围和对象、应当采取的步骤和方法，同时，还应考虑到可能遇到的问题和困难，以及解决问题和克服困难的办法等。

(2)收集证据的程序和方式必须符合法律规定。凡是收集证据的程序和方式违反法律规定的，例如，以贿赂的方式使证人作证的，或不经过被调查人同意擅自进行录音等，所收集到的材料一律不能作为证据来使用。

(3)收集证据必须客观、全面。收集证据必须尊重客观事实，按照证据的本来面目进行收集，不能弄虚作假，断章取义，制造假证据。全面收集证据就是要收集能够收集到的、能够证明案件真实情况的全部证据，不能只收集对自己有利的证据。

(4)收集证据必须深入、细致。实践证明，只有深入、细致地收集证据，才能把握案件的真实情况，因此，收集证据必须杜绝粗枝大叶、马虎行事、不求甚解的做法。

(5)收集证据必须积极主动、迅速，证据虽然是客观存在的事实，但可能由于外部环境或外部条件的变化而变化，如果不及时予以收集，就有可能灭失。

8.2.5　摸清财务状况，做好财产保全

1. 调查债务人的财产状况

对建设工程承包合同的当事人而言，提起诉讼的目的，大多数情况下是为了实现金钱债权，因此，必须在申请仲裁或者提起诉讼前调查债务人的财产状况，为申请财产保全做好充分准备。根据司法实践，调查债务人的财产范围应包括以下几项：

(1)固定资产，如房地产、机器设备等，尽可能查明其数量、质量、价值、是否抵押等具体情况。

(2)开户行、账号、流动资金的数额等情况。

(3)有价证券的种类、数额等情况。

(4)债权情况，包括债权的种类、数额、到期日等。

(5)对外投资情况(如与他人合股、合伙创办经济实体)，应了解其股权种类、数额等。

(6)债务情况。债务人是否对他人尚有债务未予清偿，以及债务数额、清偿期限的长短等，都会影响到债权人实现债权的可能性。

(7)如果债务人是企业，还应调查其注册资金与实际投入资金的具体情况，两者之间是否存在差额，以便确定是否请求该企业的开办人对该企业的债务在一定范围内承担清偿责任。

2. 做好财产保全

《中华人民共和国民事诉讼法》第一百条中规定："人民法院对于可能因当事人一方的行为或者其他原因，使判决难以执行或者造成当事人其他损害的案件，根据对方当事人的申请，可以裁定对其财产进行保全、责令其作出一定行为或者禁止其作出一定行为；当事人没有提出申请的，人民法院在必要时也可以裁定采取保全措施。"第一百零一条中同时规定："利害关系人因情况紧急，不立即申请保全将会使其合法权益受到难以弥补的损害的，可以在提起诉讼或者申请仲裁前向被保全财产所在地、被申请人住所地或者对案件有管辖权的人民法院申请采取保全措施。"应当注意，申请财产保全，一般应当向人民法院提供担保，且起诉前申请财产保全的，必须提供担保。担保应当以金钱、实物或者人民法院同意的担保等形式实现，所提供的担保的数额应相当于请求保全的数额。

因此，申请财产保全的应当先作准备，了解保全财产的情况并做好以上各项工作后，才可申请仲裁或提起诉讼。

8.2.6　聘请专业律师，尽早介入争议处理

施工单位无论是否有自己的法律机构，当遇到案情复杂难以准确判断的争议时，应当尽早聘请专业律师，避免走弯路。目前，不少施工单位的经理抱怨，官司打赢了，得到的却是一纸空文，判决无法执行，这往往和起诉时未确定真正的被告和未事先调查执行财产并及时采取诉讼保全有关。施工合同争议的解决不仅取决于对行业情况的熟悉，很大程度上还取决于诉讼技巧和正确的策略，而这些都是专业律师的专长。

某实施监理的工程项目，采用以直接费为计算基础的全费用单价计价，混凝土分项工程的全费用单价为446元/m³，直接费为350元/m³，间接费费率为12%，利润率为10%，增值税税率为3%，城市维护建设税税率为7%，教育费附加费费率为3%。施工合同约定：工程无预付款；进度款按月结算；工程量以监理工程师计量的结果为准；工程保留金按工程进度款的3%逐月扣留；监理工程师每月签发进度款的最低限额为25万元。施工过程中，按建设单位要求设计单位提出了一项工程变更，施工单位认为该变更使混凝土分项工程量大幅减少，要求对合同中的单价做相应调整。建设单位则认为应按原合同单价执行，双方意见分歧，要求监理单位调整。经调整，各方达成如下共识：若最终减少的该混凝土分项工程量超过原先计划工程量的15%，则该混凝土分项的全部工程量执行新的全费用单价，新全费用单价的间接费和利润调整系数分别为1.1和1.2，其余数据不变。

[问题]：

1. 如果建设单位和施工单位未能就工程变更的费用等达成协议，监理单位应如何处理？该项工程款最终结算时应以什么为依据？

2. 监理单位在收到争议调解要求后应如何进行处理？

[问题分析]：

问题1：如果建设单位和施工单位未能就工程变更的费用达成协议，监理机构应提出一个暂定的价格，作为临时支付工程进度款的依据。该项工程款最终结算时，应以建设单位和承包单位达成的协议为依据。

问题2：监理机构接到合同争议的调解要求后应进行以下工作：

(1)及时了解合同争议的全部情况，包括进行调查和取证。

(2)及时与合同争议的双方进行磋商。

(3)在项目监理机构提出调解方案后，由总监理工程师进行争议调解。

(4)当调解未能达成一致时，总监理工程师应在施工合同规定的期限内提出处理该合同争议的意见。

(5)在争议调解过程中，除已达到了施工合同规定的暂停履行合同的条件外，项目监理机构应要求施工合同的双方继续履行施工合同。

任务拓展　　建设工程施工合同结算工程款的有关规定

(一)建设工程施工合同明确约定计价方法或者明确约定按照固定价格结算工程款的情形。

根据《最高人民法院关于审理建设工程施工合同纠纷案件适用法律问题的解释》(以下简称《建设工程司法解释》)第十六条第一款"当事人对建设工程的计价标准或者计价方法有约定的，按照约定结算工程价款"以及第二十二条"当事人约定按照固定价结算工程价款，一方当事人请求对建设工程造价进行鉴定的，不予支持"的规定，在建设工程施工合同工程款纠纷案件中有约定的从约定，双方当事人已经达成结算协议的依协议进行结算，充分尊重当事人的意思表示，除非当事人达成的合意被依法确认为无效或被撤销。在双方当事人意思表示真实的情况下，一方当事人申请法院对于工程量进行鉴定的，不应准许。

不需要鉴定即可确定工程价款的典型情况：

（1）工程竣工后，双方在工程结算书上签字、盖章予以确认的，以结算书上双方确认的价款作为工程价款，或承包人在工程竣工后提交决算报告，发包人对该报告进行审核，出具审核意见书后，承包人对该审核意见书予以认可的，视为双方就工程决算达成一致意见，可以作为承、发包双方结算工程款的依据。

（2）发包人逾期不答复承包人的竣工结算文件，按竣工结算文件确定工程价款。这是指当事人在合同中约定了发包人审核竣工结算文件期限，如在该期限没有答复，则应视为认可结算文件，其前提是当事人在合同中有约定。鉴于审判实践中大量的建设工程施工合同纠纷案件双方当事人争议最大的是工程价款的结算问题，而其中多数集中于结算依据的认定问题上，而住房和城乡建设部制定的《建设工程施工合同（示范文本）》中对工程竣工结算的条款约定了相应的期限和程序等条件，因此，结合合同文本约定应认定当这些条件具备时即可产生相应的法律后果。

采用这种方式结算应注意的是，由于司法解释在这种特定情况下推定了发包人应承担的义务，故此对承包人提交竣工结算文件的程序要求应严格把握。即承包人必须书面递交竣工结算文件，且不能适用留置方式；发包人方的接收人员除法人的法定代表人、其他组织的主要负责人外，必须限定在其内部具有收发职权的部门或负责人，由其签收或盖章。此手续将在诉讼中作为承包方举证证明发包人已经有效接受该文件的基本证据。同时，对发包人来说，若不能在约定的期限内对承包人提交的竣工结算报告全面审核认可，也必须在该期限内就其对报告内容的异议部分书面通知承包人，以回避不必要的风险。审判中必须对上述手续进行严格审查后才可推定双方当事人的权利和义务。

（3）双方约定按照固定价款结算的，俗称"包死价"，即双方当事人通过合同约定了工程价款的确定形式为固定价格，一般是指按施工图纸预算包干，即以经审查后的施工图总概算或者综合预算为准。有的是以固定总价格包干或者以平方米包干等方式。该条款属于合同的权利义务条款，对双方都具有法律约束力。如果合同中约定按照固定价结算工程款，在履行施工合同过程中，没有发生合同修改或者设计变更等情况导致工程量发生变化的，则应按照合同约定的固定价格结算。约定这样的条款也表明双方对建设施工的风险是预知的，也已经考虑到了合同履行过程中可能引起价格变动的种种因素，故应当尊重当事人双方的意思自治。在没有证据和事实合同约定时，应当按照合同约定执行。一方当事人抛开合同约定的包干总价，提出对工程造价进行鉴定的申请，不应支持，即使当事人在履行合同过程中，实际增加了施工面积，但双方未对增建的施工面积如何取费进行约定，对新增加工程价款又达不成一致意见的，如果新增加工程与原工程性质基本相同（主要指建筑材料、设计相同），可遵循当事人合同约定的真实意思表示，按照合同约定的结算标准计算增加的工程量价款。如新增工程与原工程性质不同，可仅对该部分予以鉴定解决。

依固定价格结算，如确实出现发包人和承包人之间利益重大失衡的情形，一方当事人在进场施工之日起一年内请求人民法院对相关合同条款以"显失公平"为由变更的应予支持。

（二）合同对工程价款没有约定或约定不明时的工程价款结算问题。

此类合同如无违反法律、行政法规禁止性规定情形的，仍应确认合同有效。在此基础上，应依据《中华人民共和国合同法》第六十一、第六十二条的规定的精神，由双方当事人在诉讼中协商补充工程造价及决算的约定；协商不成又无法采取其他结算方式结算工程款时，可依当事人申请委托工程造价审计部门对工程款的数额予以鉴定。

对作为定案证据的鉴定结论，必须查证属实才能够采信，鉴定部门作出鉴定结论后，法院应组织对鉴定结论进行质证，听取双方异议和理由。针对当事人提出的异议，应由鉴定机构作出解释并组织双方当事人及鉴定机构进行质证。鉴定机构应当接受当事人的质询并应提出对异议的处理意见。对于鉴定结论明显证据不足，违反客观规律或与当事人提供的证据明显不一致的、有缺陷的鉴定结论，不能作为定案依据。可根据案件的具体情况通过重新鉴定、补充鉴定、重新质证、补充质证等方法解决。如果经质证后，当事人没有提出足以反驳的相反证据和理由的，可以认定其证明力。

（三）施工合同因承包人资质而无效时工程价款的确定问题。

《中华人民共和国合同法》第五十八条规定"合同无效或者被撤销后，因该合同取得的财产，应当予以返还；不能返还或者没有必要返还的，应当折价补偿"。对于建设工程施工合同而言，其特殊性在于合同履行的过程，就是承包人将劳动及建筑材料物化到建设工程的过程，即承包人付出了劳动，投入了资金，如施工企业垫付的资金、机械设备使用费、人工费等。在施工过程中，上述财产只是从一种形态转化为另一种形态，其价值并未改变，并已全部转移到新的建筑工程之中。基于这一特殊性，合同被确认无效后，发包人取得的财产形式上是承包人建设的工程，实际上是承包人对工程建设投入的劳务及建筑材料（工程价款），故承包人理应得到合理补偿。但因无法适用返还财产的方式使合同恢复到签约前的状态，故只能按照折价补偿的方式对无效合同予以处理。折价补偿首先应确定建造的建筑产品是否有价值，没有价值就不补偿，只能按过错赔偿损失。工程是否经竣工验收合格是衡量建筑物是否有价值的标准。验收合格一般应以建设行政主管部门的质量评定机构作出的认定为准。对其认定，当事人可以提出异议，如果提出的异议理由充分，应当支持当事人重新评定的申请，并依据重新评定的结果，作为认定建设工程质量是否合格的参考。经验收合格的工程包括工程竣工后验收合格和正在建设中的工程经阶段性验收合格的工程。

合同无效但工程竣工验收合格的处理。根据《建设工程司法解释》第二条的规定："建设工程施工合同无效，但建设工程经竣工验收合格，承包人请求按照合同约定支付工程价款的，应予支持"。该司法解释并没有规定建设工程验收合格的，可以按照有效处理，而是确定建设工程施工合同无效，但验收合格的，对结算等条款可以比照有效处理，发包人应参照合同约定支付工程价款。在合同无效的情形下，参照合同约定支付工程款，这虽然与法理和现行法律有关无效合同的处理原则不尽一致，但这种处理方式符合签约当事人的真实意思，有利于保障工程质量，也有利于案件的审理，平衡当事人之间的利益关系，有助于取得良好的社会效果，也便于法院把握裁量标准，减少当事人诉累。因此，在有约定工程验收合格的情况下，合同无效不影响结算条款的效力，当事人不得以合同无效为由申请鉴定。

虽然参照合同约定支付价款是处理合同无效，工程经竣工验收合格时发包人支付价款的一项基本原则，但在合同未约定工程价款或按照合同约定无法计算工程款时，如未完的工程，或者工程大规模改变设计的情况下往往发生这种情况。发包人和承包人就工程价款达不成协议的，经当事人申请，可以根据承包人的资质参照合同有效的标准通过鉴定来确定工程款的数额。

建设工程施工合同常见争议主要有工程价款支付主体争议，工程进度款支付、竣工结算及审价争议，工程工期拖延争议，安全损害赔偿争议，合同终止及合同终止争议，工程质量及保修争议，合同终止及合同终止争议和安全损害赔偿争议等。当事人可以通过四种途径解决合同争议，即协商和解；调解；提请仲裁机构仲裁；向人民法院提起诉讼。当事人不愿和解、调解或者和解、调解不成的，可以根据仲裁协议提请仲裁机构申请仲裁。当事人没有订立仲裁协议或者仲裁协议无效的，可以向人民法院起诉。当事人应当履行发生法律效力的裁决、仲裁裁决、调解书；拒不履行的，对方可以请求人民法院执行。

项目检测

一、单项选择题

1. 在大型国际建筑工程中，当事人倾向于用（　　）的方式解决纠纷。

    A. 协商　　　　　　　　　　　　　B. 调解

    C. 非诉讼纠纷解决程序　　　　　　D. 诉讼

2. 王某在施工现场工作时不慎受伤，在监理工程师的调解下，王某与雇主达成协议，雇主一次性支付王某两万元作为补偿，王某放弃诉讼权利。这种调解方式属于（　　）。

    A. 行政调解　　　B. 法院调解　　　C. 仲裁调解　　　D. 人民调解

3. 仲裁的保密性特点体现在他以（　　）为原则。

    A. 不开庭审理　　　　　　　　　　B. 不允许代理人参加

    C. 不公开审理　　　　　　　　　　D. 不允许证人参加

4. 以下不属于民事纠纷处理方式的是（　　）。

    A. 当事人自行和解　B. 行政复议　　　C. 行政机关调解　　D. 商事仲裁

5. 在仲裁过程中，申请人甲与被申请人乙双方有意和解，下列符合我国法律规定的做法是（　　）。

    A. 甲与乙不能自行达成和解协议

    B. 甲、乙达成和解也不能撤回仲裁申请

    C. 甲撤回仲裁申请后又反悔的，不得再就同一事项申请仲裁

    D. 甲、乙达成的和解协议不具有强制执行效力

二、多项选择题

1. 与诉讼方式相比，采用仲裁方式解决国际工程承包合同争议的优点有（　　）。

    A. 效率高　　　　B. 周期短　　　　C. 费用少

    D. 约束力强　　　E. 保密性好

2. 建设工程纠纷处理的基本形式有(　　)。

 A. 和解   B. 调解   C. 索赔

 D. 仲裁   E. 诉讼

3. 建设工程纠纷调解解决的特点有(　　)。

 A. 有第三者介入作为调解人，调解人的身份没有限制

 B. 它能够较经济、较及时地解决纠纷

 C. 有利于消除合同当事人的对立情绪，维护双方的长期合作关系

 D. 调解协议不具有强制执行的效力，调解协议的执行依靠当事人的自觉履行

 E. 纠纷的解决依靠当事人的妥协与让步，没有第三方的介入

4. 建设工程纠纷发生后，当事人申请仲裁应当符合下列(　　)条件。

 A. 有仲裁协议   B. 有和解协议

 C. 有具体的仲裁请求、事实和理由 D. 属于仲裁委员会的受理范围

 E. 得到法院的许可

5. 纠纷发生后，如需要通过诉讼解决纠纷，则首先应当向人民法院起诉。起诉必须符合下列条件中的(　　)。

 A. 原告是与本案有直接利害关系的公民、法人和其他组织

 B. 有明确的被告

 C. 有具体的诉讼请求、事实和理由

 D. 有同意诉讼的意思表示

 E. 属于人民法院受理民事诉讼的范围和受诉人民法院管辖

6. 人民法院采取证据保全的方法主要有(　　)。

 A. 向证人进行询问调查，记录证人证言

 B. 对文书、物品等进行录像、拍照、抄写

 C. 对证据进行鉴定或者勘验

 D. 用其他方法加以复制

 E. 在庭审过程中对证人证言进行记载

三、实务题

 某施工单位承包了2 km的通信管道建设工程，合同工期为6月1日至6月20日。合同约定施工过程中如遇暴雨等自然灾害，建设单位可就施工单位所受的损失向施工单位提供补偿。施工单位因施工人员不能按期到场使得开工时间推迟，于6月5日正式开工，6月21日施工现场突然下了一场大暴雨，使得已经挖好的尚未敷设管道的500 m管道沟被冲塌，施工单位因此需要重新开挖此段管道沟。工程最终于6月27日完工，并通过了工程验收。

 [问题]：

 (1)施工单位是否可以就被冲塌的管道沟需重新开挖而向建设单位提出追加工程量的要求？为什么？

 (2)如果施工单位坚持就管道沟被冲塌一事向建设单位提出索赔要求，而建设单位又拒绝赔偿，施工单位可以采取哪些方法解决争议？

参 考 文 献

[1]宋春岩，付庆向．建设工程招投标与合同管理[M]．北京：北京大学出版社，2008．

[2]刘晓丽，谷莹莹，刘文俊．建筑工程项目管理[M]．北京理工大学出版社，2013．

[3]刘燕．工程招投标与合同管理[M]．北京：人民交通出版社，2007．

[4]张志勇．工程招投标与合同管理[M]．北京：高等教育出版社，2009．

[5]王辉．建设工程项目管理[M]．2版．北京：北京大学出版社，2014．

[6]张云清，王铁，吕宗斌．工程项目招投标与合同管理[M]．北京：北京理工大学出版社，2009．

[7]全国一级建造师执业资格考试用书编写委员会编写．建筑工程管理与实务[M]．3版．北京：中国建筑工业出版社，2011．

[8]全国二级建造师执业资格考试用书编写委员会编写．建筑工程管理与实务[M]．3版．北京：中国建筑工业出版社，2011．

[9]全国一级建造师执业资格考试用书编写委员会编写．建设工程项目管理[M]．3版．北京：中国建筑工业出版社，2011．

[10]全国二级建造师执业资格考试用书编写委员会编写．建设工程施工管理[M]．3版．北京：中国建筑工业出版社，2011．

[11]中华人民共和国建设部．GB/T 50326—2006 建设工程项目管理规范[S]．北京：中国建筑工业出版社，2006．

[12]中华人民共和国住房和城乡建设部．GF—2017—0201 建设工程施工合同（示范文本）[S]．北京：中国建筑工业出版社，2017．

[13]郜云．保留金、保修金、质保金，一字之差含义到底是否相同？[EB/OL]．(2018—04—10)[2018.04.23]．http：//china．findaw．cn/lawyers/article/d642076．html．